特集

エコロジー時代の高効率スイッチング・レギュレータに対応する
電源回路の測定&評価技法

　電源回路は，すべての電気/電子機器に必須の回路ブロックです．昨今では，省エネルギー&エコロジーの観点から，高効率で小型/軽量，低ノイズの電源回路が求められています．また，テレビをはじめとするAV機器では，待機時消費電力のさらなる削減も急務です．そのため，従来から利用されてきたリニア・レギュレータ方式は特殊な用途での使用に限られ，さまざまな種類のスイッチング・レギュレータ方式による電源が主流となっています．効率を高めて小型化を進めるために，スイッチング周波数は高周波化する傾向にあります．

　特集では，高効率/高機能な電源回路の特性を正しく評価するために必要な，高速スイッチング・パワー回路の電流，電圧，電力，動作波形の測定方法，および微小な待機電力や高周波/低周波ノイズなどの測定技法について詳解します．

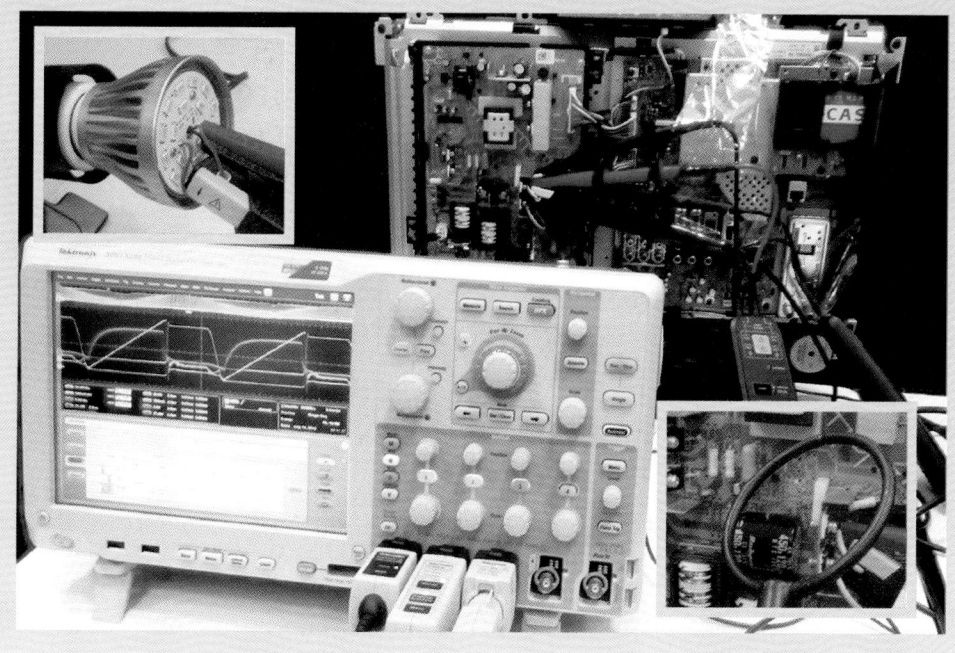

第1章	スイッチング電源の試験方法と自動化手法
第2章	交流電力測定の基礎技術
第3章	パワー解析の技術と実際
第4章	高周波EMCの測定技術
Appendix	国際規格と国内規格（自主規制含む）
第5章	電源の低周波EMC試験の基礎と最新の動向
第6章	待機時電力の測定と高調波電流の規制
第7章	周波数特性分析器を用いたスイッチング電源の評価

グリーン・エレクトロニクス No.10

エコロジー時代の高効率スイッチング・レギュレータに対応する

特集 電源回路の測定&評価技法

JEITA 規格 RC-9131B をベースとして
第 1 章 スイッチング電源の試験方法と自動化手法　山崎 克彦 …… 4
- スイッチング電源の試験方法 —— 4
- スイッチング電源の試験項目 —— 4
- スイッチング電源試験の自動化手法 —— 11
- コラム　高周波終端とは —— 9
- コラム　電子負荷装置 —— 12
- コラム　電源試験装置 —— 19

電源モジュール評価のための交流電力測定テクニック
第 2 章 交流電力測定の基礎技術　矢島 芳昭 …… 20
- 電力の基礎 —— 20
- 待機電力の測定テクニック —— 24
- 電力測定にまつわる誤差要因とその対策 —— 29
- その他の電力測定テクニック —— 33
- パワー・メータの選び方と安全な測定テクニック —— 34

グリーン・エレクトロニクスの低コスト化と普及に役立つ
第 3 章 パワー解析の技術と実際　宮崎 強 …… 40
- スイッチング電源回路の測定項目 —— 40
- 測定上の課題と解決方法 —— 52
- 電流プローブの使いこなし —— 59
- 三相インバータ回路の評価事例 —— 61
- LED 照明のパワー解析の事例 —— 64
- コラム　なぜ 8 ビットの A-D 変換で 9 ビット以上の分解能を得られるのか —— 58

放射ノイズや伝導ノイズを測定して対策する
第 4 章 高周波 EMC の測定技術　庄司 孝 …… 66
- 高周波 EMC とは —— 66
- EMI に関する定義と規格 —— 69
- 放射ノイズの測定 —— 74
- 電源装置に対策を行う —— 76
- コラム　コモンモード・コイルの落とし穴 —— 78

Appendix 国際規格と国内規格（自主規制含む）　庄司 孝 …… 80

表紙デザイン　アイドマ・スタジオ（柴田 幸男）／イラスト　神崎 真理子

CONTENTS

国際規格に従った適切な試験を行うために
第 5 章　電源の低周波 EMC 試験の基礎と最新の動向　三宮 隆志／渡部 泰弘 … 82
- 低周波 EMC の現象 —— 82
- 規格と試験の実際 —— 83
- 基礎知識 —— 84
- 新しい製品での評価試験動向 —— 85
- 規格の一覧 —— 85
- 実際の低周波 EMC システム —— 86
- コラム　IEC61000-3-2 における高調波電流のクラス —— 84

微小な電力を正確に測定するためのメカニズムと方法
第 6 章　待機時電力の測定と高調波電流の規制　塩田 敏昭 …… 89
- 交流電力測定の基礎知識 —— 89
- 電力測定器の仕組み —— 90
- 待機時電力の測定 —— 94
- インバータ機器の電力測定や効率測定 —— 96
- 最近の高調波電流 —— 99

負帰還制御のループ利得と位相余裕を測定する
第 7 章　周波数特性分析器を用いたスイッチング電源の評価　角川 高則／福田 麻里子 …… 106
- 負帰還制御の基礎知識 —— 106
- スイッチング電源の安定性評価 —— 108
- スイッチング電源の測定事例 —— 109
- PFC 電源の測定事例 —— 112
- 周波数特性分析器を使ったその他の評価 —— 113
- コラム　電源に関わるディジタル IC の動向 —— 116

GE Articles

入力 12 V±10%，出力 0.75〜1.65 V，1.6〜3.63 V，1.6〜5 V の低背型非絶縁 POL（10 A/20 A）
[デバイス] 高速負荷応答 DC-DC コンバータ・モジュール BR200 シリーズ　力石 康裕 …… 117
- 回路の構成と動作 —— 117
- 高速な負荷応答のために —— 118
- 高効率化のために —— 121
- プリント基板のパターン設計 —— 122
- DC-DC コンバータ・モジュール BR200 シリーズの性能 —— 123

第1章

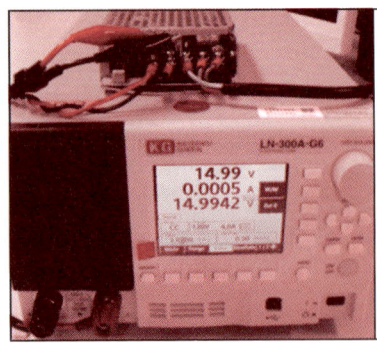

JEITA規格RC-9131Bをベースとして

スイッチング電源の試験方法と自動化手法

山崎 克彦
Yamazaki Katsuhiko

この章では，JEITA（電子情報技術産業協会）刊行のスイッチング電源試験規格RC-9131Bをベースとした，スイッチング電源の試験方法と，その自動化手法の概要について紹介します．

スイッチング電源の試験方法

● **JEITAとは**

JEITA（Japan Electronics and Information Technology Industries Association）は，電子機器，電子部品の健全な生産，貿易および消費の増進を図ることにより，電子情報技術産業の総合的な発展に資し，我が国経済の発展と文化の興隆に寄与することを目的とした業界団体です（下記JEITAサイトより抜粋）．

http://www.jeita.or.jp

なお，JEITAでは数多くの規格書を刊行しており，電源部品事業委員会，技術ワーキング・グループにより『スイッチング電源試験方法（AC-DC）：RC-9131B』などが発行されています．

● **スイッチング電源に関するJEITA規格**

現在JEITAから発行されているスイッチング電源関連の規格には以下のようなものがあります．
(1) スイッチング電源用変圧器試験方法：RC-2726
(2) スイッチング電源通則（AC-DC）：RC-9130B
(3) スイッチング電源試験方法（AC-DC）：RC-9131B
(4) スイッチング電源試験方法（DC-DC）：RC-9141
(5) スイッチング電源通則（DC-DC）：RC-9143
(6) スイッチング電源トランス・コイル用語集：RC-2701A
(7) スイッチング電源用語集：RC-9101B
(8) スイッチング電源の部品点数法による信頼度予測推奨基準（スイッチング電源のMTBF JEITA推奨算出基準）：RC-9102B
(9) スイッチング電源の保守・点検指針：RC-9103A
(10) スイッチング電源の安全アプリケーションガイド：RC-9105A

JEITAでは，このような規格書をウェブ・サイトから広く一般に公開しており，規格内容の閲覧が可能となっています（印刷，複写は不可）．

http://www.jeita.or.jp/japanese/public_standard/

スイッチング電源の試験項目

JEITA RC-9131Bの電気的試験項目は，項1の「力率」から始まり，項37の「雑音電界強度」まで37項目あります．ここでは，これらのなかからいくつかの試験項目について解説します．

● **効率測定**（RC-9131B 7.2項）

RC-9131Bは，AC-DCコンバータの試験方法について規定したものであり，AC（交流）からDC（直流）に変換するときの「変換効率」の測定方法について規定しています．

図1のように，供試電源（試験対象のスイッチング電源）の入力側に交流安定化電源と交流電力計を接続し，出力側のすべてのチャネルに電圧計，電流計および負荷装置を接続します．

【試験手順】
① 負荷装置により定格負荷などの電流を流した状態で交流電力計により入力電力を測定する
② すべての出力の電力（電圧×電流）の総和を求める
③ 以下の計算式により効率を求める

効率［％］＝出力電力の総和÷入力電力×100

入力電圧波形は図2のようにパルス状になっていたり，歪んでいることが多いため，電圧および電流波形の瞬時値の掛け算を行って積分する方式の電力測定器の使用を推奨しています．

▶ **電圧降下について**

電源の出力と負荷を接続した場合，接続に使用するケーブルの電気抵抗R_Cによって電圧降下E_Dが発生します．

仮にケーブルの電気抵抗R_Cが10mΩで，そこに10Aの電流Iを流した場合，

$$E_D [V] = I R_C$$
$$= 10A \times 10mΩ = 100mV$$

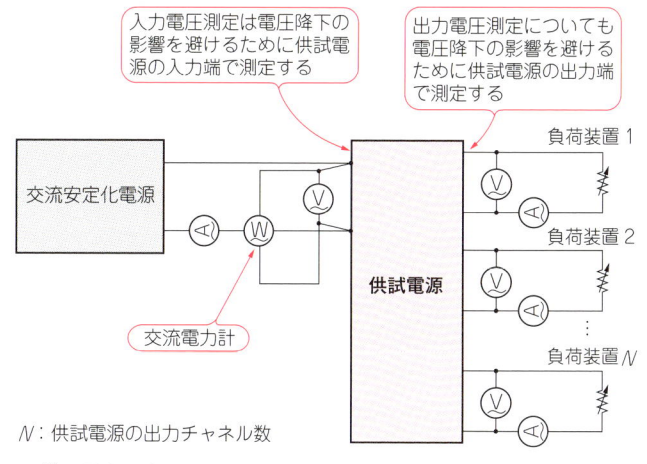

図1⁽¹⁾　効率測定の回路例

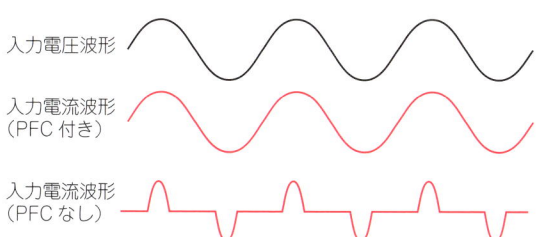

図2⁽¹⁾　入力電圧・電流波形の例

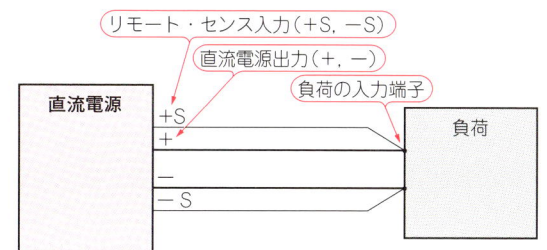

図3　リモート・センス接続例

となり，プラス側とマイナス側のケーブルがあるので100 mV×2 = 200 mVの電圧降下が発生することになります．したがって，電源の出力端で5.0 V出力していても，負荷の入力端では4.8 Vに低下することになりますので注意が必要です．

言うまでもありませんが，効率測定回路において，交流電源の出力から供試電源の入力までのケーブルでも同様の電圧降下が発生します．

▶リモート・センス

市販の直流電源，交流電源，電子負荷装置などの多くはケーブルの電圧降下ぶんを補正するために「リモート・センス」機能をもっています．

直流電源の場合，図3のように負荷の入力端子の電圧をリモート・センス機能によりセンス（測定）し，電圧降下ぶんを補正した出力電圧になるよう動作します．つまり，電圧降下が0.2 Vの場合，0.2 Vを上乗せした電圧が直流電源から出力されることになります．

リモート・センス入力の接続を忘れたり何らかの理由で外れたりした場合，補正の上限電圧が出力されて負荷に過大な電圧をかける恐れがありますので注意が必要です．

● **静的入力変動**（RC-9131B 7.7項）

この試験は，スイッチング電源の入力電圧を定格電圧を基準としてプラス側（またはマイナス側）に変動し，このときの出力電圧の安定度を調べるものです．

図4のような試験回路で，すべての出力の負荷電流は基準値（最大電流など）に設定します．入力電圧（交流電源の出力電圧）に変化を与えるまえの電圧をE_0とし，変化を与えてから過渡変動が収束したあと10秒以内に出力電圧E_1を測定します．このときの静的入力変動ΔEは，次の式で表されます．

$$\Delta E \,[\mathrm{V}] = E_1 - E_0$$

または，

$$\Delta E \,[\%] = \frac{E_1 - E_0}{E_0} \times 100$$

▶負荷電流の設定について

最小負荷と最大負荷に設定した場合で（変動測定結果の）絶対値の大きいほうを採用するか，正と負の結果がある場合にはその両方を試験結果とします．

● **静的負荷変動**（RC-9131B 7.8項）

静的入力変動試験では入力電圧を変動させましたが，この試験では入力電圧は一定とし，出力の負荷電流を変動させます（試験回路は静的入力変動と同じです）．

負荷電流に変化を与えるまえの出力電圧をE_0とし，変化を与えてから過渡変動が収束したあと10秒以内に出力電圧E_1を測定します．このときの静的負荷変動

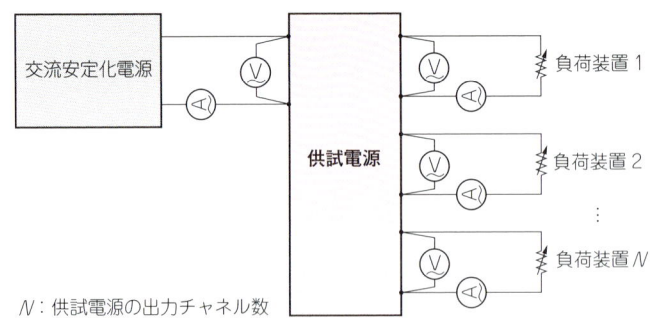

図4[(1)] 静的入力変動試験の回路例

ΔE は静的入力電動と同様に，以下のように表します．
$$\Delta E\,[\mathrm{V}] = E_1 - E_0$$
または，
$$\Delta E\,[\%] = \frac{E_1 - E_0}{E_0} \times 100$$

▶ 入力電圧の設定について

最小入力電圧と最大入力電圧に設定した場合で（変動測定結果の）絶対値の大きいほうを採用するか，正と負の結果がある場合にはその両方を試験結果とします．

● **動的入力変動**（RC-9131B 7.13項）

静的入力変動試験では入力電圧を静的に（ゆっくり）変動させましたが，動的入力変動試験は入力電圧を図5のように急激に変動させるものです．

このように，入力電圧を急激に変動（急変）したときの出力電圧波形を観測するもので，試験回路は図6のようになります．

急変機能を内蔵した交流安定化電源により入力電圧を急激に変化させ，このときの出力電圧波形をオシロスコープなどで観測します．一般に，急変機能をもった交流安定化電源には急変に同期したトリガ出力を装備していますので，オシロスコープのトリガは交流安定化電源のトリガ出力を利用します．

動的入力変動の試験手順は，基準状態（定格電圧，定格電流など）で出力電圧 E_0 を測定し，次に入力電圧

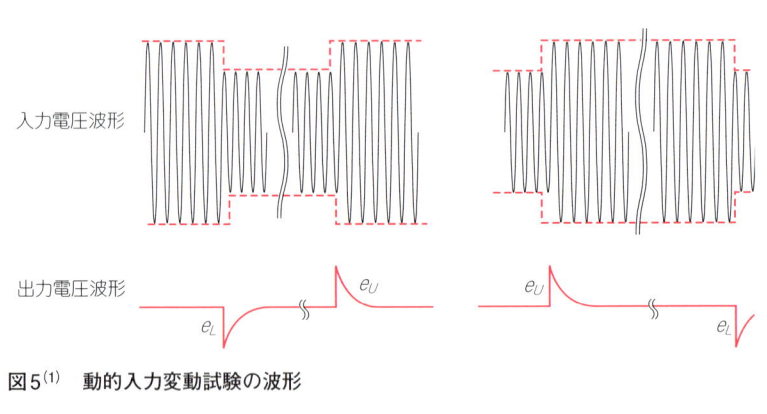

図5[(1)] 動的入力変動試験の波形

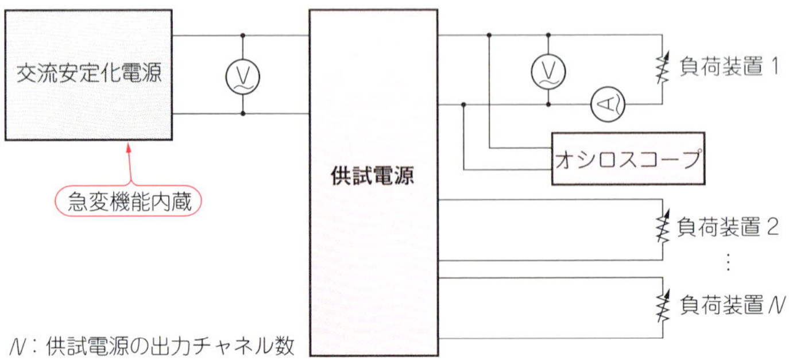

図6[(1)] 動的入力変動試験の回路例

を規定の下限と上限の範囲で急変させ，このときの出力電圧の変化値（e_U, e_L）をもとに，試験結果 δE は次のように表します．

$$\delta E \, [\text{V}] \; = \; + e_U, \; - e_L$$

または，

$$\delta E \, [\%] \; = \; + \frac{e_U}{E_0} \times 100, \; - \frac{e_L}{E_0} \times 100$$

▶ スマート・グリッド環境の入力変動試験

今後のスマート・グリッドの普及にともない，太陽光発電や風力発電などをはじめとして，さまざまな発電装置が共存することになります．

太陽光発電や風力発電は，言うまでもなく自然エネルギーであるがゆえに，発電量が変動することは避けられません．発電量が急激に減少したときに他の発電方式に切り替える場合，切り替えの瞬間に電源品質の悪化が懸念されます．

このようなことから，スイッチング電源の入力変動試験は今後さらに重要になると思われます．

● **動的負荷変動**（RC-9131B 7.14項）

この試験では，出力の負荷電流を急激に変化させたときの出力電圧波形を観測します．図7のように，負荷急変機能（スイッチング・モード，ダイナミック・モードなど）を装備した電子負荷装置によって容易に試験することができます．

動的負荷変動試験は，基準状態で出力電圧 E_0 を測定し，その後，図8のように出力電流を定格負荷と50％負荷の変化幅で変化させ，動的入力変動試験と同様に，出力電圧の変動値（e_U, e_L）を測定します．

このときの動的負荷変動試験結果 δE は，動的入力変動試験と同様に次の式で表されます．

$$\delta E \, [\text{V}] \; = \; + e_U, \; - e_L$$

または，

$$\delta E \, [\%] \; = \; + \frac{e_U}{E_0} \times 100, \; - \frac{e_L}{E_0} \times 100$$

● **リプル・ノイズ電圧**（RC-9131B 7.16～18項）

JEITA RC-9131Bでは，リプル電圧，ノイズ電圧，リプル・ノイズ電圧として規格書内の項番を7.16～7.18と分けていますが，類似している試験であることからまとめて解説します．

スイッチング電源の直流出力に現れるリプル・ノイズ電圧は，複数の成分が合成されたものであり単純ではありませんが，模式図として表すと図9のようになります．

リプル・ノイズの測定回路は図10のようになっており，基準状態（定格電圧，定格負荷など）に設定後，出力に現れるリプル・ノイズ電圧（Peak to peak）をオシロスコープなどで測定します．

このときに最も重要なのは「プロービング」であり，

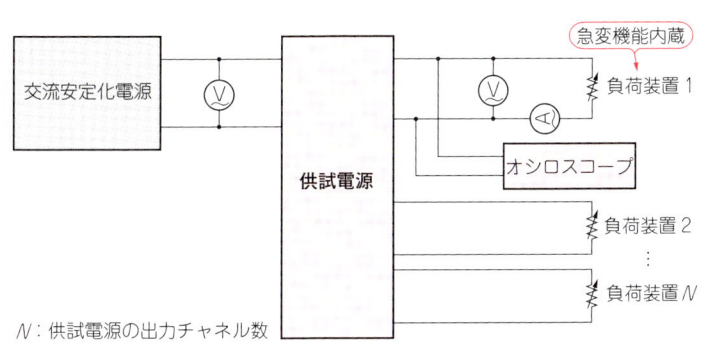

図7(1)　動的負荷変動試験の回路例

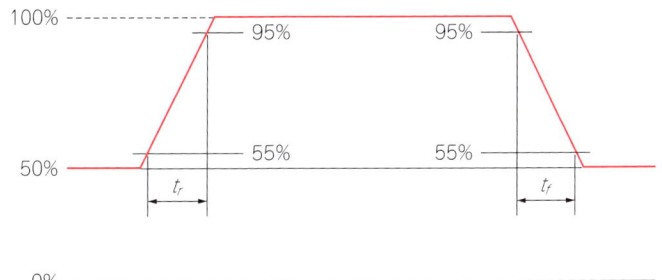

図8(1)　負荷電流波形

プロービングの方法によって測定結果が大幅に異なることがあるので注意が必要です．RC-9131Bでは，次のような2種類のプロービング方法を例として掲載しています．

▶プロービング例（1）

図11のように，オシロスコープに添付されている汎用プローブではなく，特性インピーダンス50Ωの同軸ケーブルを使い，測定器に入力端をR＋Cで高周波終端します．

また，測定器をディジタル・リプル・メータに変更することにより，試験の自動化をすることも可能です．

▶プロービング例（2）

図12に示すように，コンデンサを使用する方法です．

● 過電流保護（RC-9131B 7.19項）

スイッチング電源の過電流保護機能は，OCP（Over Current Protection）とも呼ばれ，電源を保護するための重要な機能です．

図13のような試験回路により，基準状態から負荷抵抗値を短絡状態になるまでゆっくり減少させ，出力電流に対する出力電圧の変化を連続的に測定します．

なお，入力電圧は定格電圧とし，保護回路動作点の

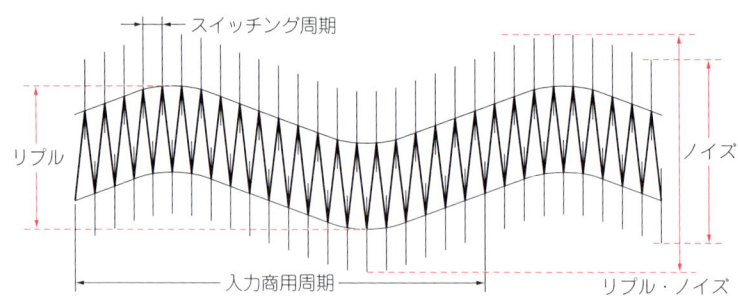

図9[(1)]　リプル・ノイズ波形の例（模式図）

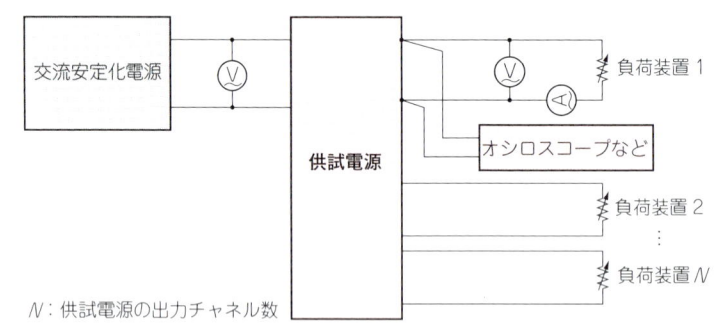

図10[(1)]　リプル・ノイズ測定の回路例

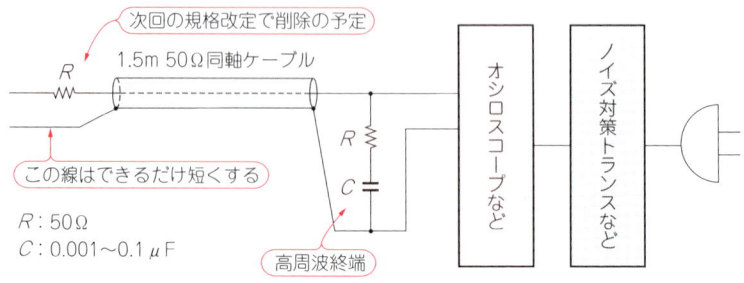

図11[(1)]　プロービング例（1）

判定は一般的に定格電圧より5％下がった点としますが，定電圧精度を外れた点でもよいとしています．

また，パソコンを使ってソフトウェアにより試験を自動化する場合「連続的に測定する」ことは難しいので，測定結果に妥当性がある場合は「適当な間隔で不連続に測定しても差し支えない」としています．

▶パソコン不要の過電流保護試験

過電流保護試験を自動化する場合，従来はパソコン

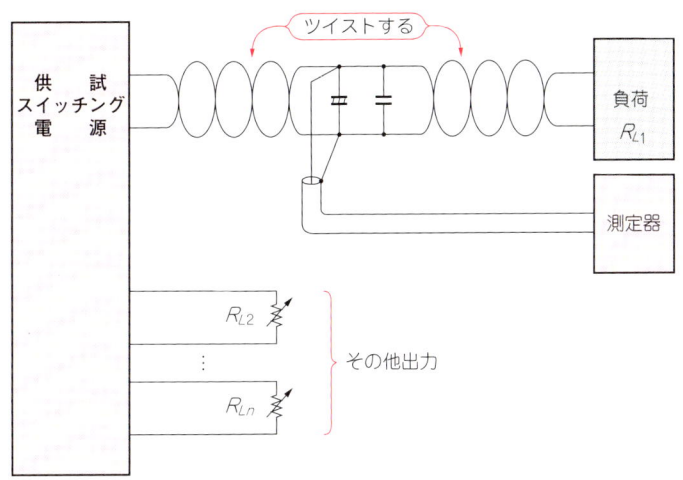

図12(1)　プロービング例(2)

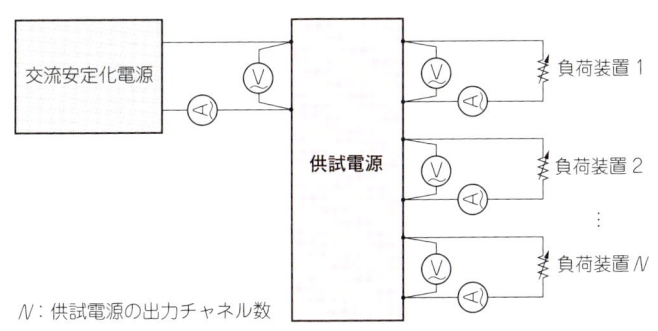

図13(1)　過電流保護試験回路例

コラム　高周波終端とは

オシロスコープのなかには終端抵抗器を内蔵しているものもありますが，例えば50Vの電源出力を接続すると50Wもの電力を消費するため，終端抵抗器が加熱し，場合によっては焼けてしまいます．

そこで，50Ωの抵抗器と直列にコンデンサを挿入し直流ぶんをカットする高周波終端抵抗器(**写真A**)が使われています．これにより，高周波成分(リプル・ノイズ)のみが抵抗器に流れるようになるため，高い電圧を接続しても終端抵抗器が過熱することはありません．

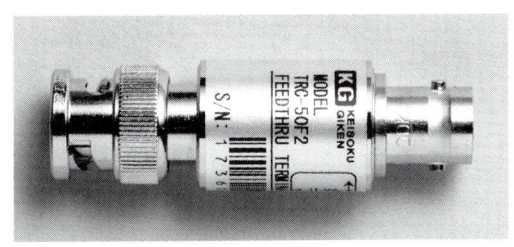

写真A　高周波終端抵抗器(TRC-50F2；計測技術研究所)

とソフトウェアは必須でしたが，最近の電子負荷装置にはこのような試験機能を内蔵した製品もあります（**写真1**）．

したがって，わざわざ試験プログラムを作成しなくても，電子負荷単体で過電流保護機能試験を行うことができるので便利です．

● **遅延時間～起動時間**（RC-9131B 7.27～7.31項）

スイッチング電源の入力に電源を投入してから出力に電圧が現れるまでの時間など，さまざまな時間測定に関する試験です．RC-9131Bでは**図14**のように定義しています（**表1**）．

このように6種類の時間を定義しており，測定回路は**図15**のようになります．

測定回路中のSは入力開閉器であり，RC-9131Bでは，「入力投入および遮断の位相角は，ゼロ・クロスとする」としています．つまり，供試電源に印加（あるいは遮断）するときの位相角を0°で行うということですが，一般的には投入位相をコントロール可能な交流安定化電源を使って試験可能です．

*　　　　　　　　　*

以上，スイッチング電源のおもな試験項目について，JEITA規格RC-9131Bをもとに解説しました．RC-9131Bについて，詳しくはJEITA発行の規格書をご覧ください．

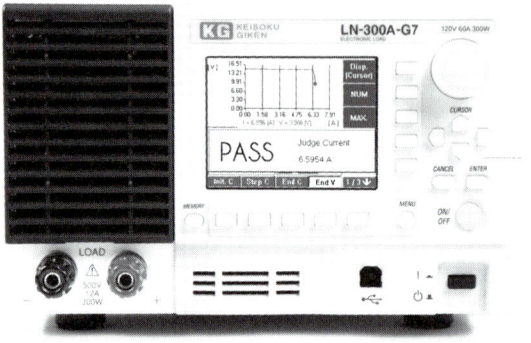

写真1　OCP試験機能を内蔵した電子負荷の例（LN-300A-G7；計測技術研究所）

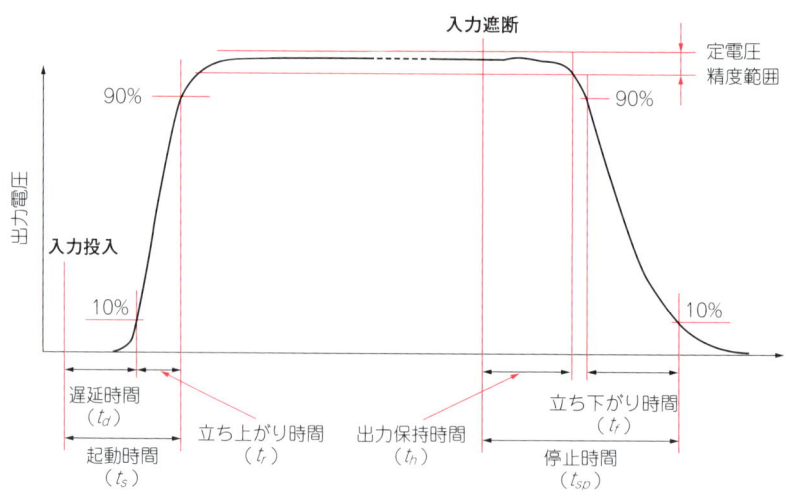

図14[(1)]　**時間測定に関する定義**

表1　時間測定の項目

項　目	規　定
遅延時間(t_d)	入力電圧を印加したあと，出力電圧が10%に立ち上がるまでの時間を測定する
起動時間(t_s)	入力電圧を印加したあと，出力電圧が90%に立ち上がるまでの時間を測定する
立ち上がり時間(t_r)	入力電圧を印加したあと，出力電圧が10%から90%に立ち上がる時間を測定する
出力保持時間(t_h)	入力電圧を遮断したときから，出力電圧が定電圧精度の規格範囲を保持しているところまでの時間を測定する
立ち下がり時間(t_f)	入力電圧を遮断したあと，出力電圧が90%から10%に下がるまでの時間を測定する
停止時間(t_{sp})	入力電圧を遮断したあと，出力電圧が10%に下がるまでの時間を測定する

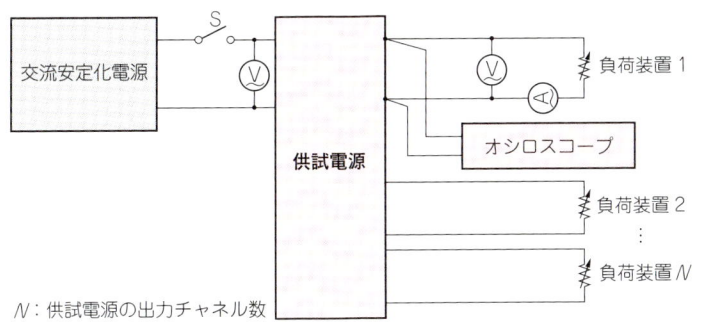

図15 遅延時間〜起動時間の測定回路例

スイッチング電源試験の自動化手法

● スイッチング電源試験の自動化とは

スイッチング電源の試験を自動化するということは，単に測定を自動化するだけでは「片手落ち」と言わざるをえません．つまり，測定や試験の結果を印刷したりファイルとして保存すること，いわゆる「データ処理」が必要だからです（図16）．

スイッチング電源試験の自動化を検討するとき，次のようなステップが考えられます（図17）．
① ハード＆ソフトの選択
　必要な電源機器や測定器およびソフトウェア開発環境を選択します．
② インターフェースの選択
　これはハードウェア機器の選択によって，ある程度絞られますが，使用する機器の構成に合わせて最適なインターフェースを選択することが重要です．

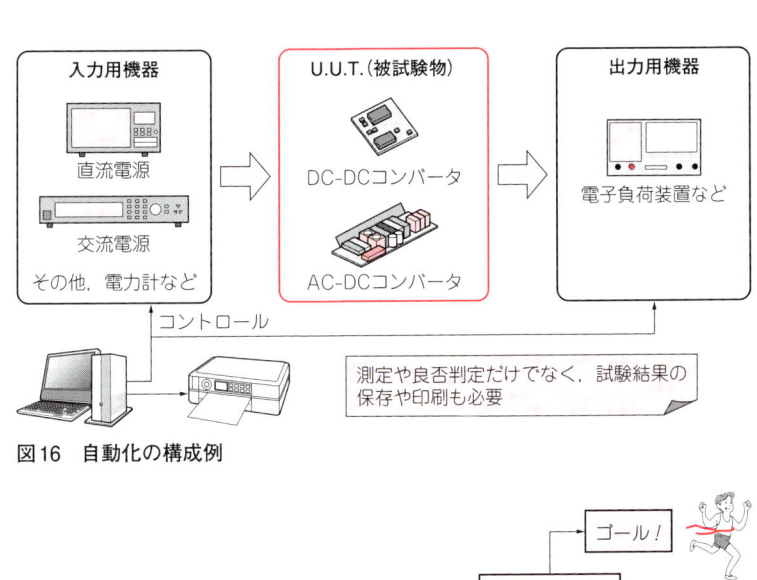

図16 自動化の構成例

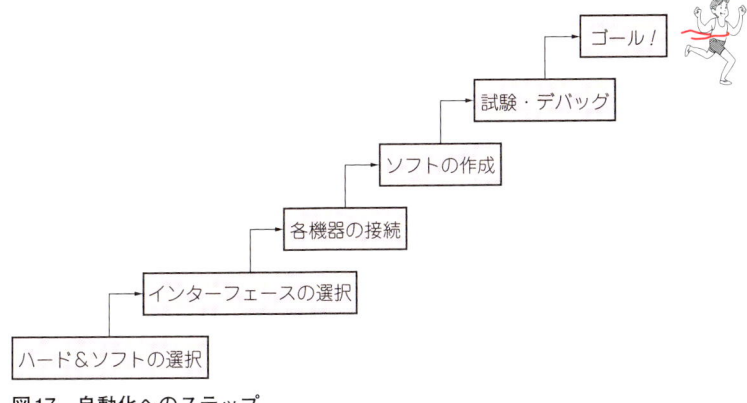

図17 自動化へのステップ

コラム　電子負荷装置

　電子負荷装置とは，ひとことで言うと「いろいろな電源の出力に模擬負荷として接続し電源の性能を試験するためのもの」です．

　例えば，皆さんが使っているパソコンやコピー機，液晶テレビなど，家庭用コンセントから電源を取るほとんどの電気製品の中には，交流を直流に変換する「スイッチング電源」と呼ばれる電源が内蔵されています．

　この「スイッチング電源」は，入力側に交流（日本国内では電圧100V）を入れると出力側に数V～数十Vの直流が出てくるというものです．パソコンの中に組み込まれているスイッチング電源は，出力側の直流を使ってCPUやハード・ディスク，DVDドライブなどを動かしています．

　このCPUやハード・ディスクなどのかわりに電子負荷を接続し，電源の出力側に電流を流します．このとき，実際の電流よりも多く流したりして（実際の使用条件よりも厳しい条件で）試験するために，電子負荷装置が使用されています．

　現在，おもに次のようなタイプの電子負荷装置が市販されており，使用用途に応じて使い分けることが必要です．

(1) 汎用電子負荷装置

　文字どおり汎用の電子負荷装置であり，実験室やR&D，生産現場などで一般的な負荷試験用に使用されています（**写真B**）．

(2) 高速電子負荷装置

　パソコンのCPUなど，高速に動作するデバイスに供給するためのスイッチング電源は，負荷電流が高速に変化しても問題なく動作することが必要です．したがって，このようなスイッチング電源を試験するためには「高速に変化する電流」を再現可能な電子負荷装置が必要となります（**写真C**）．

(3) 特定用途用電子負荷装置

　一般的な電子負荷装置は，その動作モードによって応答速度が異なります．例えば，定電流モードでは，その電子負荷装置がもっている最高速度で動作可能ですが，他の負荷モード（定電圧モードなど）では，それより遅くなるのが普通です．

　近年話題のLED照明などを点灯するための電源は定電流動作の電源が多く，このような電源を電子負荷装置を使って試験するためには電子負荷の動作モードを「定電圧モード」にすることが必要となります．

　これに対して，LED電源のなかには明るさの調整機能としてPWM調光回路を内蔵したものがあり，この機能が動作すると電源の出力が高速にON/OFFを繰り返すため，電子負荷の定電圧モードでは追従できないという問題が発生します．

　このような問題を解決するため，LED電源用の負荷モードを装備した電子負荷装置が市販されています（**写真D**）．

(4) 電子負荷装置が適さない例

　電子負荷装置には内部の制御用としてCPU（マイクロコンピュータ）が組み込まれており，このCPUの動作によるデジタル・ノイズが外部に漏れる可能性があります．このため，EMC試験など微小なノイズを測定する場合，電子負荷装置から発生するノイズを測定してしまう可能性があるため，このような場合は抵抗負荷が適しています．

写真C　高速電子負荷装置（負荷応答速度：200A/μs，ELS-304；計測技術研究所）

写真B　汎用電子負荷装置（LN-1000A-G7，LN-300A-G7；計測技術研究所）

写真D　LED電源用リアルLEDモードを装備した電子負荷装置（LEDエミュレータ，LE-5150-02；計測技術研究所）

③ 各機器の接続

使用するインターフェースによって接続方法は異なりますが，ソフトウェアの作成やデバッグ段階での効率を考慮すると1種類のインターフェースに統一するのが理想的です．

④ ソフトウェアの作成

使用するソフトウェア開発環境によってまったく異なりますが，共通して言えることは先々のメンテナンス性を考慮した作成が望ましいということです．

⑤ 試験/デバッグ

ここでは，一般的なソフトウェアのデバッグと異なり，測定器などのハードウェア機器との通信を含めたデバッグが必要となりますので単純ではありません．

● ソフトウェア開発環境の選択

図18は，いくつかのソフトウェア開発環境を例として，横軸をカバー範囲(そのソフトウェアでできること，得意なこと)，縦軸の最上部をユーザがやりたいこと(要求仕様，ゴール)としたイメージ図となっています(これは，あくまで筆者の主観)．

この図でわかるように，汎用開発環境では言うまでもなくカバー範囲が広くなっていますが，要求仕様を実現するためには最も多くの工数が必要となります(図のC部分)．これに対して，専用ソフトではユーザの要求仕様に合わせて作成しますので導入後の工数はほとんど必要ありませんが，開発を外部に委託する場合の費用は高額となります．

ここでは，導入費用と導入後の工数を含めてトータル的に最も少ないと思われるExcelVBAを例として解説します．

● ExcelVBAとは

ExcelVBAは，アプリケーション(Excel)に組み込まれたVisual Basicであり，Excel上でさまざまなソフトウェアを開発することができます(図19)．

VBAはExcelに標準で組み込まれており，新たに購入する必要はありませんので，比較的低価格で開発環境を構築することができます．

● インターフェースの選択

パソコンと計測用機器を接続するインターフェースとして，ここではUSBとGP-IBを例として説明します．

USBはご存じのとおり，すべてのパソコンに標準装備されているインターフェースであり，新たに購入する必要はありません．

これに対してGP-IBは，ANSI規格IEEE 488に準拠したインターフェースであり，最初に規格化されたのは1978年と古いものですが，現在でも計測器業界では広く普及しています．

以上から，本章ではUSBとGP-IBの2種類のインターフェースを使った接続例を紹介します．

図20の接続例では，USBとGP-IBが混在していますが，USB→GP-IBコンバータを使用することにより，パソコン側から見るとUSBに統一されています．このように，使用するインターフェースはできるかぎり統一したほうが，ソフトウェアのデバッグやトラブル発生時の対処がシンプルになります．

● 自動化の難しさ

これはスイッチング電源試験に限らないことですが，スイッチング電源試験の自動化は「計測を自動化する」ことだけではなく，自動計測したデータ(測定結果や試験結果)をデータ処理(保存や印刷)することが必要となります．

また，一般的なプログラミングの知識だけではなくインターフェースに関する知識も必要となりますので容易ではありません(図21)．

● OCX

VBAから計測器をコントロールするためには，そ

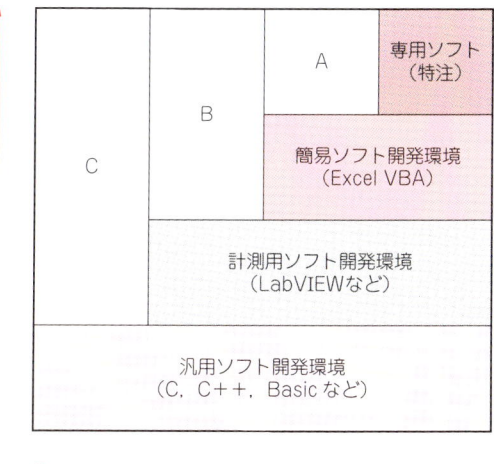

図18 各種ソフトウェアのカバー範囲

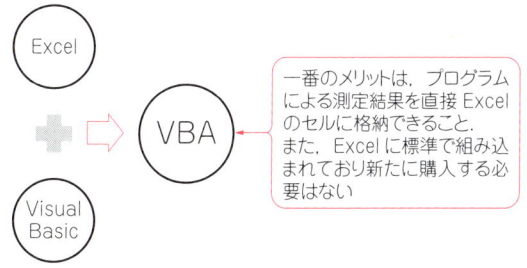

図19 VBAの概念図

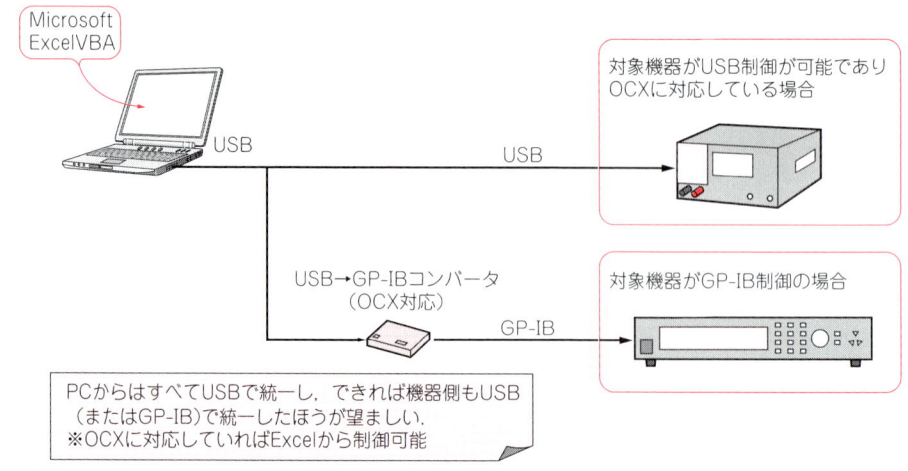

図20 インターフェースによる接続

の計測器がOCXに対応していることが必要となります．なお，OCXは図22のように複数の呼びかたがあり，計測器メーカによってマニュアルなどに異なる記述がされている可能性がありますので注意が必要です．

- 電源の知識以外にプログラミングの知識も必要
- プログラムのデバッグには通信エラーも考慮が必要
- 測定や検査だけでなくデータ処理（保存など）も必要

図21 自動化の難しさとは…

- OCXとは…
  OLE（Object Linking and Embedding）に準拠したソフトウェア部品で，ファイル名の拡張子がOCXのためこう呼ばれるが，ActiveXあるいはOLEコントロールなどと呼ばれることもあるため注意が必要
- OCXのインストールによりExcelから機器を制御できるようになる
- OCXのインストーラは各機器メーカから提供されている
- インストールの手順は各機器メーカのマニュアルを参照

● Excel-VBAの準備

VBAはExcelをインストールした直後は「無効」になっており，そのままでは使用できません．これを「有効」にするためには，図23のように「開発」タブを有効にすることが必要です．

● 使用する計測器のOCXを挿入

この作業をするまえに，使用する機器メーカから供給されているインストールCDなどによりOCXをインストールしておくことが必要です．インストール手順は各機器メーカのマニュアルをご覧ください．

事前にOCXがインストールされていれば，図24のように使用する機器のコントロールを挿入することができます．

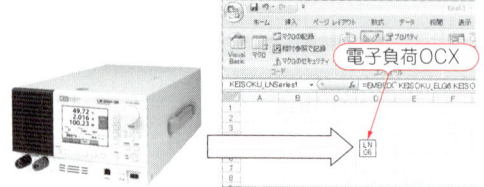

図22 OCXのインストール

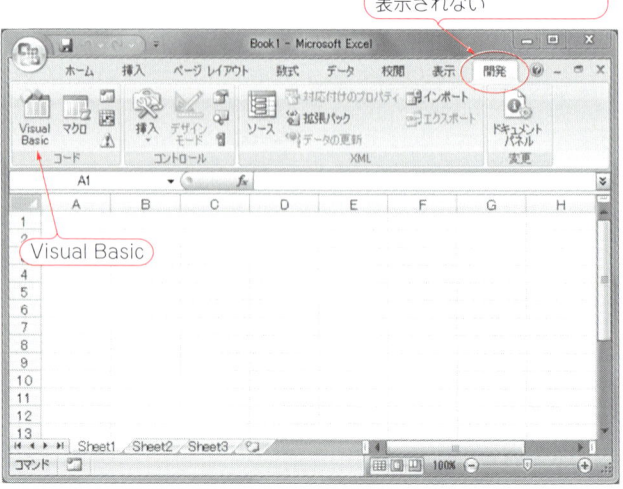

図23 Excelの「開発」タブ（Microsoft Excel 2007の場合）

● サンプル・プログラムの作成

ここまでで，Excelから機器をコントロールするために必要な準備が整いましたので，実際に機器を接続してサンプル・プログラムを作成してみましょう．

使用する機器は図25のように基本的なもので，スイッチング電源の出力に電子負荷装置を接続して電流を流し，電子負荷に内蔵されたリプル・ノイズ測定モジュールにより出力電圧やリプル・ノイズを測定するというものです（写真2）．

● 最もシンプルなサンプル・プログラム

ExcelのVBAでは，ユーザ・インターフェースとしてボタンなどさまざまなものが使用可能です．ここでは，ボタン・コントロールを使った最もシンプルなプログラムを作成してみます．

図26のように，［テスト］ボタンを押すと1行のプログラムを実行するというものです．

VBAでプログラムを作成する際，1文字ずつ入力する必要はありません．インテリセンス機能により次に入力（選択）すべき候補のリストが表示されますので，最小限の手間でプログラムを作成することができます．

このサンプル・プログラムでは［テスト］ボタンがクリックされると，電子負荷装置に対して負荷をONするコマンド"SW 1"が送信されます．

● サンプル・プログラム1

［負荷ON］と［負荷OFF］のボタンを作成し，それに対応したプログラムを実行するものです（図27）．

● サンプル・プログラム2

このサンプルでは，ユーザがExcelのセルに書き込

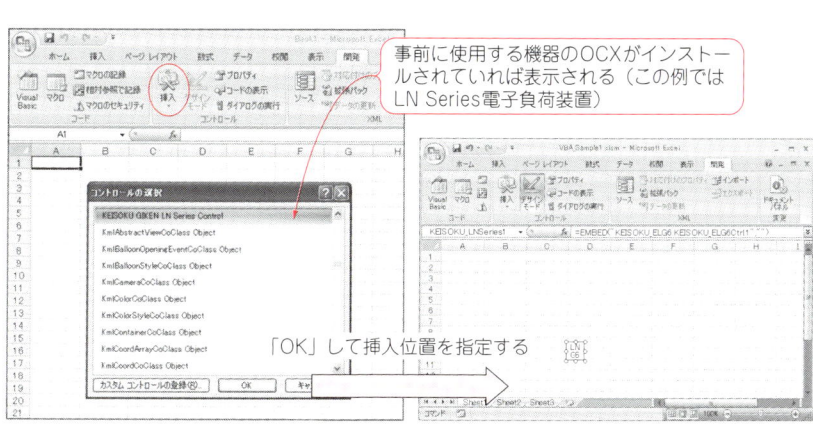

写真2 サンプル・プログラムで使用する機器の外観

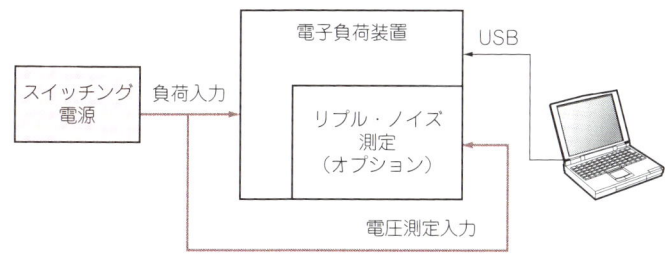

図24 OCX（ActiveXコントロール）の挿入

図25 サンプル・プログラムの機器構成

スイッチング電源試験の自動化手法 15

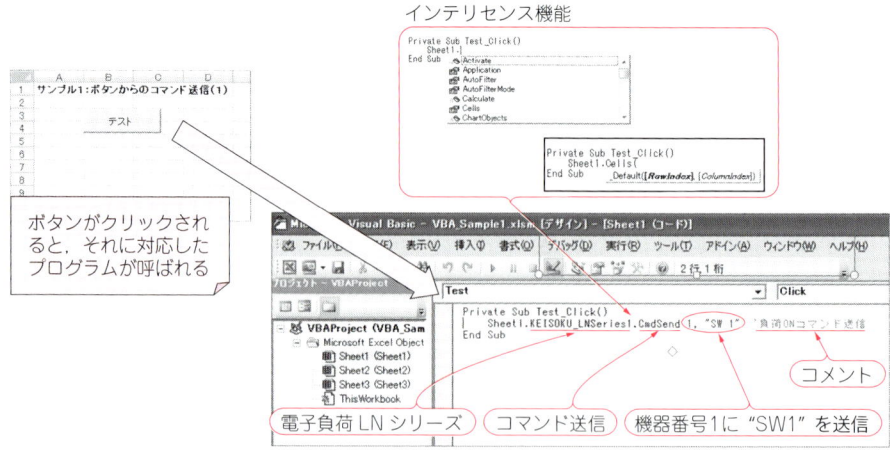

図26 [テスト] ボタンを押すと1行のプログラムを実行する

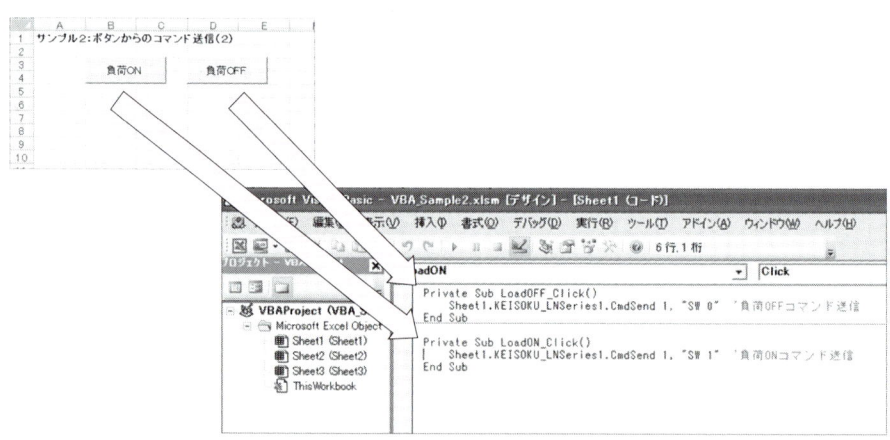

図27 [負荷ON] と [負荷OFF] のボタンを作成（サンプル・プログラム1）

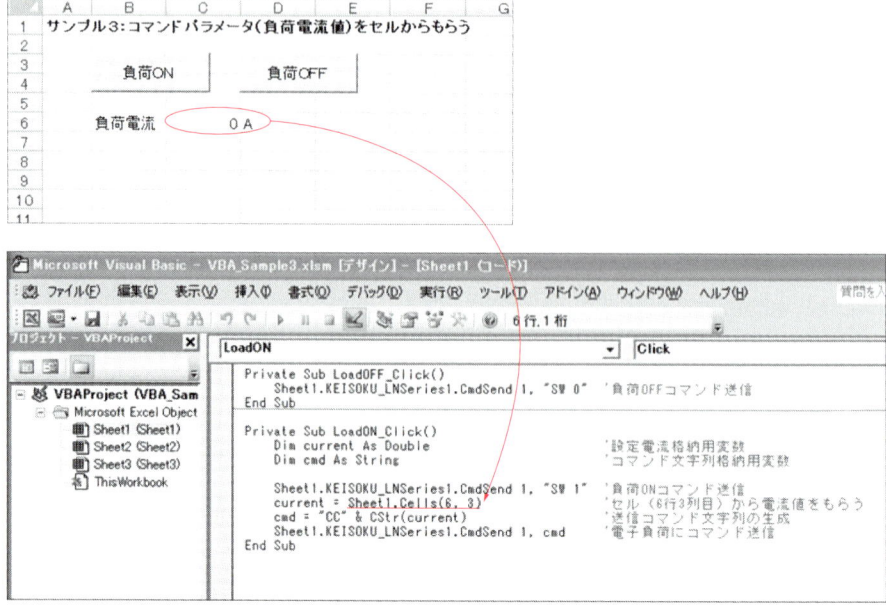

図28 セルに書き込んだ値で負荷電流を設定する（サンプル・プログラム2）

図29 測定したデータをセルに書き込む(サンプル・プログラム3)

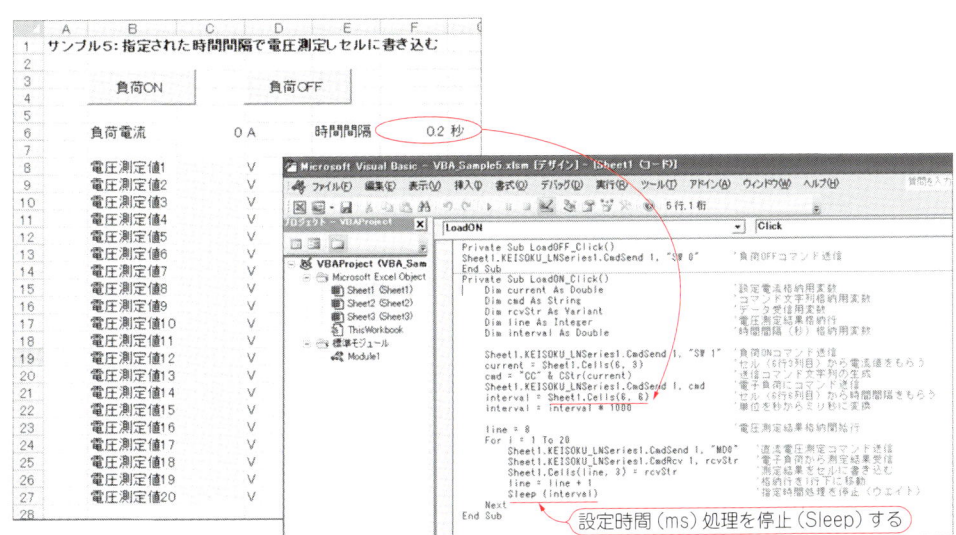

図30 繰り返し測定を行いセルに連続して書き込む(サンプル・プログラム4)

んだ値を読み込んで,その値をもとに負荷電流の設定を行います(図28).

プログラムを見ておわかりのように,セルからの読み込みは1行の代入文で行うことができますので非常にシンプルです.

● サンプル・プログラム3

ここでは逆に,電子負荷装置で測定したデータをExcelのセルに書き込みます(図29).

サンプル・プログラム2と同様に,セルへの書き込みも1行の代入文で行うことができます.

● サンプル・プログラム4

このサンプルでは,ループ文(for ～ next)を使って繰り返し測定を行い,測定結果をセルに連続して書き込みます(図30).

電子負荷に設定する負荷電流と繰り返しの時間間隔は，サンプル・プログラム3と同様にExcelのセルから取得します．

● サンプル・プログラム5

このサンプルでは，ユーザがセルに書き込んだ「開始電流」，「終了電流」，「きざみ幅（電流）」をもとに電子負荷装置の電流設定を行います．画面の例では，[負荷ON]ボタンをクリックし，[テスト開始]をクリックすると0Aから開始し，0.5Aきざみで8.0Aになるまで繰り返します（図31）．

ただし，実際に接続しているスイッチング電源は定

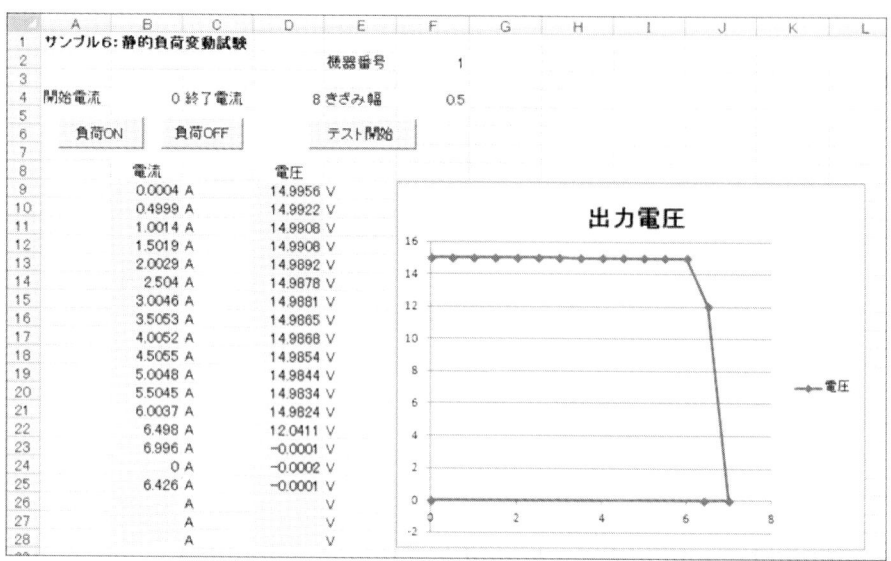

図31　サンプル・プログラム5の表示

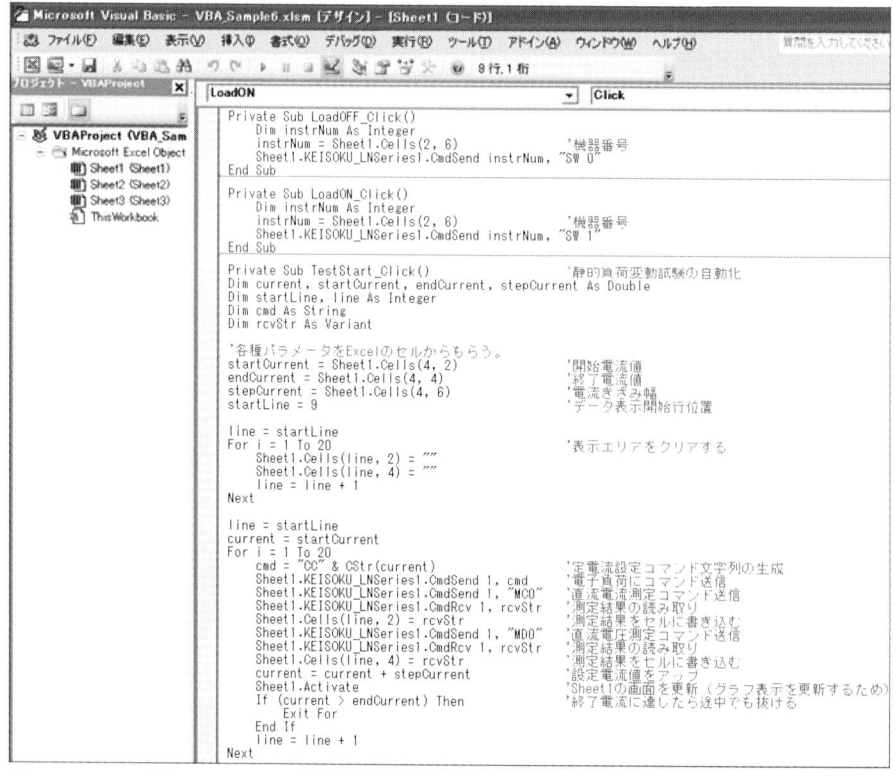

図32　0Aから開始し0.5Aきざみで8.0Aになるまで繰り返す（サンプル・プログラム5）

格電流5Aのものなので，6.5A付近で過電流保護機能が働き出力電圧は0Vに落ちています．

このサンプルは「過電流保護試験」となりますが，設定電流を定格電流以内に変更すれば，「静的負荷変動試験」となります．

また，サンプルの画面では右側にグラフが表示されていますが，これはExcelの一般的な機能を使って表示したものであり，言うまでもなくグラフを描画するプログラムの作成は必要ありません．

なお，このサンプルでは，電流と電圧を測定する都度グラフを描画する（つまり，測定中リアルタイムにグラフが更新される）という「小技」を使っています（**図32**）．

このように，Excel-VBAを使えば比較的容易にグラフ表示などのデータ処理まで含めた処理を自動化することができます．普段使い慣れたExcelを使ってできるということが一番のメリットであり，測定結果をグラフ化するツールとしては非常に優れていると思われます．

　　　　　　　　*　　　　　　　*

以上，スイッチング電源の試験方法とその自動化手法の概要について，JEITA規格RC-9131Bをもとに解説しました．

◆参考・引用＊文献◆

（1）＊ JEITA RC-9131B スイッチング電源試験方法（AC-DC），2007年12月，電子情報技術産業協会．
（2）スイッチング電源の現状と動向 2010年版，2010年3月，電子情報技術産業協会．

コラム　電源試験装置

スイッチング電源の試験を行うためには，交流電源や直流電源，電子負荷装置，さらにディジタルI/Oや時間測定用カウンタやオシロスコープが必要になることもあります．

このため，単品の機器を組み合わせて試験装置を構築するのは容易ではありませんが，市販の電源試験装置を使用すると電源試験に必要なハードおよびソフトが組み込まれているため，容易に電源試験装置を構築することができます（**写真E**）．

おもな試験項目は下記のようなものです．

（1）入力測定（電圧，電流，電力，力率），効率測定，静的入力変動試験
（2）出力測定（電圧，電流，リプル・ノイズ），静的負荷変動試験
（3）突入電流測定，起動／停止電圧試験
（4）OCP（過電流保護）機能試験，OVP（過電圧保護）機能試験
（5）遅延時間，起動時間，その他

写真E　電源自動検査システムの例（PW-600E：計測技術研究所）

グリーン・エレクトロニクス No.8　　　好評発売中

特集　付属デバイス"PrestoMOS"を実際に使いながら学ぶ…
高速＆高耐圧！パワーMOSFETの活用法

B5判　112ページ
デバイス3個付き
定価3,780円（税込）

パワー・エレクトロニクスの分野では，スイッチング・ロスの低減や高温度環境下での動作特性に優れるデバイスが期待されています．産業機器やエアコン向けのインバータ，プラグイン・ハイブリッド・カーや電気自動車などに用いる充電器，さらに太陽光/風力発電などのDC-ACコンバータなど，多くの用途に向けた省電力化のキー・パーツとして，高速で高耐圧のパワー・デバイスが注目されているからです．本書に付属するPrestoMOS R5009FNX（ローム）は，低オン抵抗，低入力容量に加えて，内部ダイオードの高速化を実現したスーパージャンクションMOSFETです．内部ダイオードの高速化によって，外付けのファスト・リカバリ・ダイオードを削減することができ，回路動作の高速化と相まって機器の小型/軽量化が可能となります．本書では，付属のPrestoMOSを利用した回路を設計し，実際に動作させながら高速/高耐圧パワーMOSFETの活用法を解説します．

第2章

電源モジュール評価のための
交流電力測定テクニック

交流電力測定の基礎技術

矢島 芳昭
Yajima Yoshiaki

　設計した電源モジュールのさまざまな評価パラメータのなかでも，「発熱」や「変換効率」と「無負荷時の消費電力」は，リプル・ノイズや安定度と並んで重要な項目の一つです．変換ロスはそのまま熱エネルギーになって発熱に直結し，変換効率を下げることにつながります．

　変換効率を算出するためには，入力である1次側の消費電力を正確に測定する必要がありますが，正しい測定を行うにはちょっとしたコツをマスタしなければなりません．この章では，おもに機器に組み込んで使用する電源モジュールの評価を確実に行うために必要な交流電力測定のノウハウを解説したいと思います．

電力の基礎

　電熱器であれば熱，モータなら回転力，蛍光灯なら光などのように，ある電圧のもとで電流が流れたときにどのくらい電気的な仕事をしたかという値を電力と呼び，電圧と電流の積で表されます．

　図1のような直流回路の場合，負荷をR［Ω］，加えられた電圧をU［V］，負荷を流れる電流をI［A］とすると，電力P［W］は以下のようにUとIとの積で求められます．

　　P［W］$= UI$

● デジボルで電力は測れる？

　直流電力であれば，電圧と電流さえわかれば電力を求めることができます．しかし，交流ではどうでしょうか？

　教科書では，一般的な単相交流の場合，以下の式で交流電力を求めることができることになっています．

　　$P = UI \cos \theta$
　　P：有効電力［W］
　　U：実効値電圧［V］
　　I：実効値電流［A］
　　$\cos \theta$：力率（θは電圧-電流の位相差）

　確かに，この式を使えば交流の電力を求めることができますので，汎用のディジタル・ボルト・メータとオシロスコープがあれば測定できそうに思えます．しかし，実際にはまだ条件が不足しています（**図2**）．

　この式で電力を求めることができるのは電圧，電流ともに正弦波ということが条件ですが，力率改善回路（power factor correction；PFC）が使われていないコンデンサ・インプット方式の電源回路の交流入力波形は，**写真1**のように正弦波とはかけ離れた波形です．オシロスコープのカーソルで電圧，電流の位相差を求めても正しい値になりません．

　また，実験室で使用できる商用交流電源の電圧波形も若干頭がつぶれたような波形であり，正確な正弦波

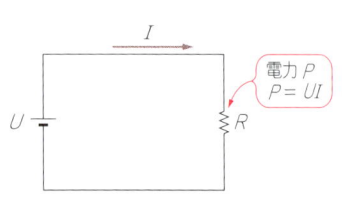

図1　直流回路の例

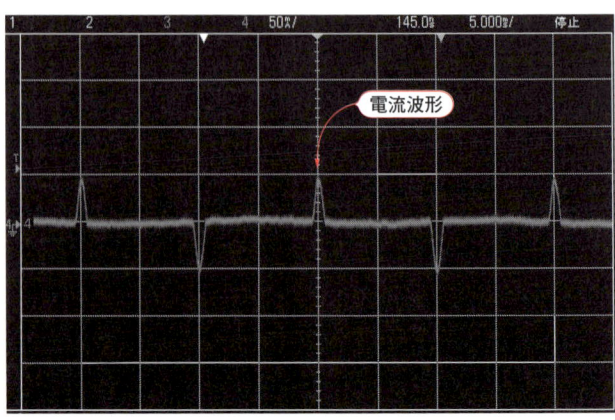

写真1　スイッチング電源の電流波形の例

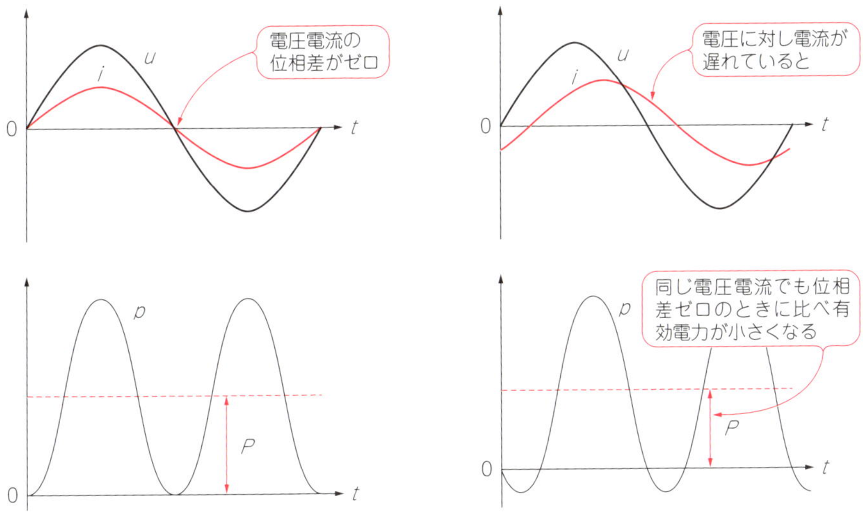

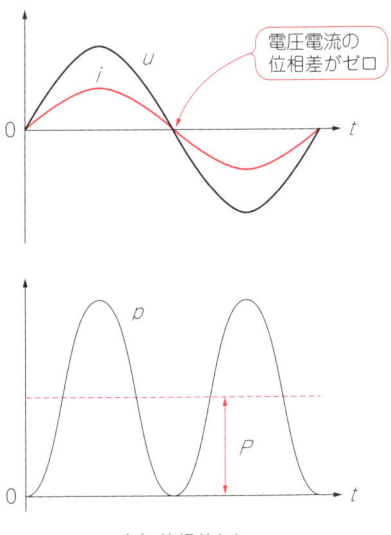
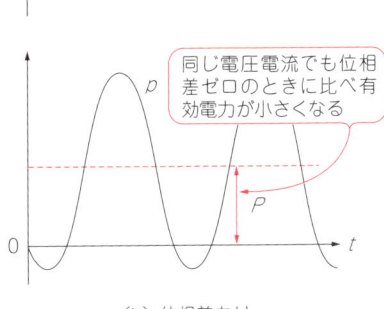

図2 交流の電圧電流間に位相差があると…
（a）位相差なし
（b）位相差あり

ではないため，これも誤差要因となってしまいます（**写真2**）.

このようなひずみ波の測定ではメータ式のアナログ・テスタや安価なディジタル・テスタでは誤差が大きく，実用にならないことがあります（**写真3**）.これは，「平均値応答型」と呼ばれる，整流後の平均値を実効値換算する方式の測定器で顕著に現れ，10％を越える誤差が発生することもあります.

そのため，電源装置の評価には真の実効値（True RMS）が測定可能な計測器を使用する必要があります.幸い，現在発売されているディジタル方式の交流電力計やディジタル・マルチメータ（DMM）は真の実効値が測定できるものが一般的になっています（**写真4**）.

● 交流電力を求めるには

直流電力の測定であれば，別々の電圧計と電流計を用いて，

電圧［V］×電流［A］＝電力［W］

で正確な電力を求めることができます．しかし，交流電力を測定したい場合，この方法では不正確な電力しか得られません．「電圧と電流の波形同志を掛け算し，2乗和の平方根をとる」といったテクニックが必要です.

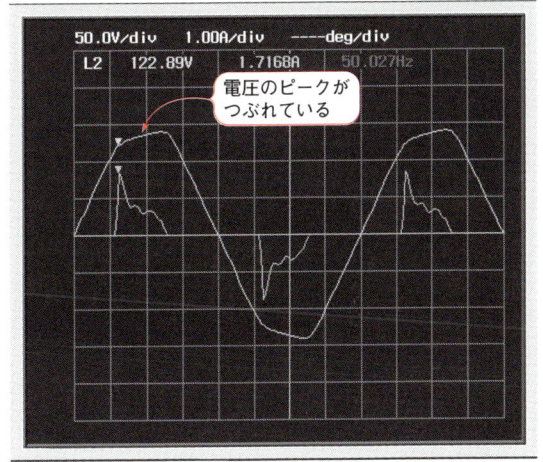

写真2 商用交流の電圧／電流波形の例

（a）正弦波

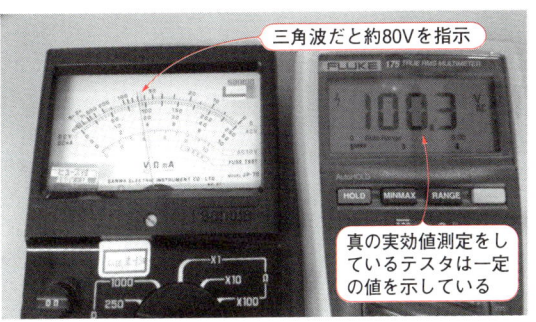

（b）三角波

写真3 アナログ・テスタで正弦波と三角波を測定すると…

電力の基礎　21

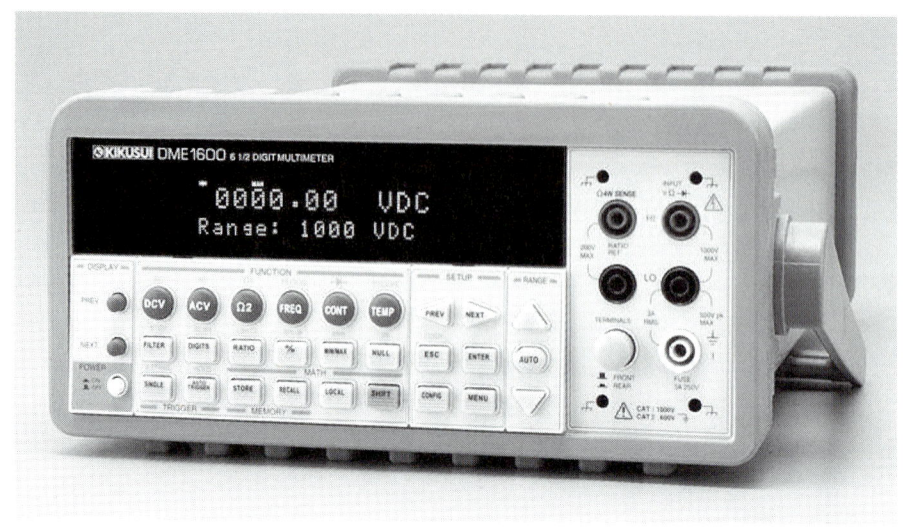

写真4 真の実効値が測定できるDMMの例

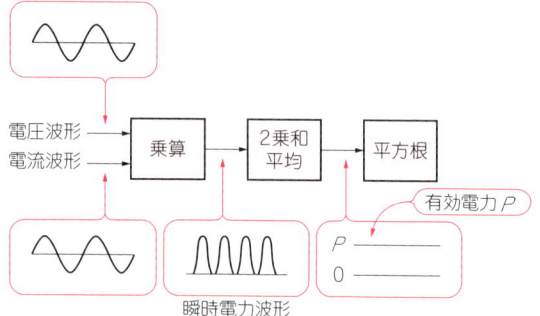

図3 真の実効値の計算方法

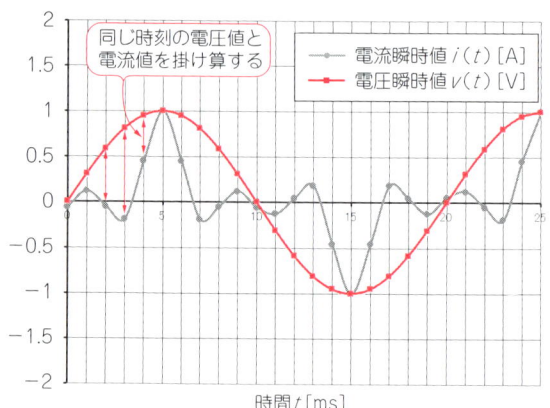

図4 波形で見ると

写真7 試験に使用したACアダプタ

具体的には，図3のように電圧と電流を同時に一定間隔で測定し，得られた値同士を掛け算したあとで2乗平均を求め，平方根を取れば真の実効電力を得ることができます（図4）．

ただし，この方法は電圧と電流できっちり位相同期をとって測定しなければ成り立ちませんので，別々の電圧計と電流計を用意するのでは測れないことがおわかりいただけると思います．

● 交流電力の測定はパワー・メータが必要

これらの要素をきちんと満たした状態で電力を測定するのは，忙しいエンジニアにとってかなりの負担になります．そのため，専用のパワー・メータと呼ばれる計測器があり，商用交流で動作する機器の消費電力をはじめとした種々の値を測定することができます．

写真5は一般的なパワー・メータの例です．同時に四つの項目をまとめて表示することが可能です．このパワー・メータでは，表1のような値を1台で測定することができます．

実にさまざまなパラメータを測定することができますが，実際は必要に応じてこれらのなかから値を選んで使用することになります．

● ACアダプタの消費電力を測ってみよう

それでは，実際にパワー・メータを使って，一般的なACアダプタの消費電力を測定してみましょう（写真6，写真7）．

図5のように結線し，交流電源の出力をONにします．設定は評価するアダプタの仕様を確認し，定格内になるよう設定します．ここでは100 V，50 Hzに設定しました．パワー・メータの設定はとりあえず「Auto」で良いでしょう．

表1 パワー・メータで表示/測定可能な項目

測定項目	説明
実効値電圧 [V]	電圧の実効値(同じ値の直流電圧に等しい値)
実効値電流 [A]	電流の実効値(同じ値の直流電流に等しい値)
ピーク電圧 [Vpk]	電圧の波形尖頭値を示す
ピーク電流 [Apk]	電流の波形尖頭値を示す
有効電力 [W]	負荷で実際に消費される電力を表す
皮相電力 [VA]	実効値電圧と実効値電流の積(見かけの電力)
無効電力 [var]	負荷で消費されない電力
力率(PF) [%]	負荷の力率を示す
位相角(θ) [°]	電圧電流の基本波成分の位相差を示す
周波数 [Hz]	入力されている電圧または電流の周波数を示す
積算電流 [Ah]	指定された時間の間に流れた電流の積算値
積算電力 [Wh]	指定された時間の間に消費した電力
正方向積算電力 [Wh+]	指定された時間の間,系統側から負荷に流れ込んだ電力を表す
負方向積算電力 [Wh-]	指定された時間の間,負荷から系統側に流れ込んだ電力を表す
電圧クレストファクタ(Vcf)	電圧実効値とピーク値の比率を示す
電流クレストファクタ(Acf)	電流実効値とピーク値の比率を示す
電圧/電流波形	実際に測定している電圧/電流波形(通信ポートから取得)

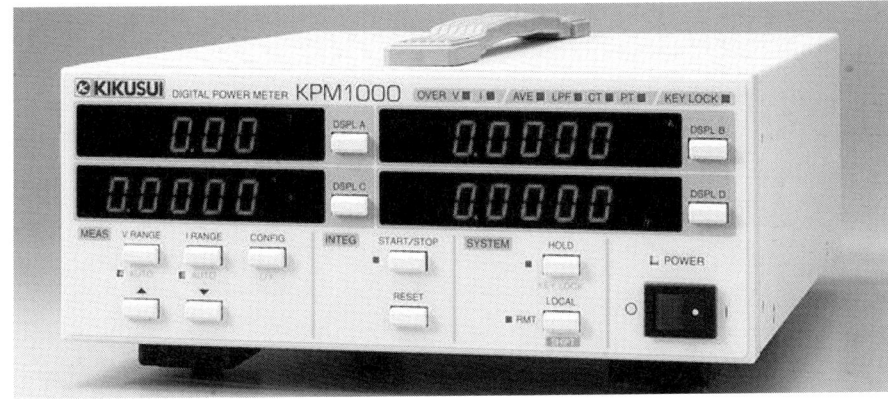

写真5 一般的なパワー・メータの例

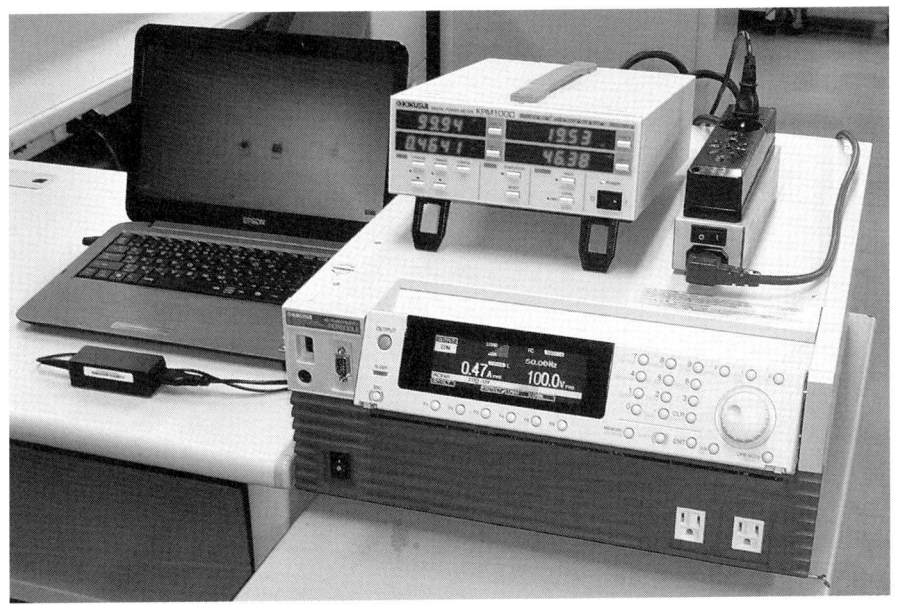

写真6 ACアダプタ消費電力の実測風景

電力の基礎

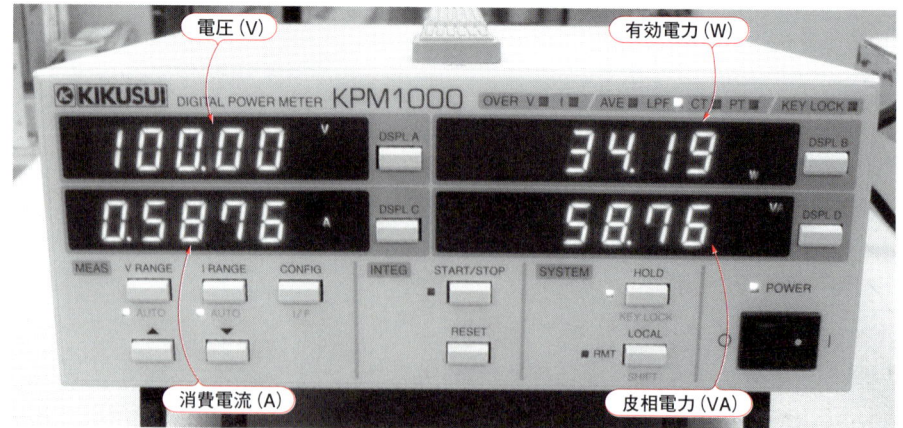

写真8 ACアダプタの消費電力（負荷時）

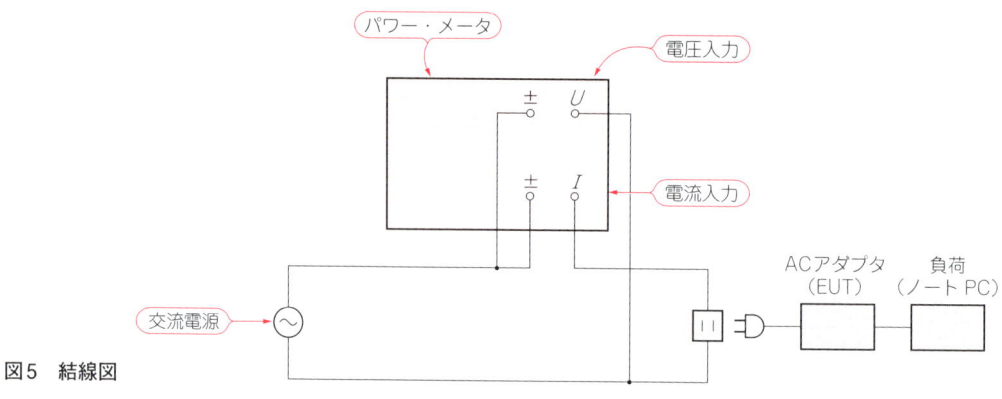

図5 結線図

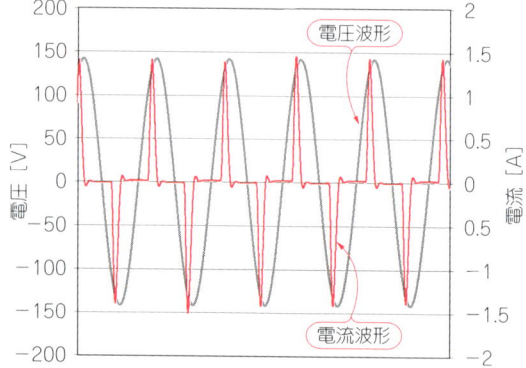

図6 ACアダプタの電流波形（負荷時）

このときパワー・メータの表示している値が実際の消費電力です（**写真8**）．有効電力と皮相電力を比較してみると，有効電力はほぼ皮相電力の半分程度になっていますね．**図6**は，負荷時の電流波形です．正弦波とは違った，ピークの鋭い波形になっていますが，これはコンデンサ・インプット方式の電源モジュールに見られる波形で，この例では力率がおおよそ0.5くらいになっています．

写真9は出力開放時の測定値です．電流波形を**図7**に示します．最近のACアダプタはCEマーキングに要求される待機電力規制の関係で，オフ・モードのときは0.5 W未満になるように工夫されています．今回の実測では約0.12 Wとなり，ほとんど電力を消費していないことがわかりました．

参考までに，待機電力対策を行っていないスイッチング電源モジュール（**写真10**）を測定してみました．**図8**のように，無負荷状態でも約2.6 W以上の電力を消費していることがわかります．ちなみに，市販されている簡易型の消費電力測定グッズでは1 W以下の測定ができないものや，簡易的に皮相電力をワット換算表示しているものもあります．このような小さい電力を正確に測るには，待機電力測定に対応したパワー・メータが欠かせません．

待機電力の測定テクニック

● 待機電力とは

最近話題の待機電力（stand-by power）とは，コンセントに接続された家電製品などが電源の切れている状態で消費する電力のことを指しており，省エネに関しての関心事項になっています．HDDレコーダや液晶TVをはじめとしたAV機器や給湯器，エアコン，オ

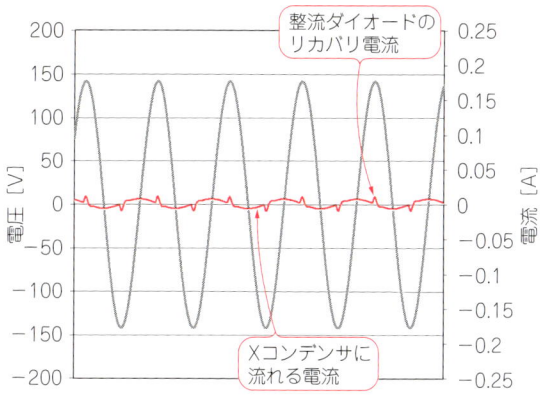

図7 ACアダプタの電流波形(出力開放時)

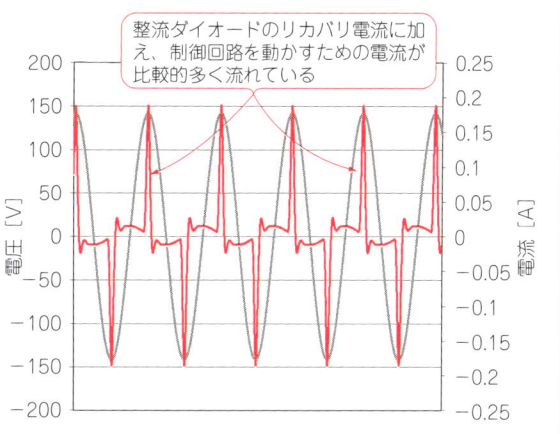

図8 出力開放時の電流波形(スイッチング電源モジュール)

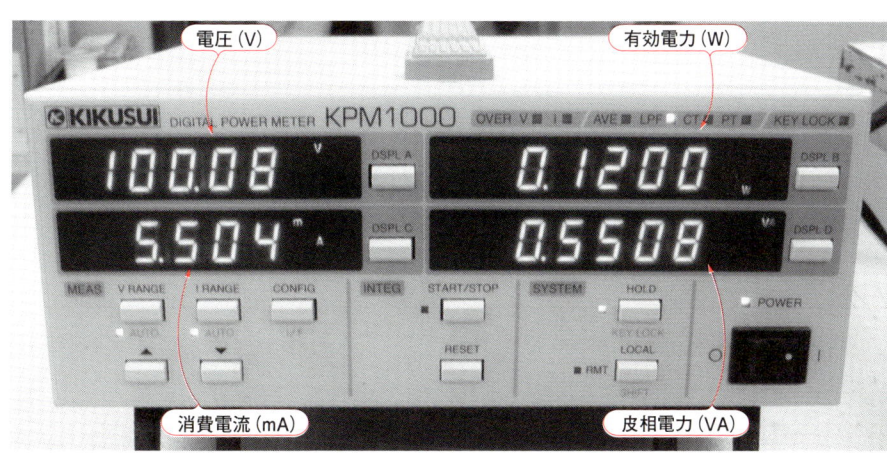

写真9 ACアダプタの消費電力(出力開放時)

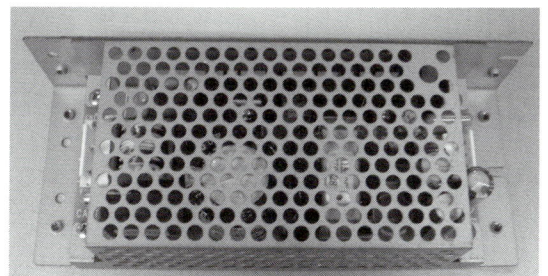

写真10 通常のスイッチング電源モジュール

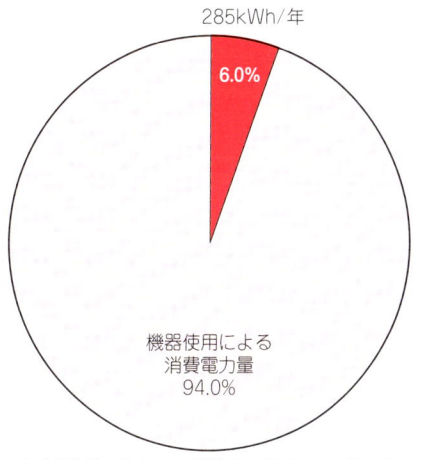

図9 待機電力の占める割合(2008年調査)

フィスではネットワークにつながれたレーザ・プリンタなどを使用していないときの電力がこれに相当します．ちなみに2008年の調査(図9)では，日本の一般家庭における待機電力量は1世帯あたり年平均約285kWhとされており，これは年間の電力消費量のほぼ6％に相当するといわれています[1]．

日米両政府合意のもと1995年10月から実施されている国際エネルギースタープログラムの規制と同様，ヨーロッパ輸出に必要なCEマーク取得に際してはErP指令に適合する必要があります(写真11)．その

ため，国内のメーカもこれに追随する形で対応を進めているところです．具体的には「Lot6 家電機器とオフィス用電子・電気機器のスタンバイ・モードとオ

待機電力の測定テクニック 25

フ・モードの電力消費」で以下のように定められています．

(1) オフ・モードの消費電力

2010年1月7日から1W以下

2013年1月7日から0.5W以下

(2) スタンバイ・モードの消費電力

2010年1月7日から，

① 「再起動機能のみを提供する状態，あるいは再起動機能および使用可能な再起動機能の単なる表示を提供する状態」では1W以下

② 「情報またはステータス表示のみを提供する状態，あるいは再起動機能と情報またはステータス表示のみを提供する状態」では2W以下

2013年1月7日から

①は0.5W以下，②は1W以下

以前は待機時でも数ワットに及ぶ電力を消費していたものもありましたが，新製品（特に日本製）は年々省エネルギー化が進み，待機電力ゼロの製品も増加しています．

● 待機電力の規制動向

2012年6月現在，最新のErP指令ではIEC62301 Ed 2.0を参照しています．

規格の内容を見てみると，Ed1.0に比べて多くの変更点があります．統計処理や不確かさ計算が必須であることに加え，手動での測定が困難な規格になっています．規格内容の詳細については専門的になるためここでは割愛しますが，測定に当たって押さえておかなくてはいけないポイントがいくつかあります．

● 待機電力の発生源はどこか？

図10は液晶TVの電源ブロック例です．待機電力を消費しているのは，機器の中でも常時生きている必要のあるリモコン回路や，エアコンの場合は冷媒を予熱するためのヒータなどです．リモコン回路などでは，CPUを間欠動作させるなどの工夫で待機電力を減らしています．

しかし，先ほどの実験では対策品であっても無負荷状態で電力が消費されていました．この電力は，おもに整流回路の平滑コンデンサ漏れ電流や，Xコンデンサの誘電損，整流ダイオードのリカバリ電流などが要

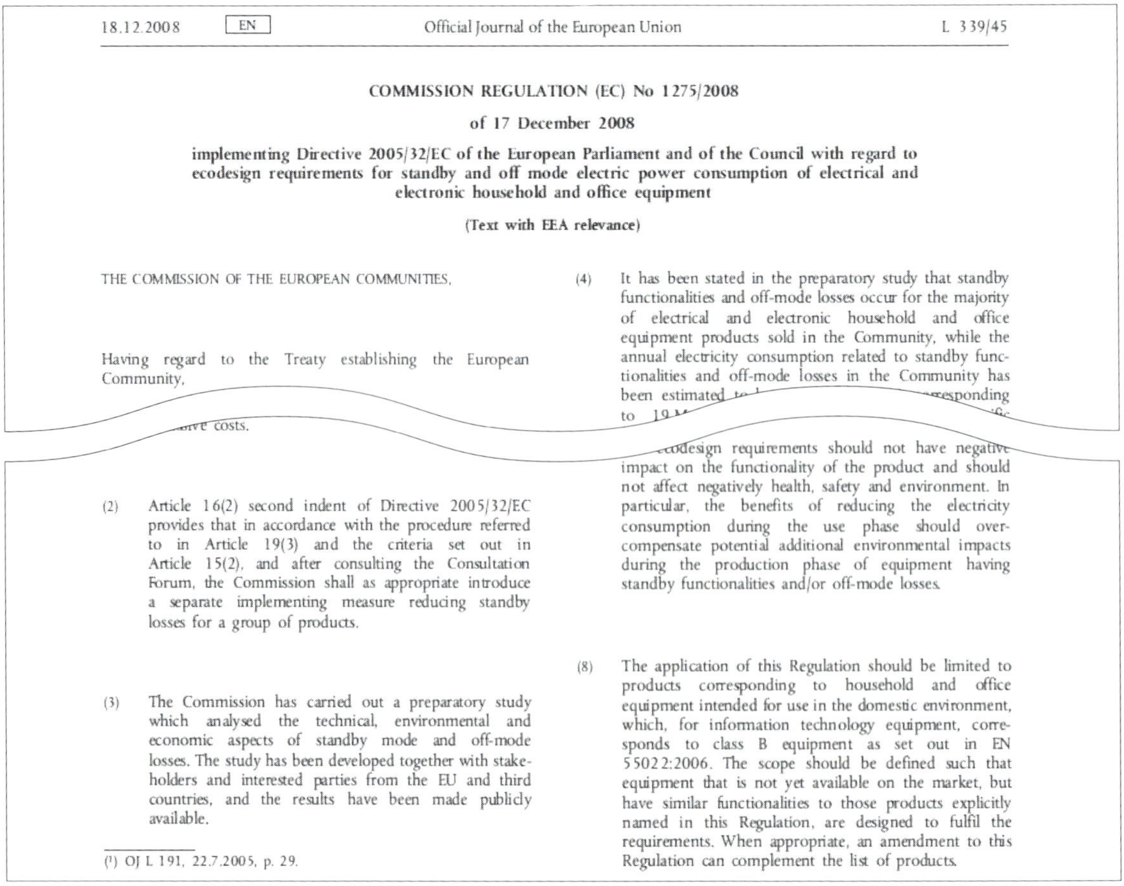

写真11　ErP指令 Lot6［EU Official Journal COMMISSION REGULATION（EC）No 1275/2008］

図10　待機電力の発生源（液晶TVの例）

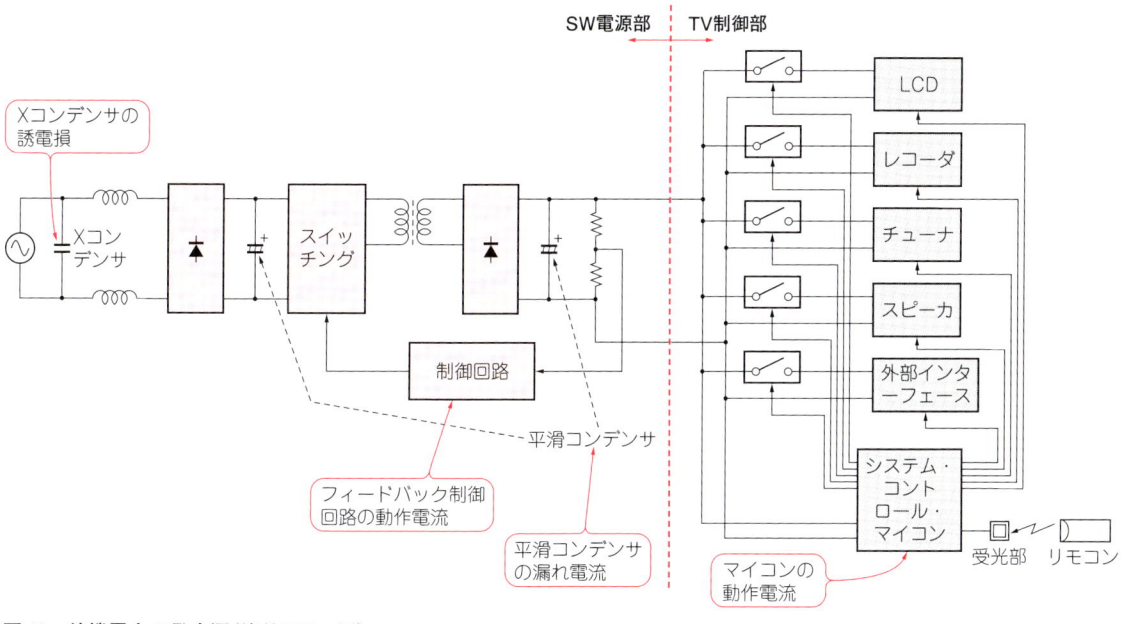

図11[(4)]　Fairchild FSL106HR Green Mode Power Switchのデータシート

因として考えられます．ErP指令要求の「オフ・モード0.5 W以下」を実現するためには，実際の負荷となっている回路の消費電流を削減するだけではなく，周辺部分にも目を向ける必要があります．

● 待機電力を削減するには

待機電力を減らすために使えるICの例を図11に紹介します．詳しい使いかたはここでは述べませんが，興味がある方はぜひ調べてみてください（図12）．
▶ FSL106HR Green Mode Fairchild Power Switch（フェアチャイルド）

● 測定対象は5 mA未満の微小電流だ

230 Vで0.5 Wとなる電流値を単純計算すると約2.17 mAとなります．これは使用している電圧からすると約105 kΩのインピーダンスに流れる電流に相当します．

パワー・メータの性能も大切ですが，接続や操作の違いであっという間に測定誤差が桁違いに増えてしまいます．測定に際しては，以下の点に注意して測定しましょう．

● 待機電力評価は「有効電力」が対象

待機電力の限度値はすべて有効電力［W］で規定されています．

待機状態の電流には電源の基本波周波数以外の成分が多く含まれており，これらは有効電力には影響しません．しかし，電流を測定した場合はこの成分も含めて実効値演算するため，同じ有効電力を示しているのに，電流値が倍近く違うなどという現象も起こります．

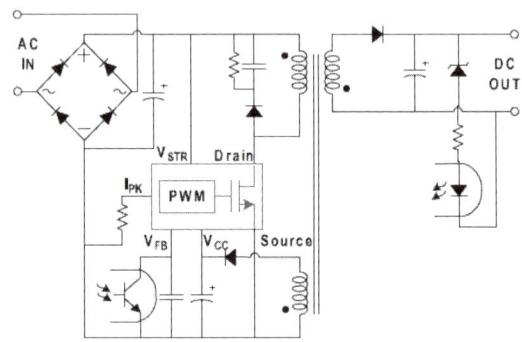

Figure 1. Typical Application

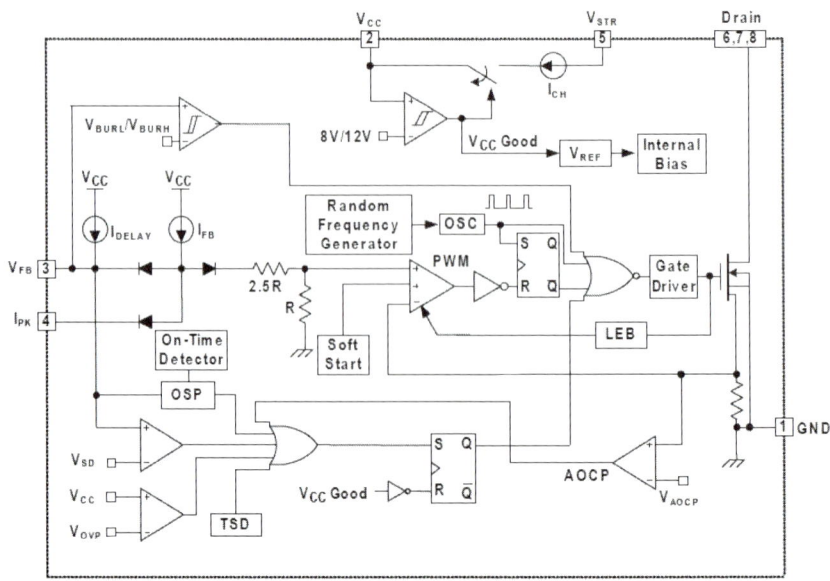

図12[(4)] FSL106HRのブロック図

Figure 2. Internal Block Diagram

したがって生産ラインなどで待機電力の管理値を定める場合，間違っても皮相電力や電流で管理してはいけません．過剰管理や値のばらつきで苦労することになります．パワー・メータのコストダウンをしようとして安価なデジボルの電流計を使おうとすると，このワナにはまります．

電力測定にまつわる誤差要因とその対策

測定には誤差がつきものですが，交流電力測定を行う際，特に留意したい点をあげてみました．

● 電圧のセンシング・ポイントによる影響

待機電力を測定する場合は，図13のように電流計の手前で電圧測定するのがポイントです．間違って電流計の後で電圧測すると，電圧計の分圧抵抗に流れる電流が加算されたものを測定してしまうぶん，計測値に誤差を生じます．

写真12はパワー・メータの電流入力端子の負荷側に電圧入力端子を接続し，230 Vを印加した状態です．このパワー・メータでは電流にして約40 μA，電力で9.2 mWほど分圧抵抗に消費されることがわかります．

● 交流電源の出力ノイズと測定帯域の影響

ときどき，「この製品の測定は，○×社製の△□型というパワー・メータで測らないと正しい値が出ない」などという会話を聞くことがあります．多くの場合，パワー・メータが測定可能な帯域のことを知らずに使っていることが原因で，場合によっては誤差が桁違いになってしまうことがあります．

待機電力削減回路を搭載した高効率スイッチング電源の場合，待機電力の多くは電源に挿入されたXコンデンサの誘電損や整流ダイオードのリカバリ電流などによるものです．コンデンサはその原理上，周波数が上がっていくと自己共振周波数まではリアクタンス成分が小さくなっていきますので，交流電源の出力に含

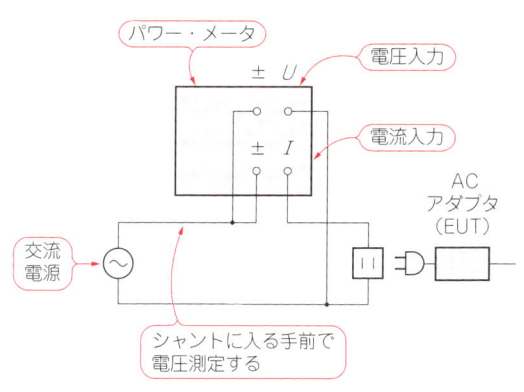

(a) 正しい接続例

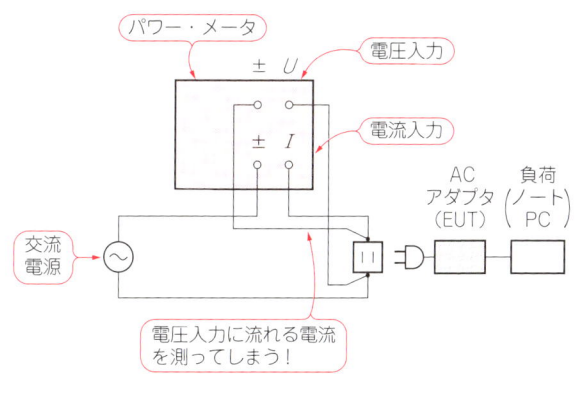

(b) 不適切な接続例

図13 電圧のセンシングはシャントの前で行う

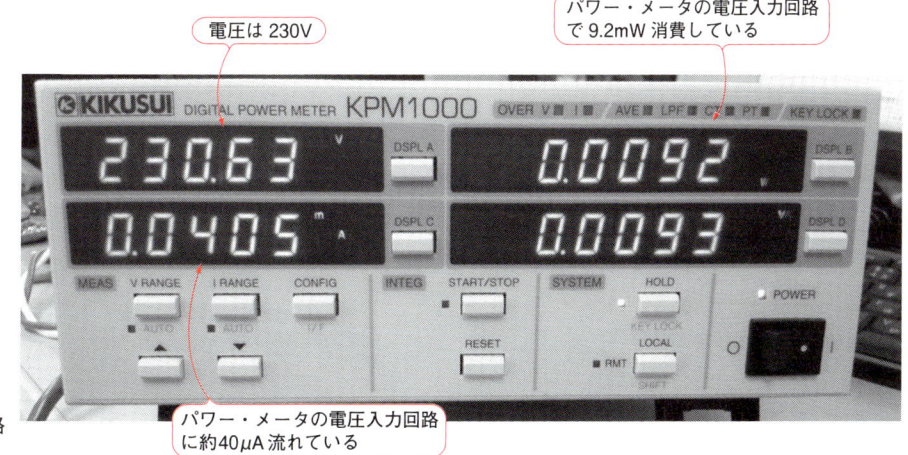

写真12 電圧入力回路で消費する電力

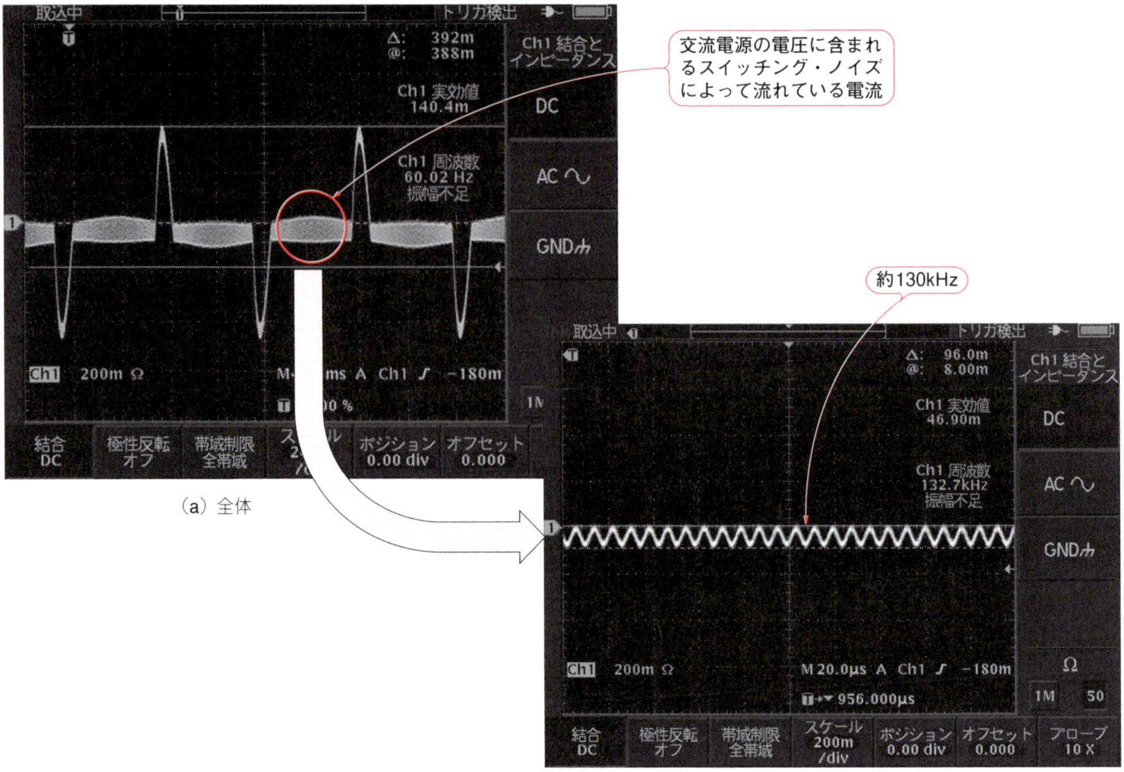

写真13 スイッチング方式交流電源を使用した場合の電流波形の例

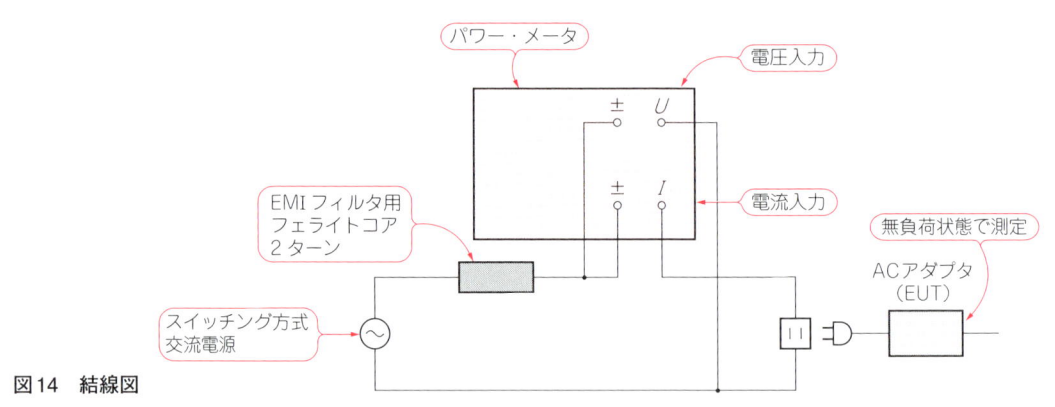

図14 結線図

まれている高周波雑音成分の電流が基本波よりも流れやすくなります．そのため，電流だけを見るとパワー・メータの帯域によってはあたかも誤差が大きくなったかのように見えることがあります．電力は基本波周波数と異なる成分は平均化されるため有効電力にならず，ほとんど差が出ないので，このことを知らずに測定すると長時間残業するはめになります．

写真13は，図14のようにスイッチング方式の交流電源に携帯電話用の充電器を接続し，出力開放状態で交流入力電流を測定したものです．基本波の周波数は50 Hzでも，スイッチング周波数である100 kHz以上の成分が漏れてきています．コンデンサは周波数が高くなるに従ってリアクタンス成分が小さくなる性質をもっていますので，わずかなスイッチング・ノイズでもものすごい量の電流が流れるわけです．

そのため，異なるメーカのパワー・メータ同士の値を比較する場合は，交流電源ノイズの影響を抑えるため周波数帯域を同程度に合わせた状態で比較することが大切です．もし，使用しているパワー・メータにローパス・フィルタ（LPF）の機能があればONにすると

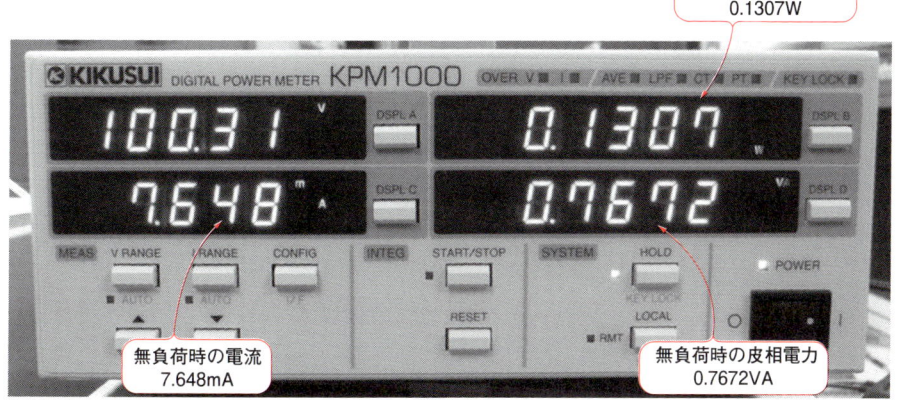

写真14 ACアダプタ出力開放時の消費電力(LPF OFF)

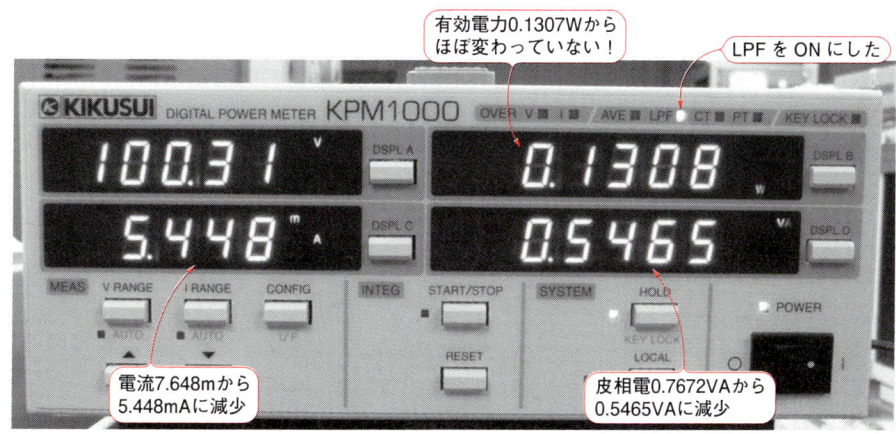

写真15 ACアダプタ出力開放時の消費電力(500Hz LPF ON)

よいでしょう(**写真14**,**写真15**).ただし,パワー・メータによってはローパス・フィルタ使用時に測定誤差が大きくなるものがありますので注意してください.

それ以外の対策としてはいろいろな方法がありますが,交流電源の出力にリアクトルとして数μHのインダクタンスを挿入するだけでもかなり改善します.

写真16は,手持ちのEMIコアに2ターンほど電線を巻いたものです.これを交流電源の出力に挿入し,無負荷状態のACアダプタに流れる電流を観測したのが**写真17**,**写真18**です.雑音成分を含んだ実効値が小さくなっていることがわかります.

交流電源の微小発振にも注意してください.発振が起こっていると正しい値が測定できず,パワー・メータを交換すると値が変わるので,パワー・メータの不具合だと思ってしまうことが結構あります.

● 力率の影響

同じ電流,電圧値であっても,力率が低いものを測

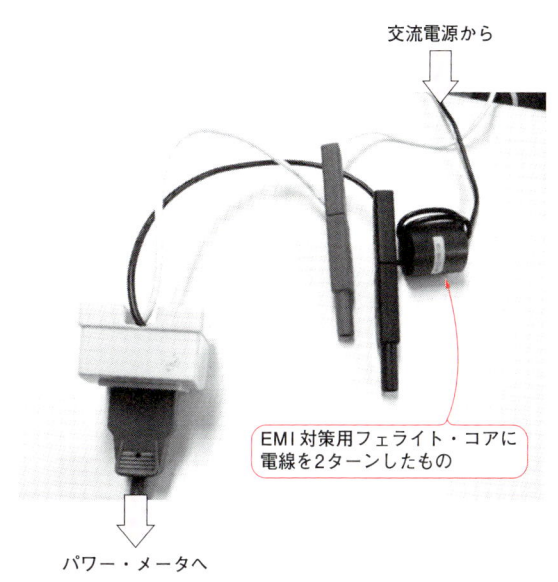

写真16 交流電源出力にEMIコアを挿入

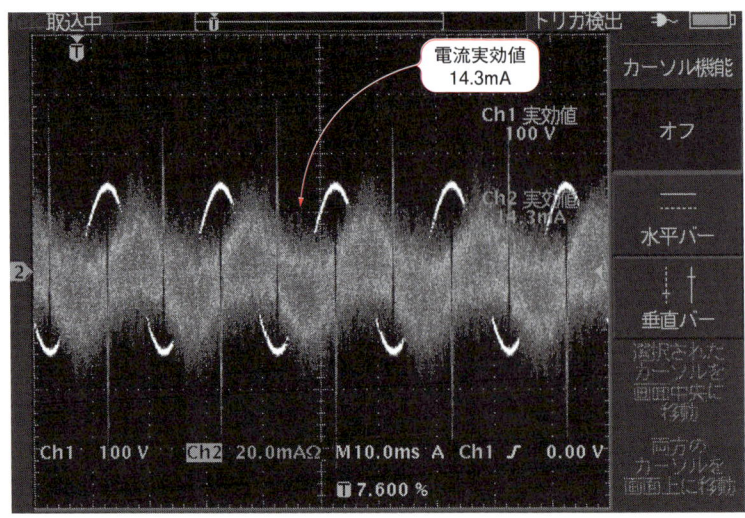

写真17 スイッチング交流電源の電流/電圧波形(EMIコアなし)

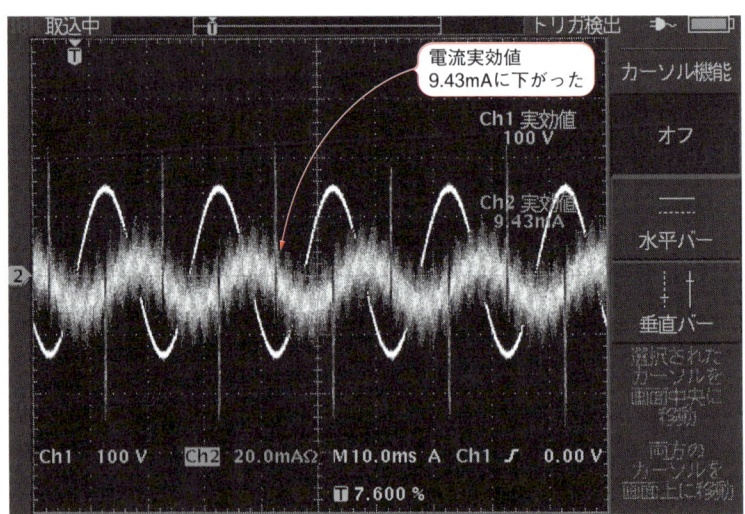

写真18 スイッチング交流電源の電流/電圧波形(EMIコアあり)

表2 力率ゼロのときの位相誤差と電力誤差

位相誤差 [deg]	電力誤差 [%ofrange]
0.5	−0.873
0.4	−0.698
0.3	−0.524
0.2	−0.349
0.1	−0.175
0.0	0.000
−0.1	0.175
−0.2	0.349
−0.3	0.524
−0.4	0.698
−0.5	0.873

定するとパワー・メータの誤差は原理的に大きくなります．

$$P = VI\cos\theta$$

例えば，100 V，1 Aで力率＝1の負荷を測った場合と，力率＝0.707の負荷を測った場合とでは，後者のほうが誤差は大きくなります．

表2は力率と誤差の関係を計算したものです．電圧と電流間の位相誤差がそのまま効いてきますので，力率が良いときには問題にならなかったパワー・メータの誤差が露呈しやすくなります．

待機電力の測定では力率＝0に近い状態の負荷を測定することも多いため，誤差が多いと感じたときは手持ちのパワー・メータの仕様を確かめてみてください．

表3　測定値比較

電源	電圧 [V]	尖頭値電圧 [Vpk]	電流 [A]	尖頭値電流 [Apk]	有効電力 [W]	皮相電力 [VA]
交流電源	99.94	141.38	1.182	2.958	86.434	118.094
商用ライン	100.67	138.92	1.127	2.723	85.426	113.476
交流電源/商用ラインの差	0.73 %	−1.74 %	−4.61 %	−7.95 %	−1.17 %	−3.91 %

（商用ラインのほうが電圧が高いのに…？）　（尖頭値電流も8％近く低い！）　（皮相電力が3.9％も低くなっている！）

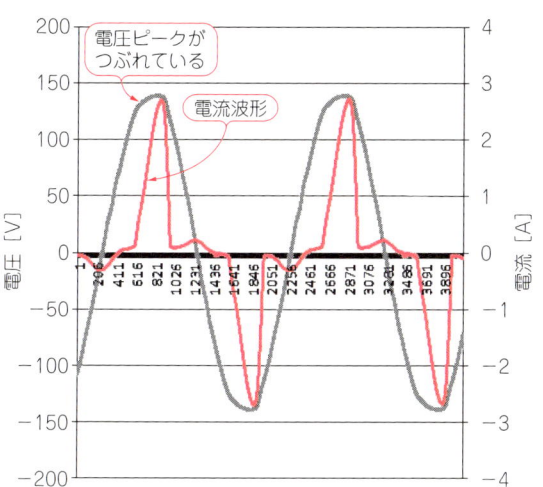

図15　商用ラインの電圧電流波形

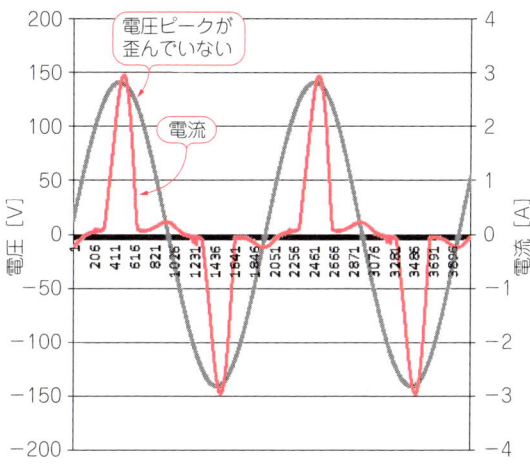

図16　交流電源の電圧電流波形

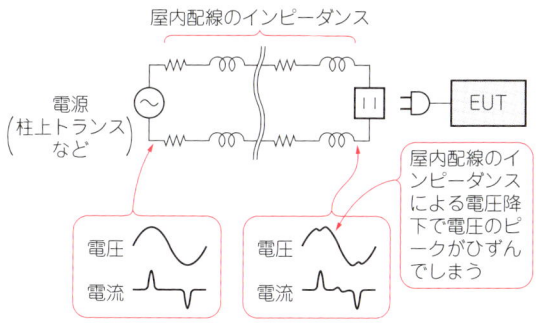

図17　屋内配線のインピーダンスの影響

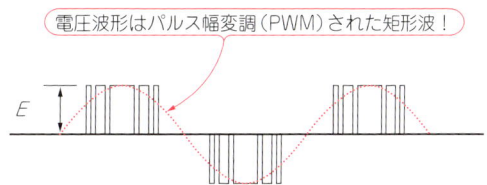

図18　インバータの出力電圧波形

産管理値を決めたりする場合には，できるだけインピーダンスの低いラインを使用するか交流電源を使用するようにしましょう（図17）．

● インバータの2次側測定では注意が必要

　商用交流の場合は測定対象が50～60Hzの正弦波交流ですのであまり問題になりませんが，モータ駆動用に使用するインバータで効率測定をするために2次側電力を測定する場合は，測定可能な周波数帯域に配慮しなければなりません．

　インバータは，パルス幅変調（PWM）と呼ばれる方式で矩形波パルスの密度を変えて出力をコントロールしています（図18）．そのため，真の実効値測定ができないパワー・メータでは正しい測定値にならないことがあります．

　また，日本電機工業会「JEM-TR 148：インバータドライブの適用指針」によれば，モータ駆動用インバ

その他の電力測定テクニック

● 皮相電力測定時は電源インピーダンスに注意しよう

　皮相電力測定時に電源供給元のライン・インピーダンスが高い場合，電流のピークで電圧が下がり，皮相電力の値が小さくなってしまうことがあります．

　実測では120 VA程度の機器であっても，交流安定化電源を使った場合と実験机のコンセントを使った場合とでは，4％近い差が出ることもありました（図15，図16，表3）．

　大電力機器ではこの傾向が顕著になりますので，生

ータの電圧測定では，実効値化平均値(MEAN)で求めた計測値を使うようにとの指針がありますので，検波モードを切り換えられるパワー・メータが必要となります．また周波数が高いため，パワー・メータのコモンモード除去比が悪い場合も計測誤差の原因になります．

● オートレンジを過信しない

待機状態の機器では，実効値電流は非常に小さいにもかかわらず，ダイオードのリカバリ電流のように比較的大きなスパイク状の電流が流れていることがあります．このような場合，オートレンジが正しく動作せずハンチングを起こしてしまうことがあります．

オートレンジでハンチングを起こしたときは，無理をせずにマニュアル操作でレンジを決めるようにしましょう．

パワー・メータの選び方と安全な測定テクニック

● 測定する場所によって「測定カテゴリ」を確認

1次側入力の計測ではちょっとしたミスが大きな事故につながってしまうことがありますので，安全に対しては慎重になる必要があります．

写真19は，いろいろな計測器の測定カテゴリの表示例です(表4)．コンセントに接続する機器に使用する電源モジュールの評価に使用できるパワー・メータであればCAT Ⅱ(「キャット・ツー」と読む)以上の測定カテゴリになっているはずですのであまり気にしなくても大丈夫ですが，配電盤や引き込み線に接続するような大型機器を評価する場合には危険が伴いますので必ず測定カテゴリを確認するようにしましょう(図19)．

詳しくは，IEC61010-1またはJIS C1010-1(測定用，制御用及び研究室用電気機器の安全性 第1部：一般要求事項)を参照してください．

● クレスト・ファクタと測定レンジ

パワー・メータの仕様書を見ていると，「許容クレスト・ファクタ(以下，許容CFと略)」という言葉が出てくることがあります．日本語では「波高率」と呼ばれますが，これは交流のピーク値と実効値の比率を表しているものです．

通常の正弦波であれば$CF = 1.41$となりますが，コンデンサ・インプット方式の交流入力電流を観測すると，おおよそ2.5～4近くの値を示します．許容CFとは，そのパワー・メータが測定可能な最大の実効値に対す

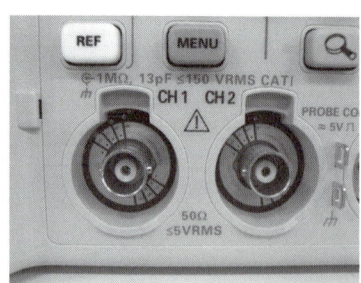
(a) オシロスコープの表示例
測定カテゴリⅠ(CATⅠ)

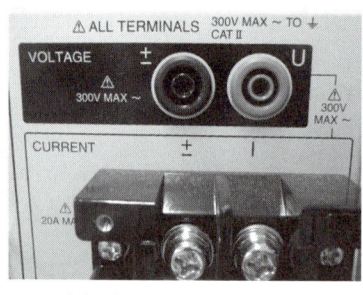
(b) パワーメータの表示例
測定カテゴリⅡ(CATⅡ)

(c) テスタの表示例
測定カテゴリⅢ/Ⅳ(CATⅢ/CATⅣ)

写真19 測定カテゴリの表示例

表4 測定カテゴリ一覧表

測定カテゴリ	説 明
MeasurementCategory Ⅰ (CAT Ⅰ)	実験用交流電源装置(CVCF)や，トランスの2次側の測定をする場合がこのカテゴリに該当する．計測器の入力端子に表記がない場合，その計測器はCAT Ⅰ相当と考えたほうが安全
MeasurementCategory Ⅱ (CAT Ⅱ)	標準のコンセント(たとえば日本では100V，アメリカでは115V，ヨーロッパでは200V/0240V)に接続されるような回路の測定が該当する．家電製品，小型の電気工具，電源モジュールなどの測定が該当する
MeasurementCategory Ⅲ (CAT Ⅲ)	おもに配電盤やブレーカの負荷側など容易に取り外しができない，ケーブルで直接接続された機器の測定をする場合が該当する
MeasurementCategory Ⅳ (CAT Ⅳ)	おもに柱上トランスから配電盤までの回路が該当する

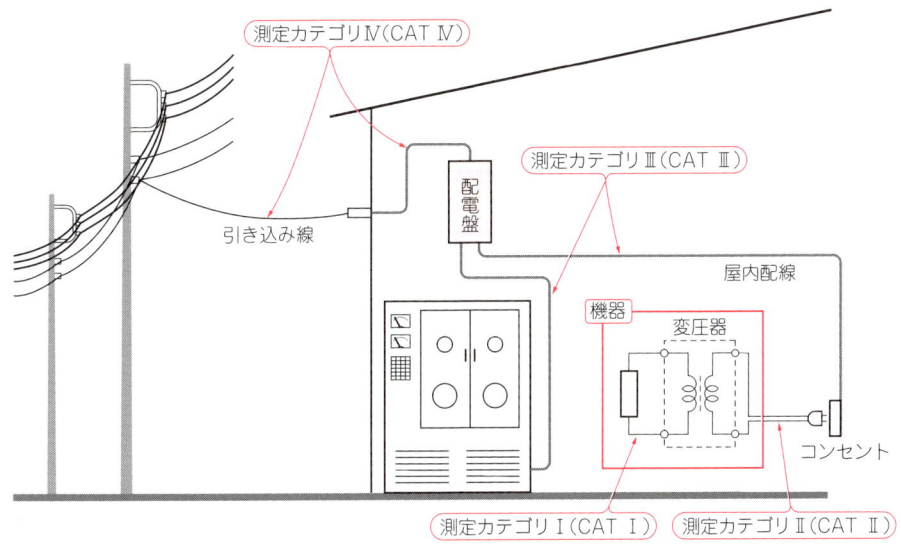

図19 測定箇所と測定カテゴリ

るピーク値の比率を表しており，この値が大きいほど同じレンジで高いピーク値をもつ波形の測定ができることを意味します．

例えば，同じ分解能で許容CFが3のパワー・メータと6のパワー・メータがあったとき，$CF = 4$の波形をもつ電流を測定する場合を考えると，6のほうがより高い分解能で測定が可能になることを意味しています．もちろん，許容CFが3のパワー・メータでもレンジを上げれば測定できますが，分解能の低下やレンジ誤差の増大で理論的には不利になります（**図20**）．

通常の測定であればあまり気にしなくても問題になることはありませんが，待機電力測定ではピーク値が大きいのに実効値が小さい波形になっているケースが多いため，パワー・メータを選ぶ場合はこの点にも注意すると，より正確な測定ができるようになるでしょう．

● **電流入力方式あれこれ**

電圧と違って，電流はそのままでは測定がしづらいため，いったん電圧に変換してからA-Dコンバータに入力します．さまざまな方式がありますが，代表的なものは以下の三つです．

▶**シャント**

電流計測の基本となる方式で，電流経路に既知の抵抗を挿入し，その両端に発生する電圧を電流換算する方式です（**写真20**）．

直流分を含んでいても正確に測定ができますが，抵抗による電圧降下が発生するため，熱によってシャントの抵抗値がドリフトしてしまうことが考えられます．十分に放熱設計を行い，温度特性の良好な抵抗を使用しないと測定値の直線性が悪化します．

また，誤って大電流を流すとシャント抵抗が焼損して抵抗値が変化し，計測値が不正確になってしまうので，過電流を流さない配慮が必要です．

▶**カレント・トランス/DCカレント・センサ**

電流経路に貫通型のカレント・トランスを挿入し，通過する電流を観測するものです（**写真21**）．この方式の利点として，電流測定回路に対してインピーダンス成分を挿入しないため，大電流の測定においても原理的に電圧降下が発生しません．

また，過負荷に強く，誤って大電流を流してしまったとしても，シャント抵抗のように焼損して誤差が大きくなってしまうようなことがほとんどありません．

欠点としては，カレント・トランスは原理上直流を検出することができないため，直流分を含む電流が流れている回路の測定ではコアが飽和し，計測誤差が大きくなることがあります．

例えば，レーザ・プリンタやコピー機のヒータ制御などで，省エネのため電流を正負非対称な間隔で制御を行っているような負荷や，ヘア・ドライヤなどのようにダイオードで半波整流を行っているような負荷を測定する場合，コアの磁気飽和による測定誤差が発生しやすくなります（**写真23**）．

DCカレント・センサは，カレント・トランスの利点に加えて直流分も測定できるので，正負非対称の電流波形であっても正しい測定が可能です（**写真22**）．この方式の欠点として，突入電流でコアが磁化されるとオフセットが生じてゼロ点がずれてしまうことがあげられます．この問題を解消するため定期的にオフセット調整を自動で行うものもあります．

▶**クランプ・センサ**

大容量の回路を測定する場合など，電源と負荷の間

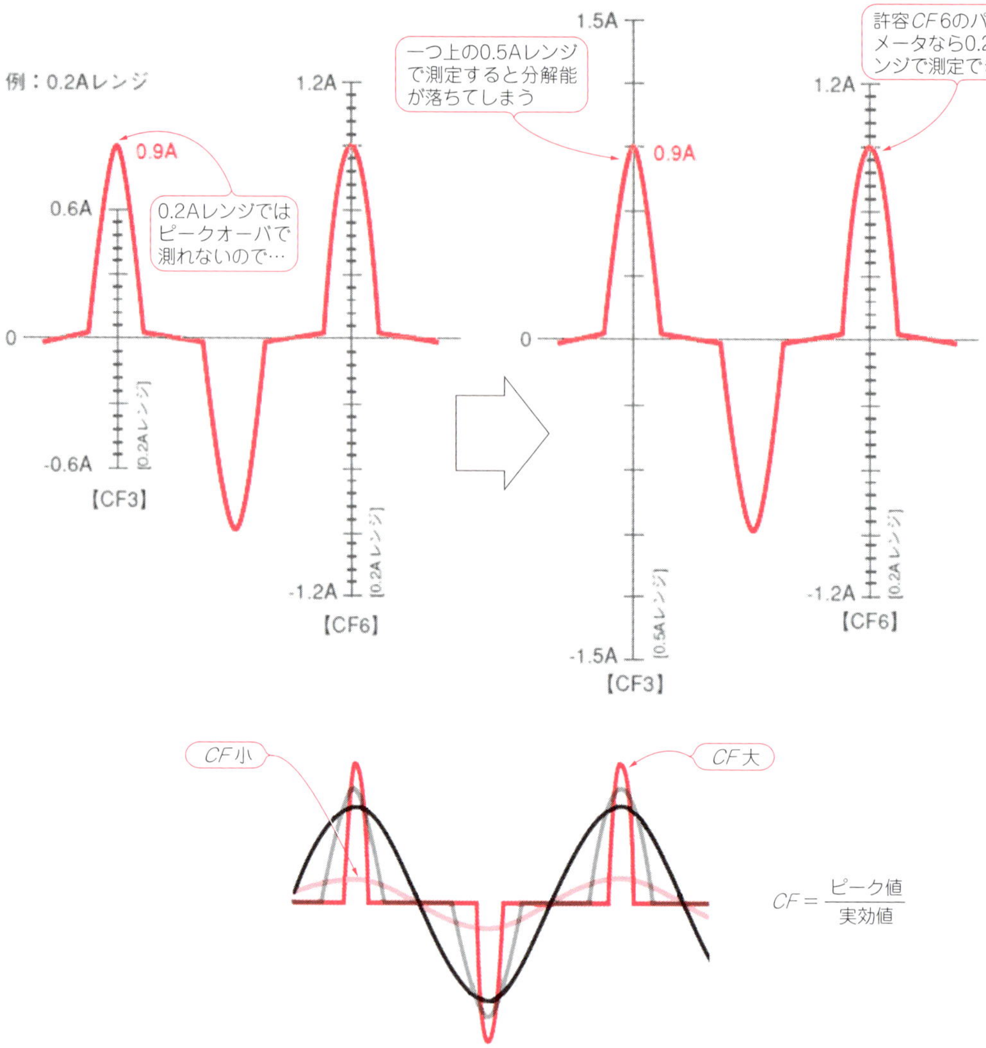

図20 波形とクレスト・ファクタ

写真20 シャントの例

写真21 ACカレント・トランスの例（URD社製）

写真22　DCカレント・センサの例（LEM社製）

を物理的に切断して電流計を挿入することが困難な回路の電流を測定したい場面で威力を発揮します（**写真24**，**写真25**）．

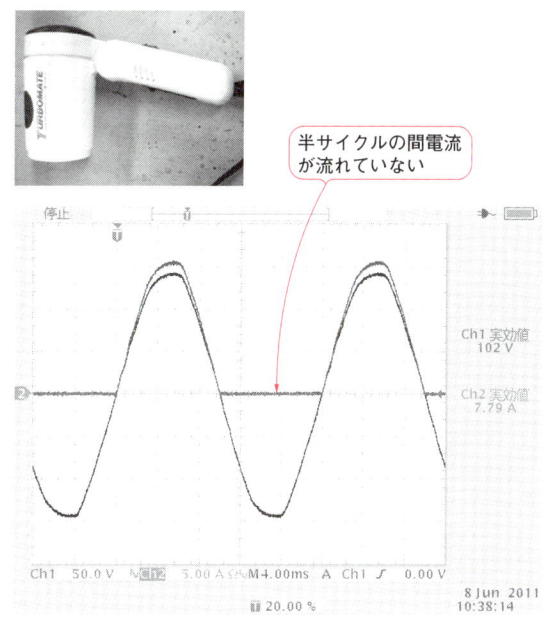

写真23　ヘア・ドライヤと半波整流波形

被試験回路と電気的に非接触な状態で電流測定ができるため，特に大容量の回路で安全な測定が可能です．クランプ・センサにもカレント・トランスを使ったAC専用の安価なものと，ホール素子などを利用して直流から測定ができる高価なものまでさまざまですので，用途に合わせて選ぶことが大切です．

　センサ先端のコアは衝撃に弱いため，誤って落下させたりすると計測できなくなったりすることがあります．DCクランプでは，無理に太い線を挟んだりすると破損の原因になります（**写真26**，**写真27**）．

　また，外装がプラスチックで絶縁構造になっているからといって，バス・バーや裸線をクランプして測定することは絶対にやめましょう．うっかり先端が電源

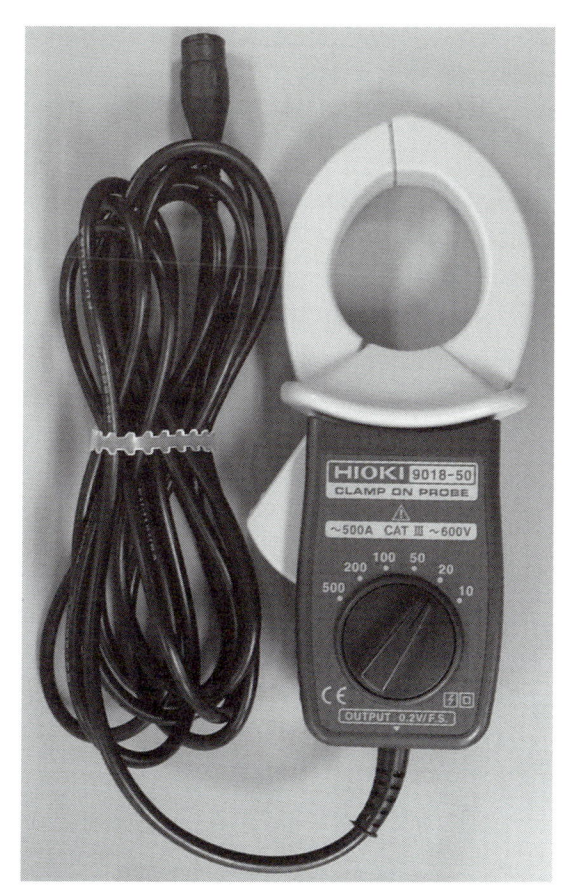

写真24　ACクランプ・センサの例（日置電機製）

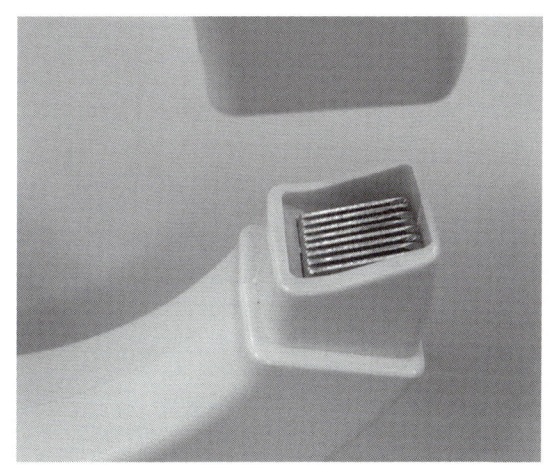

写真25　ACクランプの先端

パワー・メータの選び方と安全な測定テクニック

ラインに接触してしまうと，クランプ・センサ内にある検出コイルの絶縁が破壊され，パワー・メータを壊すばかりか，感電や火災事故を起こすことがあります．

写真26　DCクランプの例（日置電機製）

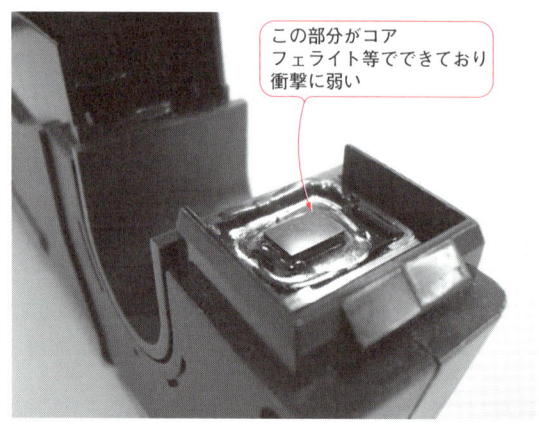

写真27　DCクランプ・センサのコア部
（a）下側　　　（b）上側

この部分がコアフェライト等でできており衝撃に弱い

上側にもコアがある

● **電流端子の接続には気を付けよう**

パワー・メータを使うときは，必ず同時に電流と電圧を測定する必要があるので，接続端子として電流入力と電圧入力があります．学校の実験でも「電流計は回路と直列に，電圧計は回路と並列に」と教わったと思いますが，パワー・メータでもまったく同じです．

ときどき，**図21**のような接続をして「測定できない」，「無負荷なのに交流電源がオーバーロードになる」という問い合わせを筆者も受けることがあります．うっかり電流計を回路に並列に入れてしまうと，低いインピーダンスで電源をショートすることになるので，内蔵されている高価な計測用シャントが焼けたり，細いケーブルを使っている場合には燃えたりする危険も出てきます．接続方法をよく確認して使うことが大切です（**図22**）．

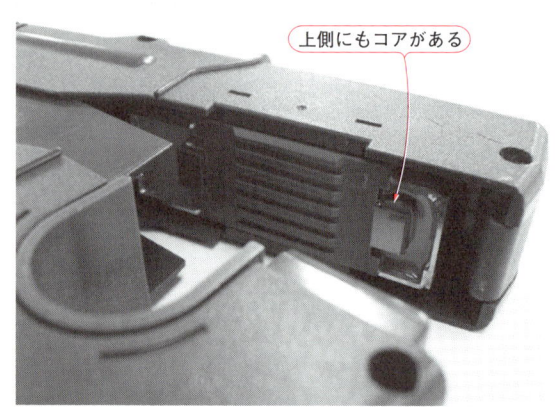

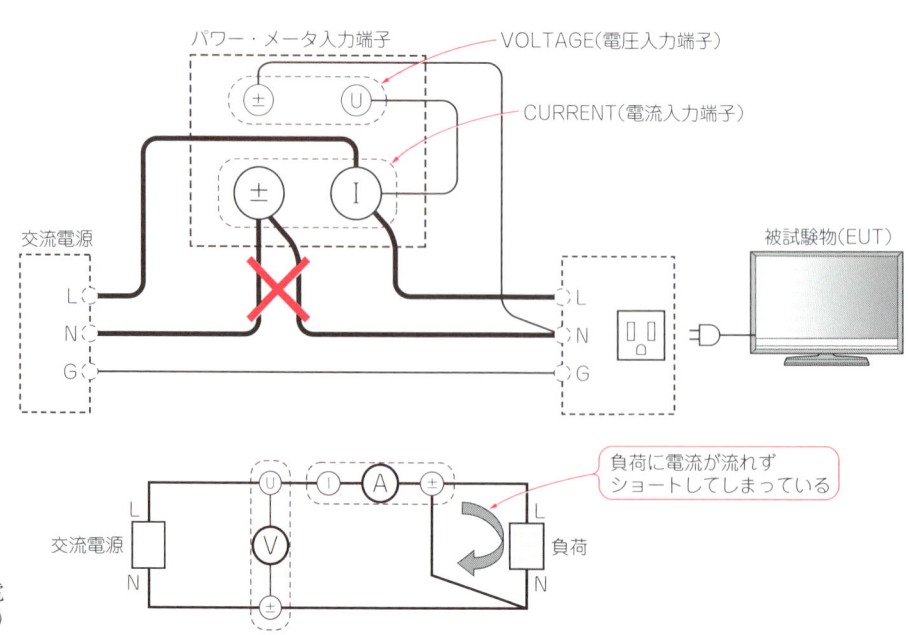

図21　誤った接続例（電源をショートさせている）

パワー・メータ入力端子　VOLTAGE（電圧入力端子）　CURRENT（電流入力端子）　交流電源　被試験物（EUT）　負荷に電流が流れずショートしてしまっている　負荷

図22　正しい接続

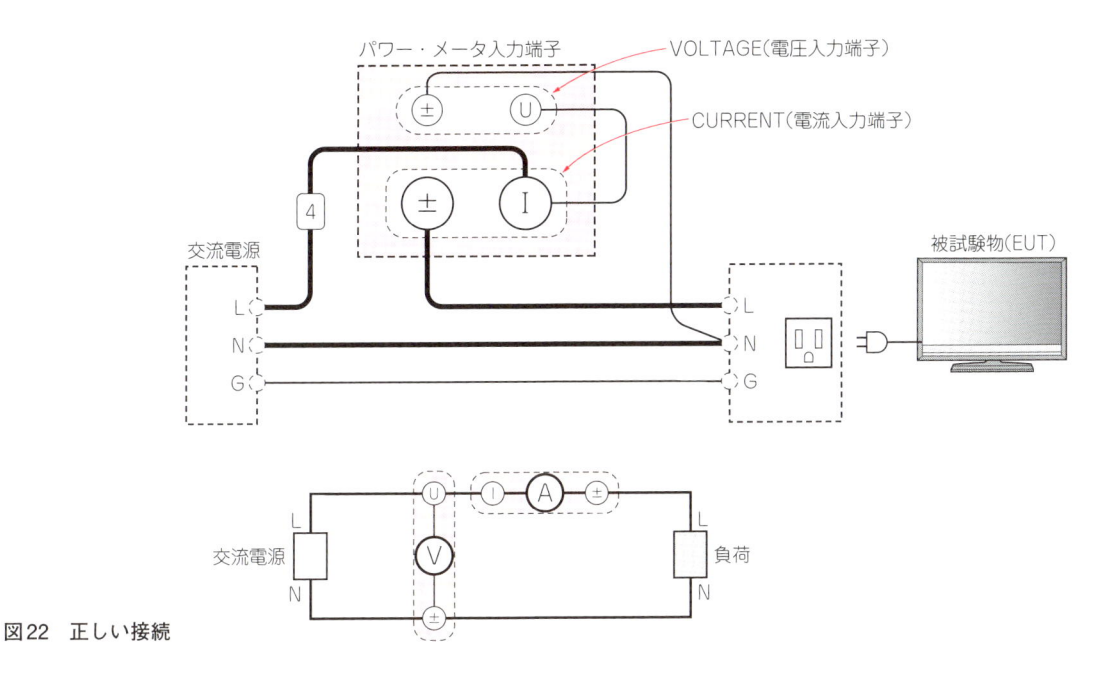

最後に

　省エネ設計を行うには正しい電力を測定することが非常に重要です．

　設計される皆さんがパワー・メータを使って電力測定をする際のノウハウとして，この記事が役に立つことを願ってやみません．

◆参考・引用＊文献◆

(1) 財団法人省エネルギーセンター：平成20年度待機時消費電力調査報告書．平成20年度(2008年)．
(2) 日本電機工業会；JEM-TR 148：インバータドライブの適用指針(汎用インバータ)．
(3) 横河電機：Technical Information，TI 7600-20 ディジタルパワーメータ&ディジタルパワーアナライザ WTシリーズ&PZ 電力測定と応用．
(4)＊ http://www.fairchildsemi.com/ds/FS/FSL106HR.pdf

グリーン・エレクトロニクス No.9

好評発売中

特集 Siの限界を打破するSiC/GaN 半導体パワー・デバイスの普及が目前に！
ワイドギャップ半導体の研究

B5判　128ページ
定価 2,310円（税込）

　現在使用されている最先端のパワー・デバイスはSi(シリコン)という半導体材料がもつ性能を，ほぼ限界まで引き出しており，Siの物性の限界から大幅な発展は困難な状況です．そんななかで，近年，大きな注目を集めているのが，ワイド・バンド・ギャップ半導体デバイス(ワイドギャップ半導体)です．ワイドギャップ半導体は，Siに比べてパワー・エレクトロニクス応用の観点で素晴らしい物性を有しており，大きなポテンシャルを秘めています．ワイドギャップ半導体を使えば，Siでは到底実現不可能な，低損失，高速スイッチング，高温動作が可能になります．

　本書では，半導体デバイスの動作原理について説明し，なぜワイドギャップ半導体によって優れたパワー・デバイスが実現できるかを説明します．なかでも研究が進んでおり，非常に有望な材料である，炭化硅素(SiC)と窒化ガリウム(GaN)について，それぞれの材料の特徴，基礎研究の進展具合，具体的なデバイスの開発状況について紹介します．

第3章

グリーン・エレクトロニクスの低コスト化と普及に役立つ
パワー解析の技術と実際

宮崎 強
Miyazaki Tsuyoshi

　太陽光発電，風力発電，燃料電池，地熱発電などに代表される分散発電の流れが進む一方，エネルギーを使用する側においてもスイッチング電源の高効率化と小型化に向け，SiCショットキー・バリア・ダイオード(SBD)やSiCパワーMOSFET，あるいはフルSiCパワー・モジュールの製品化とその採用が増えています．GaNパワー・デバイスの開発も積極的に進められています．また同時に，従来のSiパワー・デバイスの性能も向上してきています．

　このような高性能デバイスでは，低リカバリ電流(SiC SBD)，高速スイッチング，低オン電圧(低オン抵抗)，寄生インダクタンスの低減が実現されています．

　回路方式としては，ゼロ電流スイッチング(ZCS)やゼロ電圧スイッチング(ZVS)などのソフト・スイッチングが使用されています．また，電力損失低減と軽負荷時のノイズ低減のため，同期整流方式の採用が増えつつあります．

　これらの高性能デバイスと回路方式を使用した高効率なコンバータ回路やインバータ回路は，グリーン・エレクトロニクスの重要な要素技術と言えます．

　例えば，スマート・ハウスで使用される太陽光発電や燃料電池もパワー・コンディショナにより商用AC電源に変換され，そこではDC-ACコンバータが使用されています．また，LED照明ではAC-DCコンバータが内蔵されています．

　高効率なスイッチング電源やインバータの評価では，高確度の測定と解析が要求されます．ここでは，こういった回路のパワー解析の技術と実際について解説します．

スイッチング電源回路の測定項目

　高効率のスイッチング電源回路では，変換効率向上，信頼性の向上，低ノイズ化などの観点から，おもに図1のようなポイントを評価する必要があります．

　図1の各項目は，オシロスコープを使用して評価することができます．標準的な高電圧差動プローブや電流プローブのゲイン確度は2％(標準値)ですので，電力は4％の確度で測定できます．

　例えば，100Wの電源の効率が95％だとすると，

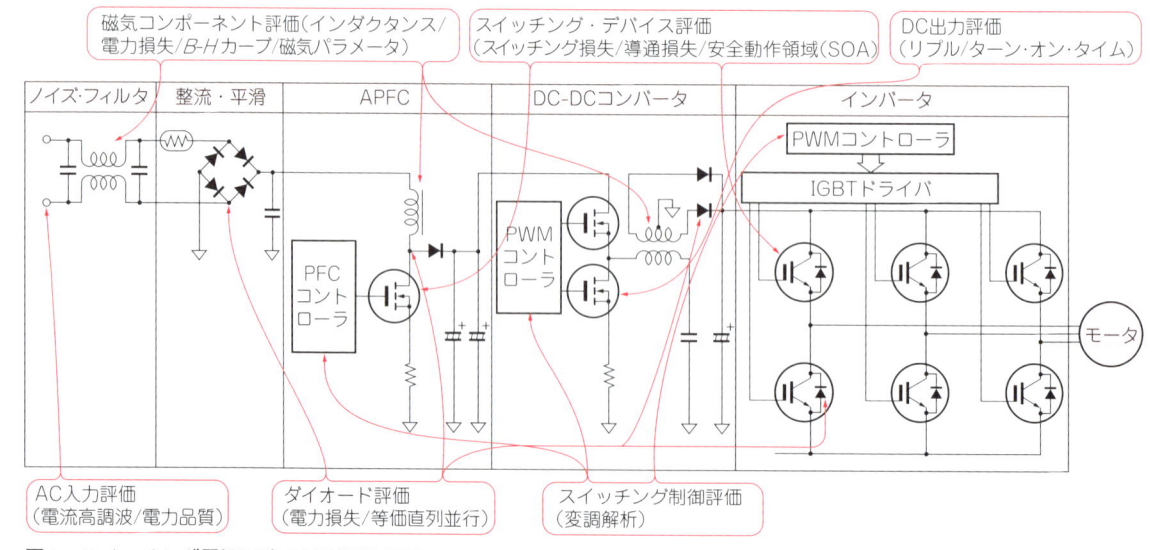

図1　スイッチング電源回路の例と評価項目

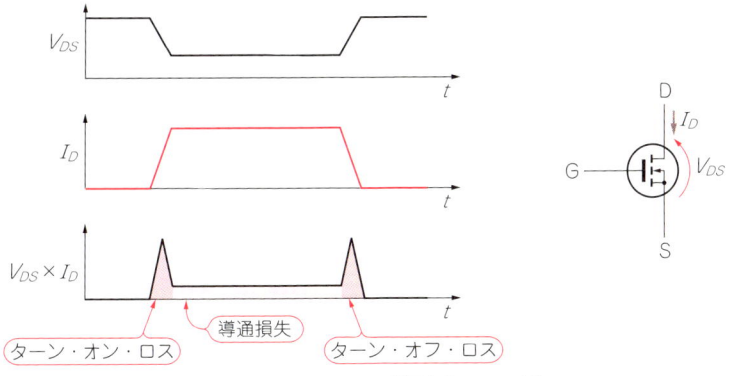

図2 スイッチング素子によるスイッチング損失(FETの例)

5Wの電力損失を測定することになります．5Wの電力損失を4％の確度で測定すると，200mWの測定誤差を含む可能性があります．この200mWの誤差は，100Wの電源に対して0.2％の誤差となります．この場合，電力変換効率の評価で0.2％の誤差要因となることを意味します．ただし，0.2％の誤差に抑えるためには，以下で説明する測定誤差低減のための注意ポイントを理解しておく必要があります．

● スイッチング損失の測定

スイッチング電源回路のスイッチング損失には，ターン・オン・ロス，ターン・オフ・ロス，および導通損失（コンダクション・ロス）があります．

ターン・オン・ロスは，スイッチング素子がOFF状態からON状態に遷移するときに発生する損失です．ターン・オフ・ロスは逆に，スイッチング素子がON状態からOFF状態に遷移するときに発生する損失です．

一方，導通損失はスイッチング素子がON状態（導通状態）にあるときに発生する損失です（スイッチング素子がOFF状態にあるときは電流が流れないので，通常はそのデバイスによる損失を無視できる）．

スイッチング損失の測定のためには，FETの場合はソース-ドレイン間の電圧波形とドレイン電流波形を取り込みます．IGBTの場合は，コレクタ-エミッタ間の電圧波形とコレクタ電流波形を取り込みます．この電流波形と電圧波形を掛け算した波形の面積が，それぞれの損失エネルギーを表します（図2）．

この値の単位は，ジュール（J），あるいはワット・秒（Ws）になっていますので，ワット（W）単位にするためには，この値をスイッチングの周期T（sec）で割り算します．

● 安全動作領域の評価

安全動作領域（Safe Operating Area；SOA）の評価には，どこまで電圧あるいは電流を増やしてもデバイスが壊れないかというデバイスとしての評価と，回路動作としてデバイスで保証されている安全動作領域（SOA）に違反した動作をしていないか，あるいはどれくらい余裕をもった動作をしているかを評価するという2通りの評価があります．

安全動作領域の評価のためには，スイッチング損失の評価と同様に，FETの場合はソース-ドレイン間の電圧波形とドレイン電流波形を取り込みます．IGBTの場合は，コレクタ-エミッタ間の電圧波形とコレクタ電流波形を取り込みます．

取り込まれた電圧，電流波形を基に，縦軸を電流，横軸を電圧にしてX-Yプロットすることで，SOAのカーブを得られます（図3）．

安全動作領域は，ONのパルス幅をパラメータとして規定されていますので，それぞれのパルス幅での評価をする必要があります．

回路動作としてのSOA評価の場合，PWM動作の最大パルス幅の値でのSOAに違反していないことを確認します．あるいは余裕を見て，直流動作時に保証されているSOAに違反していないかどうかを評価し

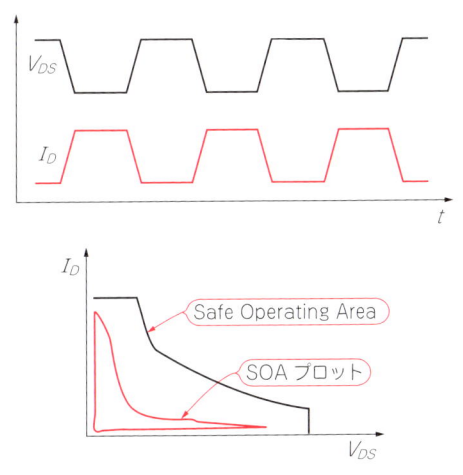

図3 SOAプロットによる安全動作領域の評価

ます.安全動作領域は,ケース温度 T_C によるディレーティングがあるため,これを考慮しておく必要があります.

図4は,パワー解析ソフトウェアDPOPWRを使用して,PFC回路の電源投入時のSOAの評価をした例です.画面左下の X-Y プロットが,SOAとそのマスク・テストの結果を表しています.誌面ではわかりにくいのですが,黒色のエリアが安全動作領域を示し,それに違反したSOAプロット部分が赤色で表示されます.画面上部の波形は,Ch1(実際の画面では黄色)の波形が電圧波形,Ch2(同青色)の波形が電流波形を表しています.Ch3(同紫色)の波形は,ゲートの駆動波形です.この画面の中には1000サイクル以上のスイッチング波形が含まれています.

マスクに違反したSOAプロットと時間軸波形をリンク(時間軸波形の自動検索とズーム)することで,違反波形の確認と原因の特定を効率化できます.図5では,サージ電流によりSOAマスクを違反していることを確認できます.

図6では,電源投入時の突入電流波形とSOAプロットをリンクしていますが,この例では突入電流ではマスク違反していません.

● 磁気部品による電力損失と磁気パラメータ測定
▶ 磁気部品による電力損失

パワーMOSFETやIGBTなどのスイッチング・デバイスの性能が向上する一方で,磁気部品の電力損失を無視できなくなってきています.また,回路を小型化するためにスイッチング周波数を高めると,磁気部品による電力損失が増加する傾向があります.

磁気部品の電力損失には,おもに鉄損と銅損があります.厳密には,漏れ磁束による損失も発生します.鉄損にはヒステリシス損と渦電流損があります.

ヒステリシス損は,ヒステリシス・カーブ(B-Hカーブ)の内側の面積に相当する損失です.スイッチングの1サイクルで,このヒステリシス・カーブを1周し,その面積に相当するエネルギーの損失が発生します.スイッチング周波数が高くなると,単位時間当たりにヒステリシス・カーブを周回する回数が増え,単位時間当たりで発生する電力損失も増加します.スイッチング周波数が N 倍になると,同じ磁気部品ではヒステリシス損も N 倍になります(周波数に比例して増加する).

一方,渦電流損は,周波数の2乗に比例して増加します.

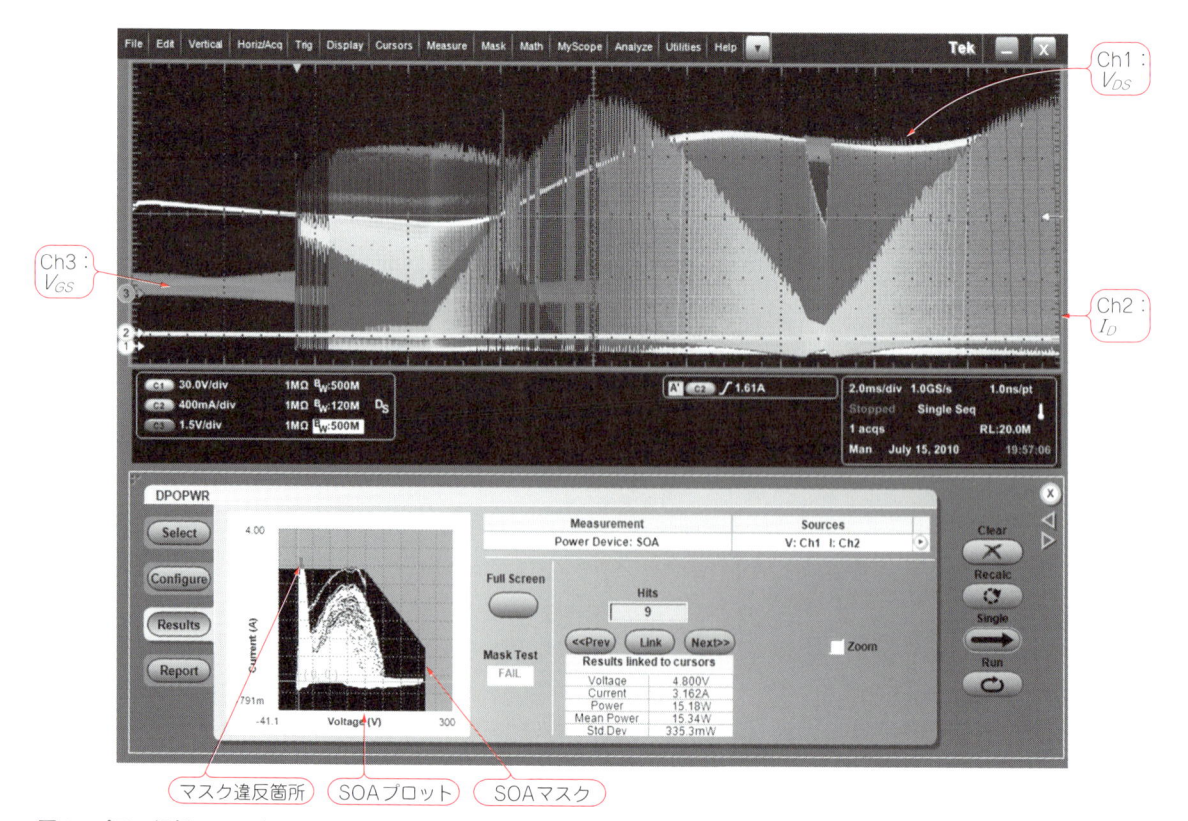

図4 パワー解析ソフトウェアDPOPWRによるSOAの評価結果の例

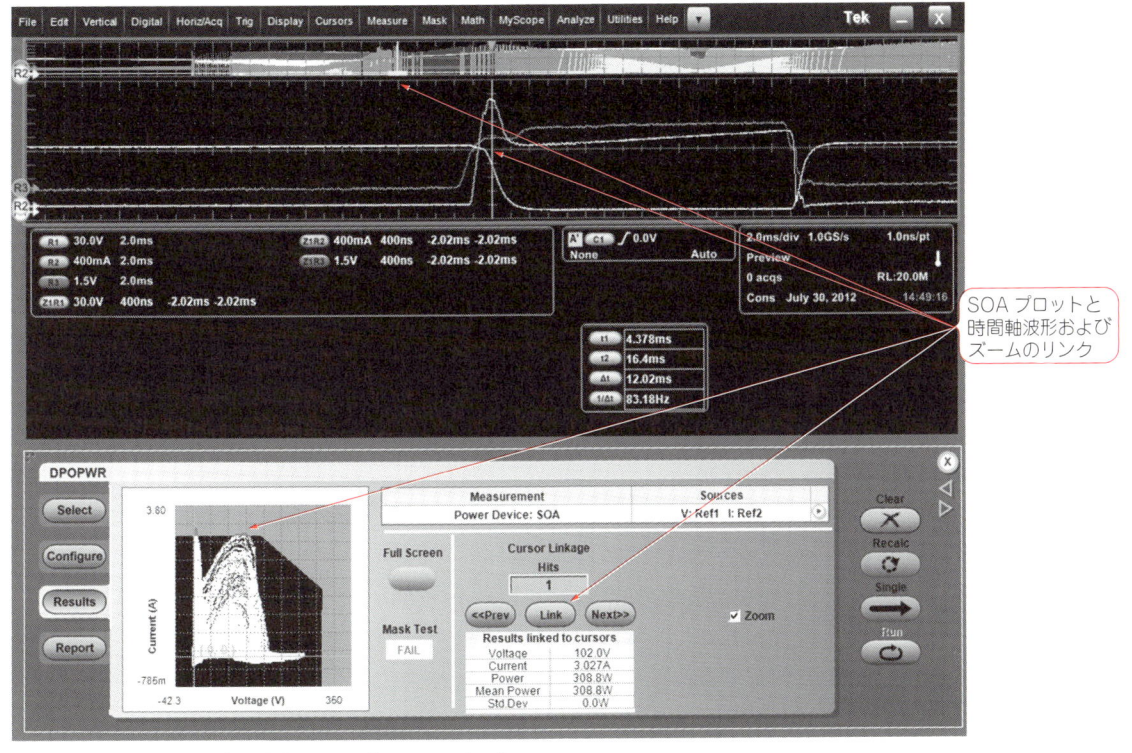

図5 SOAプロットと時間軸波形およびZoomのリンク

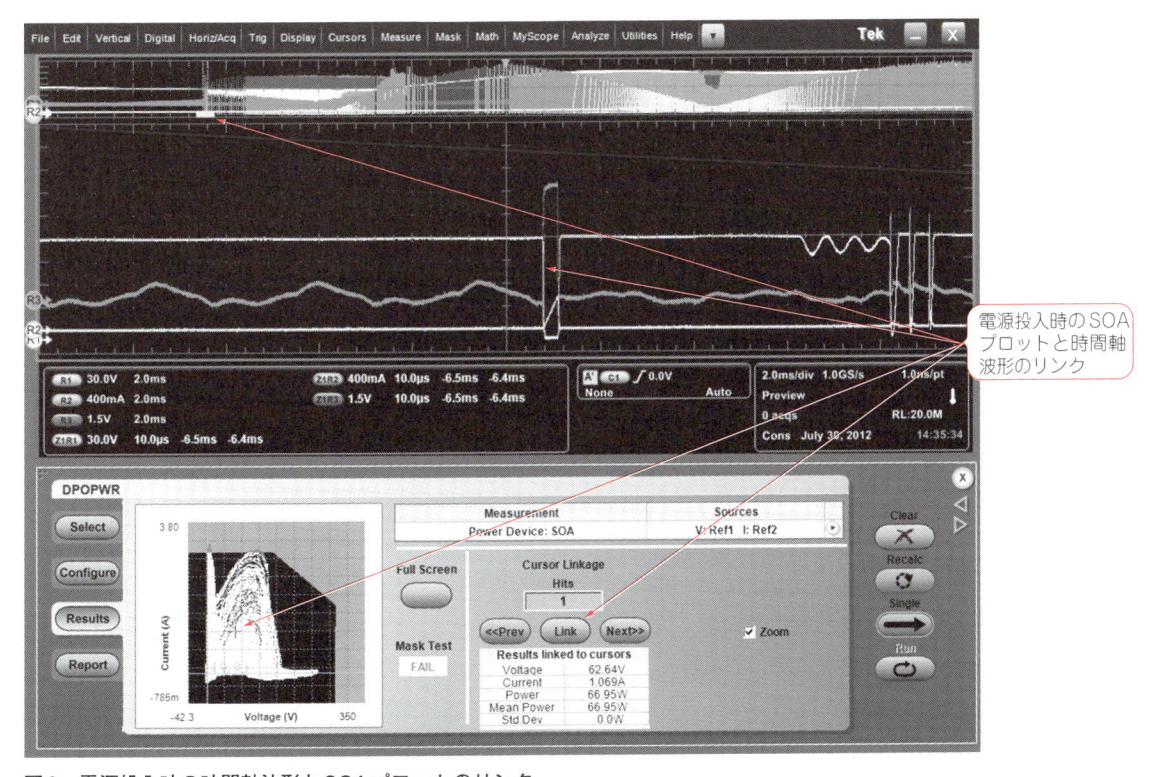

図6 電源投入時の時間軸波形とSOAプロットのリンク

スイッチング電源回路の測定項目 43

$P_E \propto \sigma f^2 B_m^2$

P_E：渦電流損
σ：導電率
f：周波数
B_m：交番磁束の最大値

　このため，スイッチング周波数を高めた回路や電流の大きい回路では，磁気部品による電力損失の測定が重要です．

　オシロスコープを使用して磁気部品による電力損失と磁気パラメータを測定するためには，差動プローブと電流プローブを使用して，コイルの両端の電圧とコイルに流れる電流にプロービングします．

　磁気部品は，各スイッチング・サイクルでエネルギーの蓄積と放出を繰り返します．蓄積と放出の差分が磁気部品の電力損失となります．このとき，整数サイクルぶんの測定をすることが重要です．

　トランスのように2次巻き線がある場合の電力損失は，1次側の損失から2次側の損失を引き算した値になります（トランスの1次側に入力されたエネルギーからトランスの2次側から出力されたエネルギーを引き算する）．

　図7の場合，A点とB点間の電圧と電流，およびC

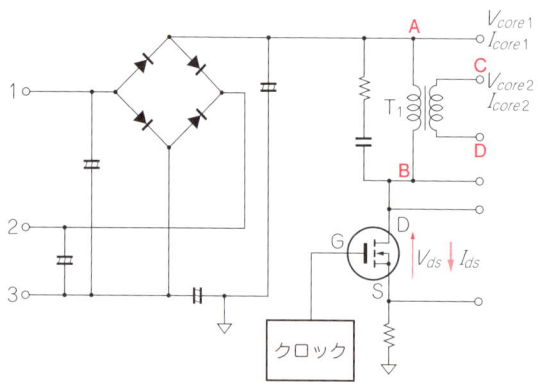

図7　スイッチング電源回路図とプロービング・ポイントの例

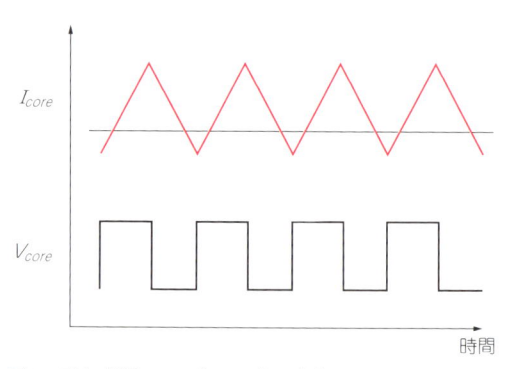

図8　磁気部品へのプロービング波形

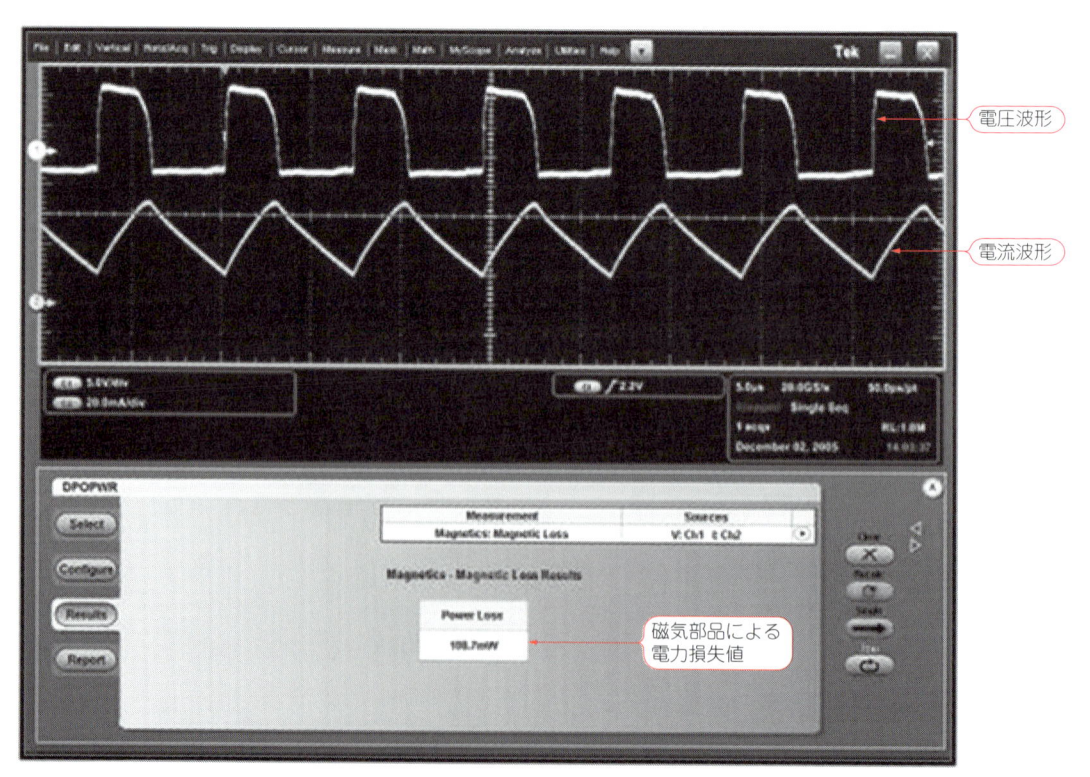

図9　パワー解析ソフトウェアDPOPWRによる磁気部品の電力損失測定の例

点とD点間の電圧と電流にプロービングします(図8).

このようにして測定した電力損失値には，鉄損と銅損の両方が含まれています(図9)．DCオフセット電流が増えると，電力損失も増えます．

トランスのように2次巻き線がある場合は，1次側の電力損失測定値から2次側の各測定値を引き算します．トランスへのプロービングの方法を図10に示します．

▶ 磁気部品の磁気パラメータの測定

磁束密度Bと磁界Hは，

$$B(t) = \frac{1}{nA}\int_0^t v(t)dt$$

$$H(t) = \frac{n}{\ell}i(t)$$

n ：巻き線数
A ：コア断面積
ℓ ：平均磁路長
$v(t)$：巻き線誘導電圧
$i(t)$：巻き線電流

ですので，n，A，ℓが与えられると，電流，電圧波形からヒステリシス・カーブを得られます(図11).

透磁率をμとすると，

$$B = \mu H$$

ですので，測定されたBとHから透磁率μも得られます.

パワー解析ソフトウェアDPOPWRを使用して，これらのヒステリシス・カーブと透磁率μを測定できます．

図12のように，磁心にギャップ(空隙)がある場合は，その空隙の磁界をH_0，透磁率をμ_0，空隙の長さをδとすると，アンペアの周回積分の法則より，

$$H\ell + H_0\delta = nI$$

漏れ磁束がないと仮定すると，磁束密度の法線成分は連続ですので，

$$B = \mu H = \mu_0 H_0$$

これらの二つの式から，

$$H\left(\ell + \frac{\delta\mu}{\mu_0}\right) = nI$$

この式より，ギャップδがある場合は「磁界強度H」

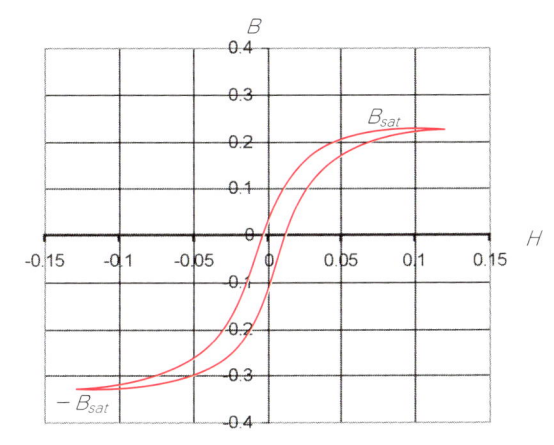

図11 ヒステリシス・カーブ

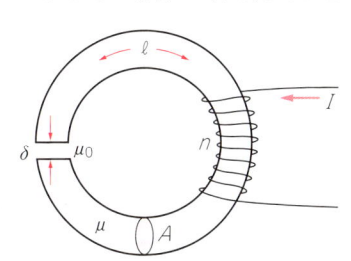

図12 ギャップがあるコイル

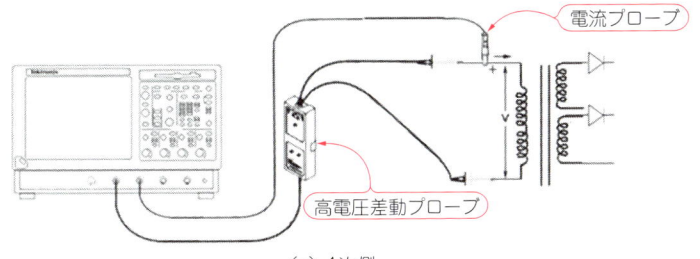

(a) 1次側

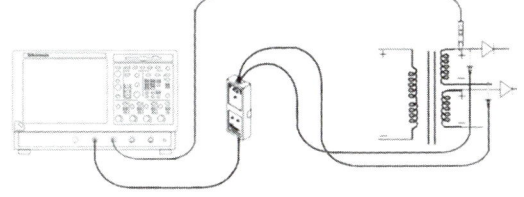

(b) 2次側

図10 トランスへのプロービング

の磁路長が実効的に $\delta\mu/\mu_0$ だけ長くなったことと等価だと考えられます．

同じ二つの式から，

$$\frac{B\ell}{\mu} + \frac{\delta B}{\mu_0} = nI$$

$$B = \frac{nI}{\dfrac{\ell}{\mu} + \dfrac{\delta}{\mu_0}}$$

$$B = \frac{\mu nI}{\ell + \dfrac{\delta\mu}{\mu_0}}$$

この式より，ギャップ δ がある場合は「透磁率 μ」の磁路長が実効的に $\delta\mu/\mu_0$ だけ長くなったことと等価だと考えられます（この場合，ギャップがない場合と比較して，ギャップがある場合は磁心の H の値は小さくなる）．

また，逆に磁路長が ℓ だとすると，ギャップ δ がある場合は，平均の透磁率が実効的に μ_e

$$\mu_e = \frac{\mu}{\ell + \dfrac{\delta\mu}{\mu_0}}$$

になったと考えられます．

パワー解析ソフトウェアDPOPWRでは，ギャップがある場合はギャップを除く磁路長を ℓ として入力することで，この実効透磁率 μ_e と真空の透磁率の比，実効比透磁率 μ_r が測定されます．ギャップの長さ δ とギャップの透磁率 μ_0 がわかると，μ_e から磁心の透磁率 μ を知ることが可能です．

ここで，改めて磁路長の値として $\ell + (\delta\mu/\mu_0)$ の値を指定することで，ギャップがある場合の磁心の磁界強度 H を得ることができます．

ヒステリシス・カーブから，残留磁束密度[*1]と保

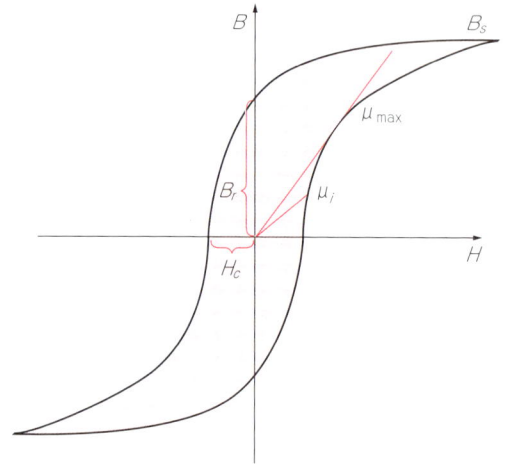

図13 ヒステリシス・カーブと磁気パラメータ

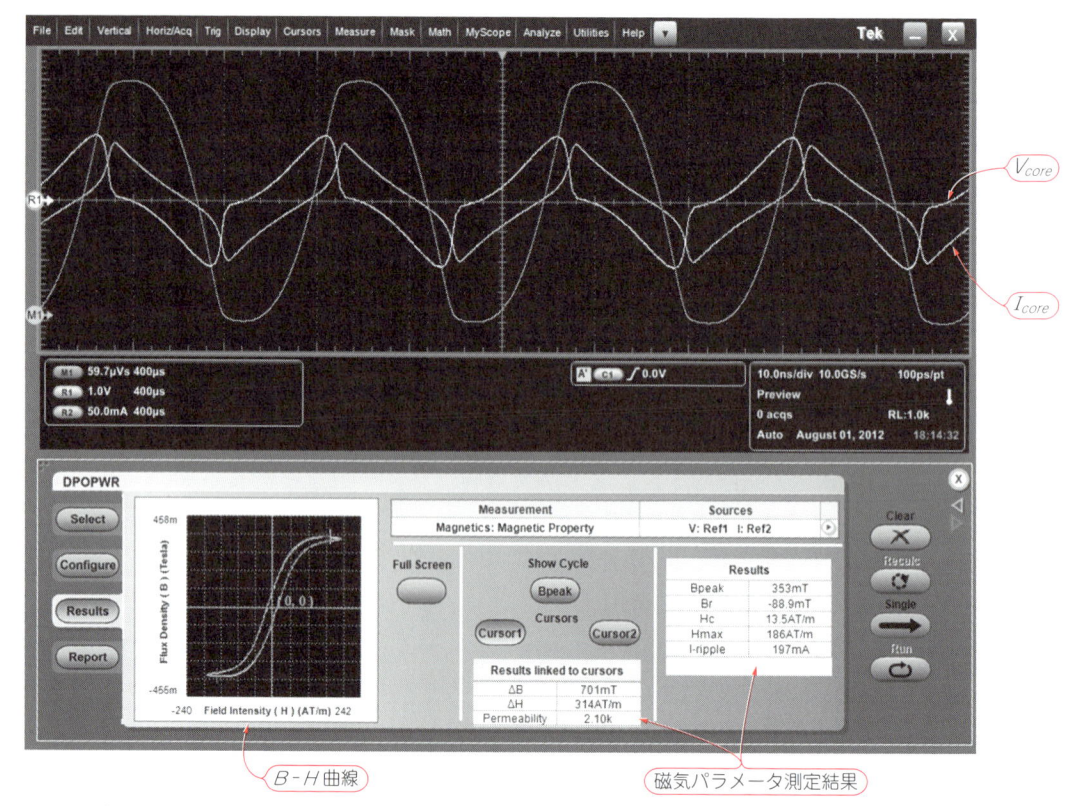

図14 パワー解析ソフトウェアDPOPWRによる磁気パラメータの測定例

磁力[*2]または抗磁力を得ることができます(図13).

図14は，パワー解析ソフトウェアによるB-Hカーブの測定例です．この場合，磁気飽和の領域を含む動作をしていることを確認できます．

図15は，図14の磁気パラメータ測定のために設定した物理パラメータ設定画面です．測定するコイルの n：巻き線数，A：コア断面積，ℓ：平均磁路長を，この設定画面で指定しています．

トランスのように2次巻き線がある場合は，2次側の電流にもプロービングし，2次側の巻き数もパラメータとして指定します(図16)．

オシロスコープによる磁気パラメータ測定では，磁気部品への駆動電流と電圧は，スイッチング電源回路による駆動波形がそのまま使用されます．このため，電源回路に組み込まれた実動の状態でのパラメータを測定することになります．駆動周波数，振幅，DCオフセットや波形の形状も実動の条件での磁気パラメータ測定ができます．

一方，オシロスコープは駆動回路をもっていませんので，DCオフセット電流を少しずつ増やしたときの磁気パラメータの変化(直流重畳特性)や，振幅を少しずつ増やして磁気飽和を起こさせるといった測定をするためには，別途駆動回路が必要となります．あるいは，電源回路を可変できるようにしておくといったことが必要となります．

最大磁束密度 B_{max} や $\Delta B_{max} = B_{max} - B_r$ を得るためにも，磁気飽和するまでの駆動が必要ですので，同様のことが言えます．

▶インダクタンス値の測定

$$V = L \frac{dI}{dt}$$

ですので，コイルの両端の電圧波形と電流波形により，

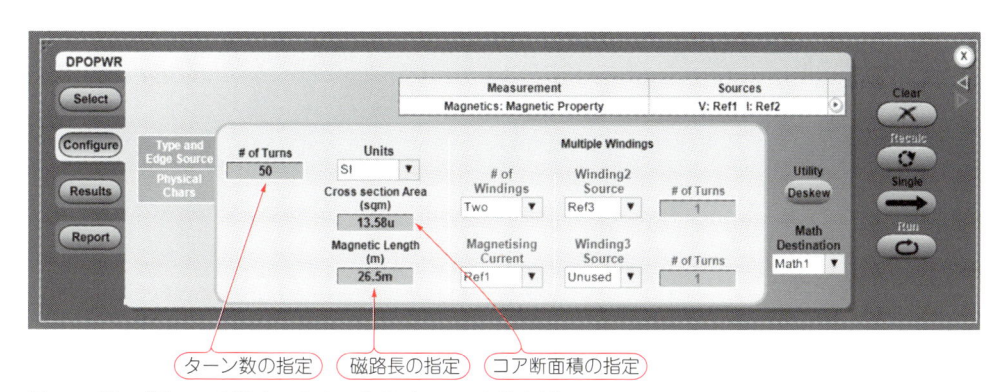

図15　磁気パラメータ測定のための物理パラメータ設定例

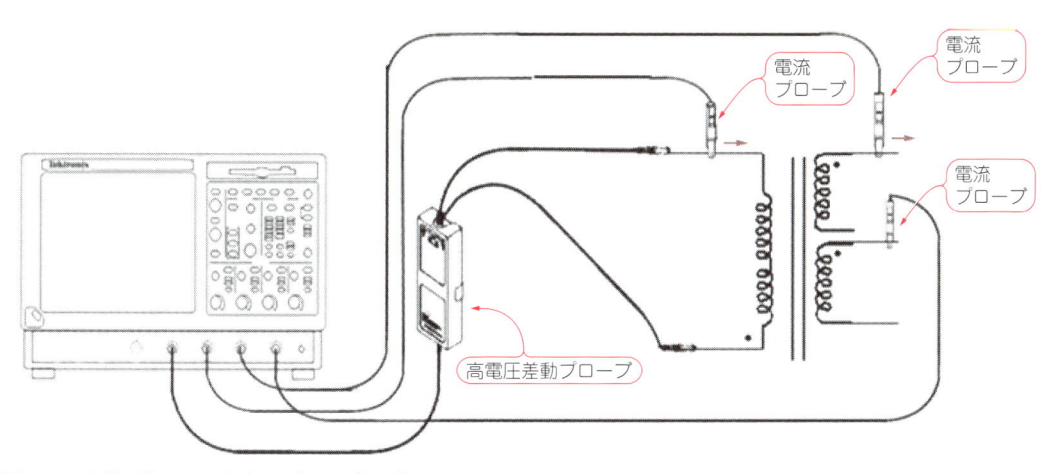

図16　2次巻き線がある場合のプロービング

---

*1：残留磁束密度(B_r)
　　磁界を加えた後，磁界強度を0に戻したときに残る磁束密度．ヒステリシス・ループとB軸の交点(磁界強度$H = 0$)の磁束密度Bの値
*2：保磁力(H_c)
　　磁界を加えたあと，磁界強度を0に戻したときに残る磁束密度を，逆方向の磁界を加えて磁束密度を0に戻すときに必要な磁界強度．ヒステリシス・ループとH軸の交点(磁束密度$B = 0$)の磁界強度Hの値

インダクタンス値 L を得られます．

銅損と鉄損がある場合は，電圧のオフセット成分となりますので，オフセットを除くことで，銅損と鉄損の影響を除いた測定をできます．

$$\int V = LdI$$
$$L = \frac{\int V}{\varDelta I}$$

図17は，パワー解析ソフトウェアDPOPWRによりインダクタンス値を測定した例です．Ch1（黄色）の波形がコイルの両端の電圧，Ch2（青色）の波形が電流，M1（オレンジ色）の波形が電圧の積分波形を表しています．

トランスの場合は，1次側，2次側のそれぞれについて測定します．

● **PWM変調などのスイッチング制御解析**

PWM変調のデューティ，ONのパルス幅，周波数の解析はスイング電圧波形を基に行います．

SOAマスク・テストに使用する最大許容損失は，ONのパルス幅をパラメータとしています．このため，最大パルス幅を測定しておくことは，信頼性の向上のためにも重要です．

スイング電圧は，スイッチング素子がOFFのときにHighになり，ONのときにLowになるため，スイング電圧のLowのパルス幅を解析します．具体的には，Lowのパルス幅（負のパルス幅），あるいはLowのデューティのタイム・トレンドを表示させ，その最大値が設計の想定内に収まっていることを確認します．

図18のオシロスコープ画面のトレース（R1：黄色）が，PFC回路のLowのデューティのタイム・トレンドを表しています（R4：緑色がスイング電圧 V_{DS}，R2：青色が電流波形 I_D，R3：紫色がゲート駆動波形 V_{GS}）．この画面の中には，1000サイクル以上のスイッチング波形が含まれています．

IGBTなどでは，ゲートの駆動波形のデューティは必ずしもスイング電圧のデューティと一致しないため，

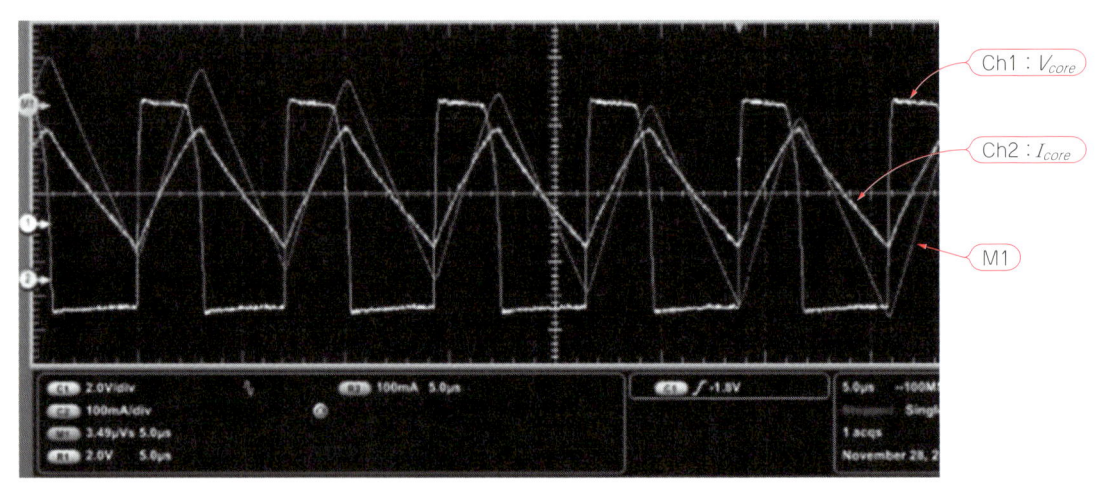

図17　DPOPWRによるインダクタンス値の測定例

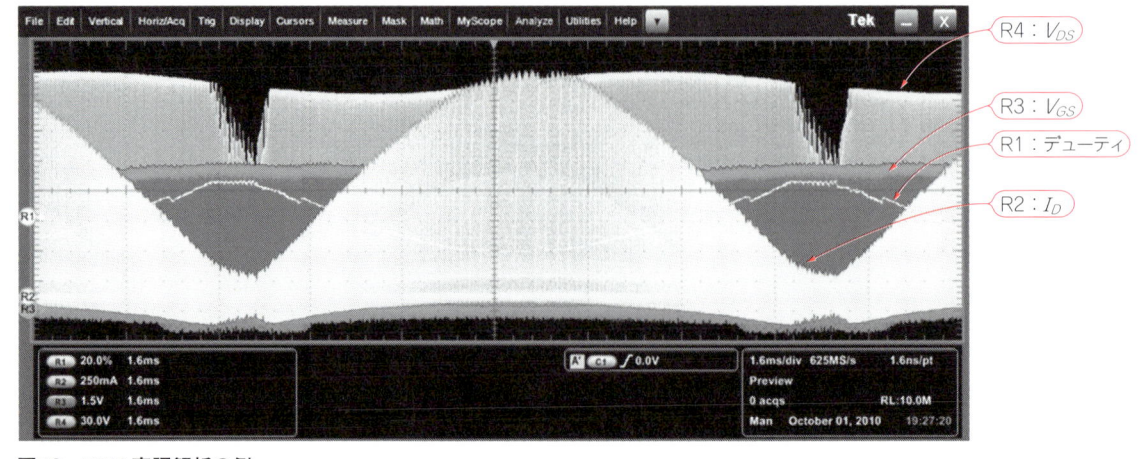

図18　PWB変調解析の例

注意が必要です．

SOAマスク・テストで違反したとき，その違反部分の波形のデューティ（またはパルス幅）がSOAマスクのパラメータのパルス幅より狭いと，無視できる可能性があります（その狭いパルス幅での最大許容損失を満足している場合）．

● 貫通電流の防止用タイミング・マージンの評価

インバータのハイ・サイドのスイッチング素子とロー・サイドのスイッチング素子が同時にONすると貫通電流（短絡電流）が流れて回路が壊れてしまうため，両方がOFFになっているデッド・タイムが確保されている必要があります．信頼性を高めるために，この貫通電流防止用タイミング・マージンの検証をしておく必要があります．

Ch1とCh2で，それぞれハイ・サイドのスイング電圧とロー・サイドのスイング電圧にプロービングし，両方がHighのタイミングを確認します（図19，図20）．オシロスコープのロジック・トリガを使用し，両方がHighの時間がある規定値以下の波形でトリガを掛け

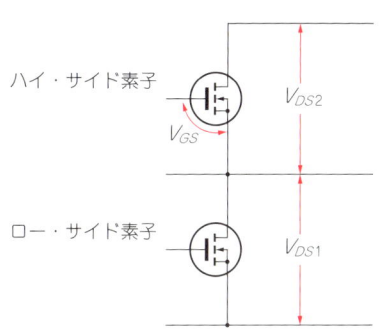

図19 インバータのV_{DS1}とV_{DS2}にプロービング

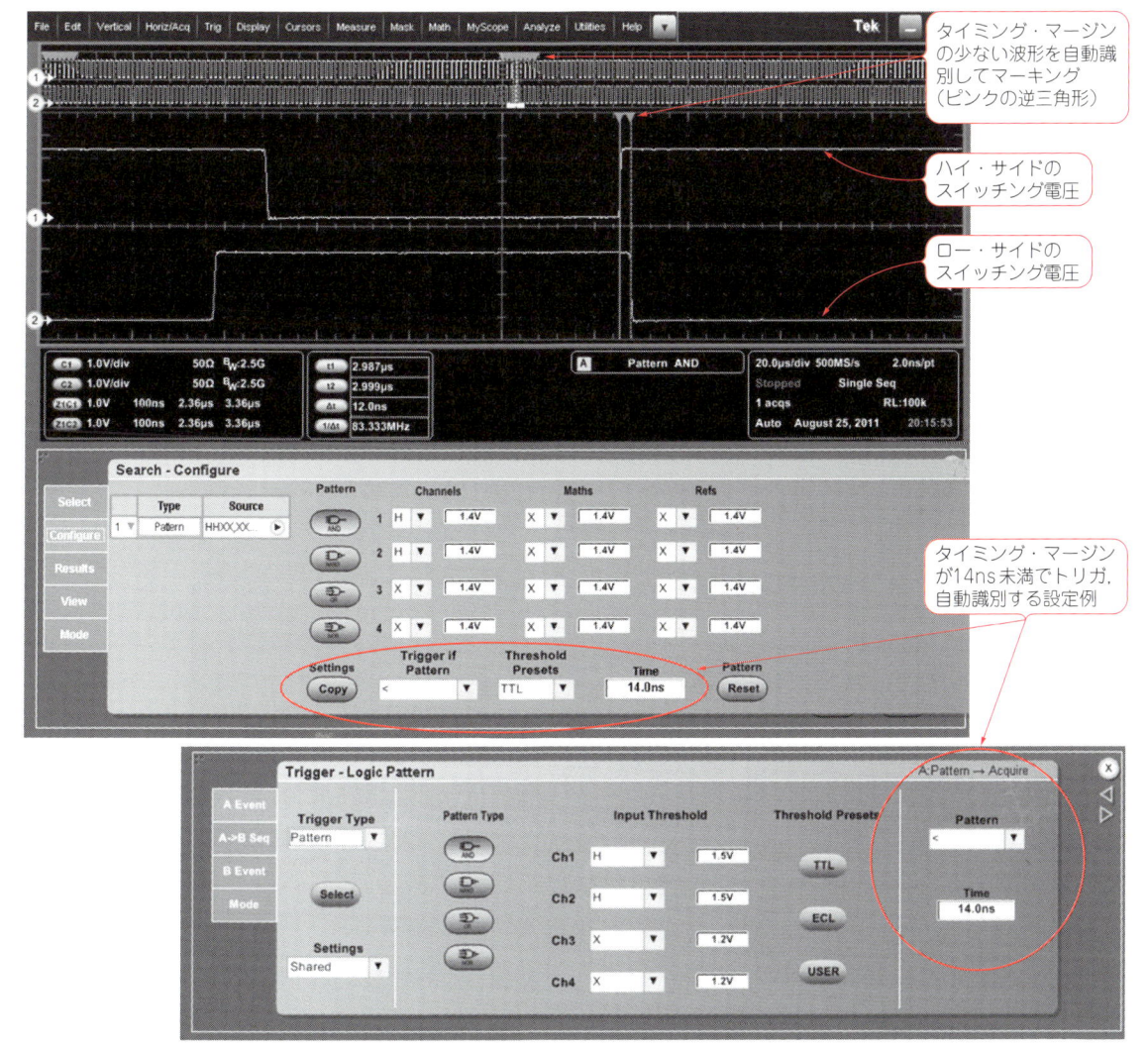

図20 貫通電流防止用タイミング・マージンの評価例

ます．この条件でトリガが掛かる場合は，デッド・タイムがその規定値以下の波形が存在することを意味します．ロング・レコード長で波形を取り込み，トリガ設定と同じ条件での波形検索により，トリガ・ポイント以外の違反箇所も検証します．

▶放射ノイズと伝導ノイズ

立ち上がり/立ち下がり時間の速い高速スイッチング電源回路では，放射ノイズや伝導ノイズが大きくなる傾向があります．特にdI/dtの絶対値が大きい回路では注意が必要です．

1GHzのスパンでスペクトラムの過渡現象を捕捉で

写真1 PFC回路の放射ノイズを近接界プローブでピックアップ

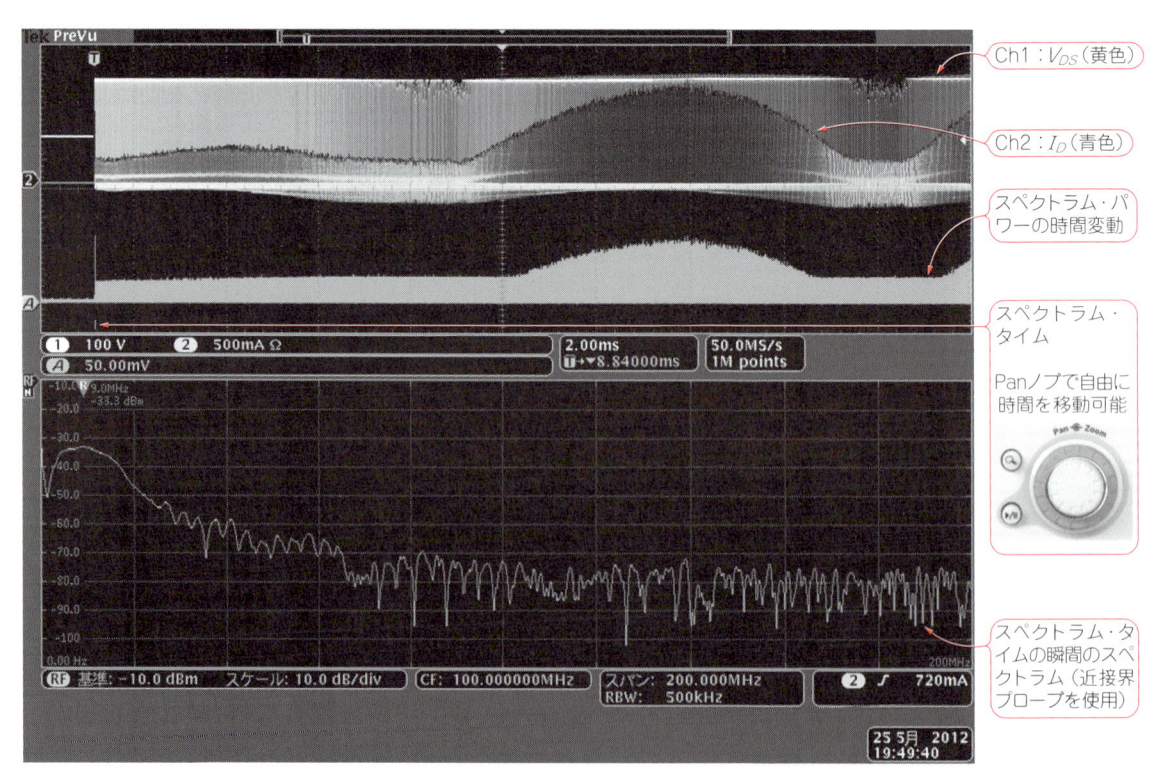

図21 放射ノイズの測定（突入電流部）

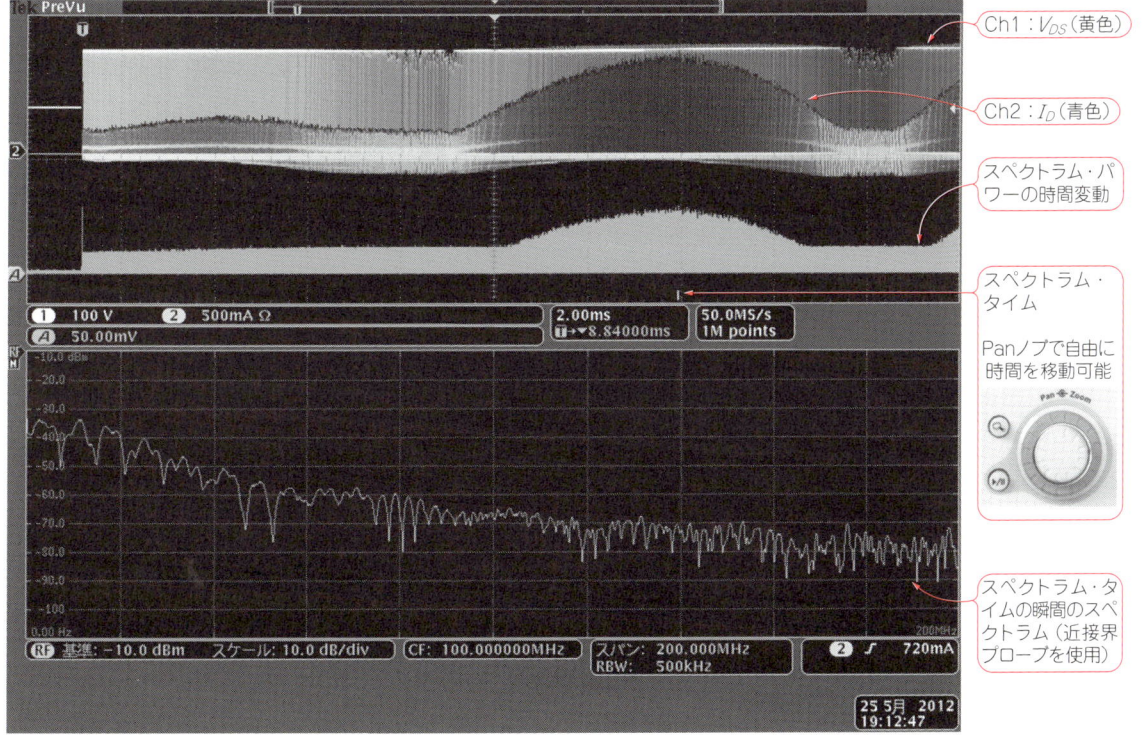

図22 放射ノイズの測定

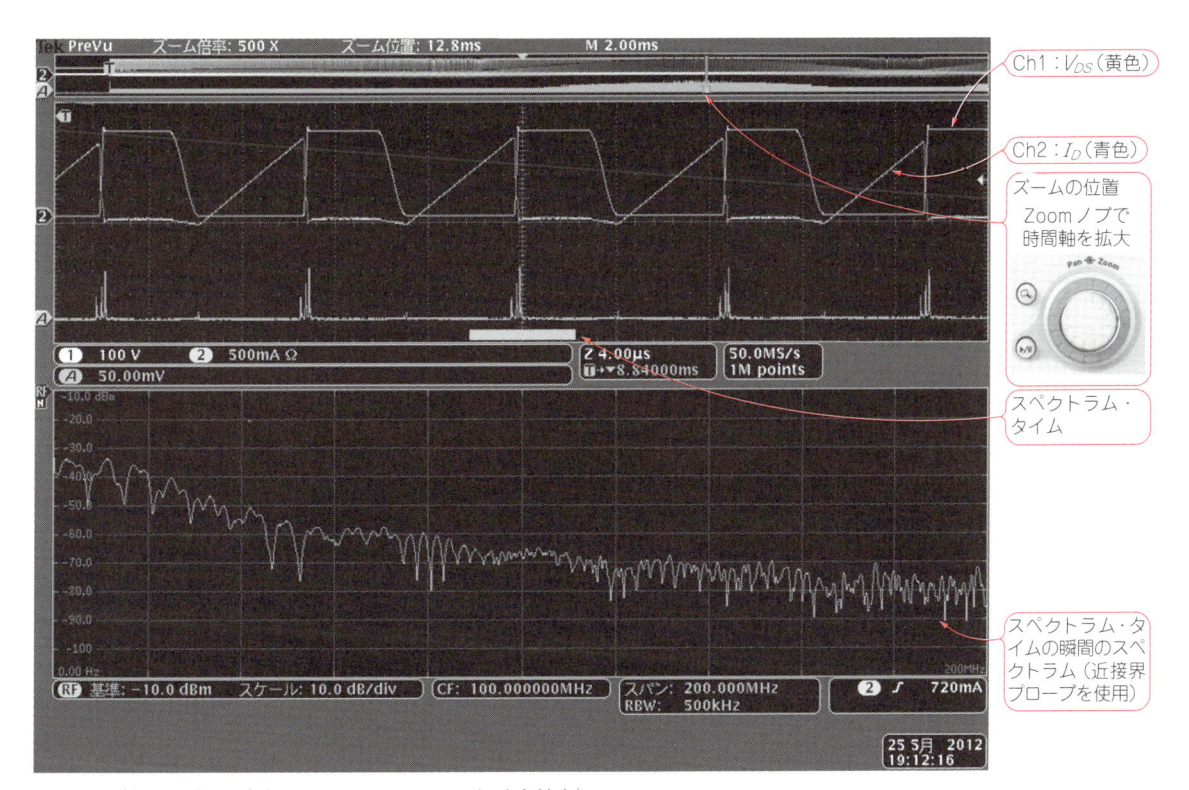

図23 放射ノイズの測定(スペクトラム・タイム部分を拡大)

スイッチング電源回路の測定項目

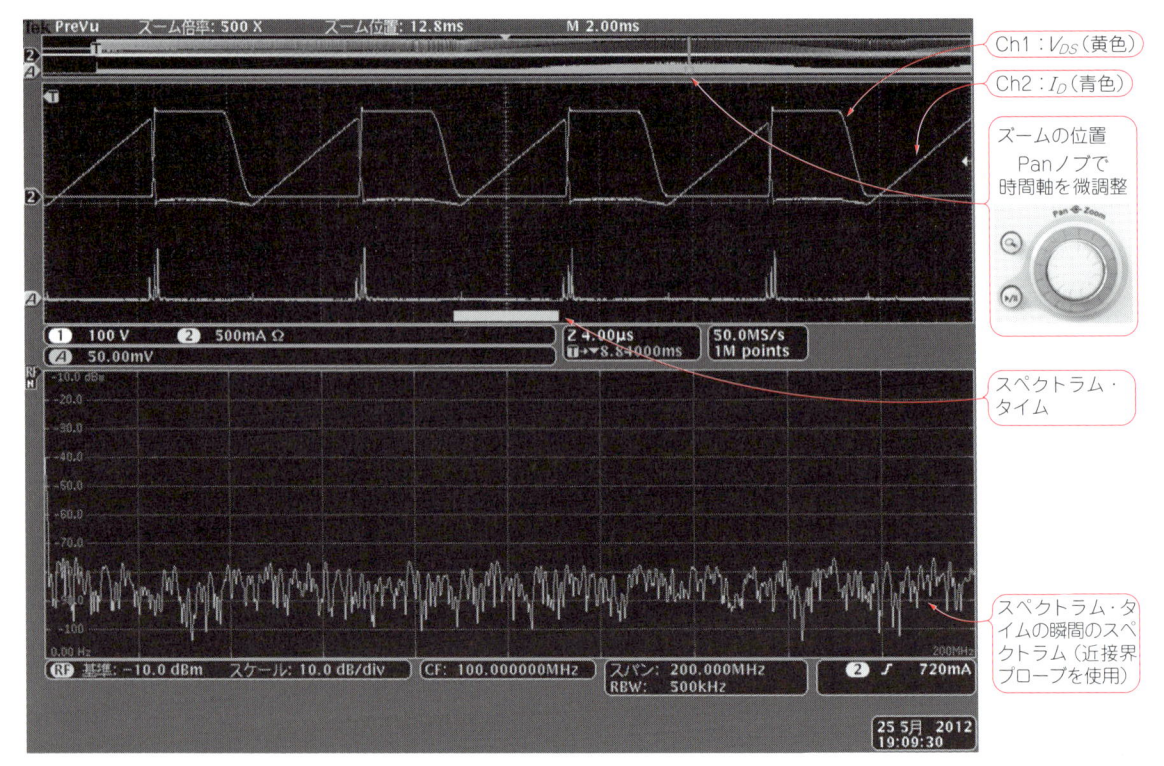

図24　放射ノイズの測定（スペクトラム・タイムを移動）

きるスペアナを内蔵したミックスド・ドメイン・オシロスコープ（MDO）を使用すると，PFC電源のスイング電圧波形，電流波形と同時に放射ノイズを近接界プローブで取り込んで解析できます．**写真1**，**図21**〜**図24**は，電源を投入したときのPFC回路の放射ノイズを観測した例です．

図21では，電源投入時の突入電流部分での放射ノイズが表示されています．**図22**では，PFCによる電流のエンベロープが増えた部分での放射ノイズが表示されています．

この回路では，ターン・オフのタイミングで大きな放射ノイズが発生しています（**図23**）．

この例では，スペクトラム画面の周波数スパンを200 MHzにして解析しています．スイッチング周波数は120 kHz程度ですが，PFCによる電流のエンベロープが増えた部分では，150 MHz以上の高周波領域まで放射ノイズが発生していることを確認できます．

この回路では，ターン・オンでは放射ノイズはほとんど発生していません（**図24**）．これらの結果より，この広帯域の放射ノイズを低減するためには，ターン・オフの動作に対する対策が必要と言えます．

伝導ノイズの評価では，電流プローブまたは，差動プローブ（電圧プローブ）を使用します．

測定上の課題と解決方法

実際にスイッチング損失やSOAの評価をしようと思うと，いくつかの考慮すべき課題があります．ここでは，フローティング測定，プローブのデスキュー，PFC回路の評価，垂直軸分解能に関する課題とその解決方法について解説します．

● **フローティング測定**

インバータのハイ・サイドのFETのソース-ドレイン間の電圧測定などでは，電位が浮いているポイントを基準にした電圧を測定するフローティング測定が必要です．ハイ・サイドのソース電圧は，ロー・サイドのスイッチング素子のON/OFFに応じて大きく変化します．

このように電位が浮いているポイントを基準に電圧を測定する場合，高電圧差動プローブを使用することで，安全かつ容易に測定できます．

高電圧差動プローブは，プラス側の入力端子もマイナス側の入力端子もグラウンドから浮いた点に接続できます．また，複数の高電圧プローブを1台のオシロスコープで使用している場合でも，それぞれプローブごとに異なる電位を基準にした測定ができます．

一方，3端子-2端子変換アダプタなどを使用してオ

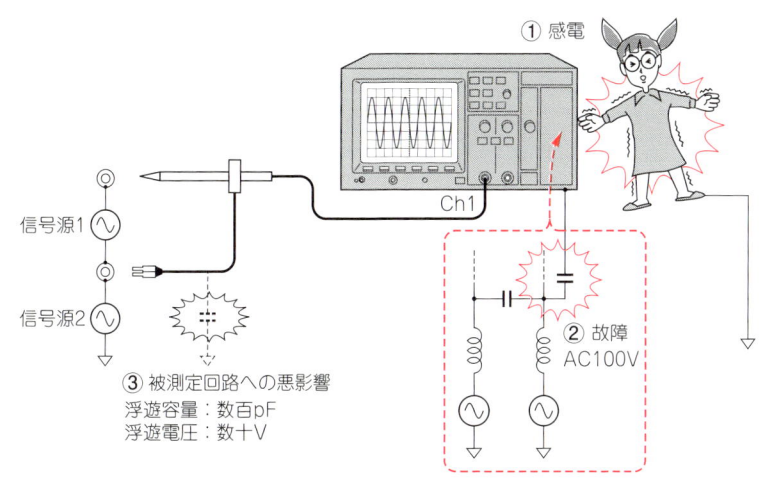

図25 注意が必要なフローティング測定の例

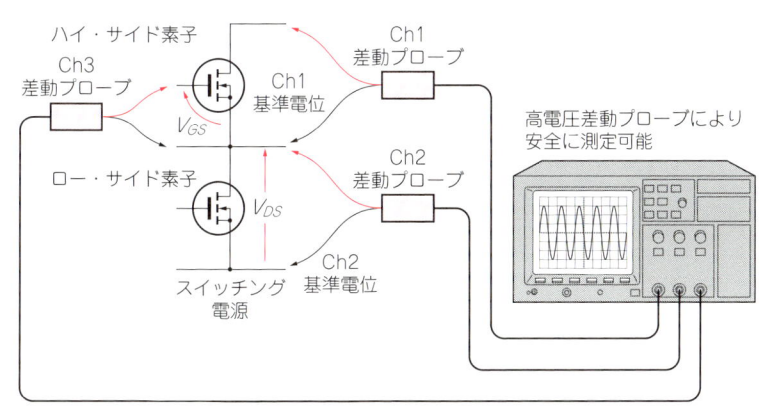

図26 差動プローブによるフローティング測定

シロスコープのグラウンドを浮かせたシングルエンド・プローブでの測定は大変危険です（**図25**）．

プローブのグラウンド端子（ワニグチ）で接続した電位（例えば400 Vなど）がそのままオシロスコープのBNCコネクタなどの金属部分の電位になり，金属部分に手を触れると感電してしまいます．また，サージなどによりオシロスコープの故障の原因になります．あるいは被測定回路を壊す可能性があります．

さらに，プローブのグラウンド端子はプローブの同軸ケーブルのシールドを経由してオシロスコープのシャーシに繋がっているため，回路に数百pFの浮遊容量がぶらさがることになり，被測定回路と被測定波形に影響を与えてしまいます．

また，基準電位の異なる2か所を同時に測定することはできません．仮に，プローブのグラウンド・ケーブルが外れた場合は，プローブ先端の電圧が減衰されないでそのままオシロスコープのBNC入力に印加され，オシロスコープのシャーシなどの金属部分にもその電圧が現れ，感電とオシロスコープの故障の原因となります（プローブの先端を接続したあとでグラウンド端子を接続した場合も同様のことが発生する）．

高電圧差動プローブを使用した場合は，このような問題を排除でき，安全に測定できます（**図26**）．

このとき，何ボルトまで浮いた電圧に接続できるかは，高電圧差動プローブの最大対地電圧の仕様によって決まります．また，差動振幅として何ボルトまで測定できるかは，高電圧差動プローブの最大差動入力電圧の仕様によって決まります．

例えば，テクトロニクス社の周波数帯域200 MHzの高電圧差動プローブTHDP0200型の場合，最大差動入力電圧は1500 V，最大対地電圧は1000 V_{RMS}です（**図27**）．100 MHz周波数帯域のTHDP0100型の場合は，最大差動入力電圧6000 V，最大対地電圧は2300 V_{RMS}です．

立ち上がり時間の速い高性能スイッチング素子を使用した高効率回路の測定では，広帯域の高電圧差動プローブを使用します．高速サージや高周波ノイズの評価を実施する場合も，その周波数成分をカバーできる広帯域の高電圧差動プローブを使用します．

これらの高電圧差動プローブの最大対地電圧は，プ

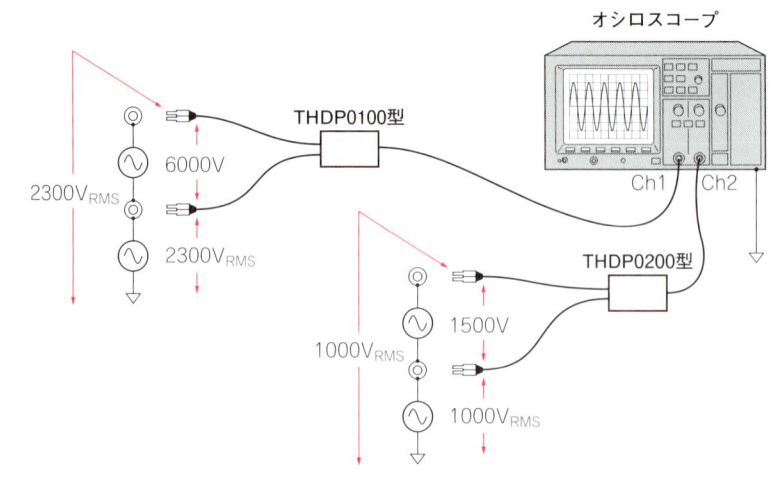

図27 高電圧差動プローブの最大耐圧の例

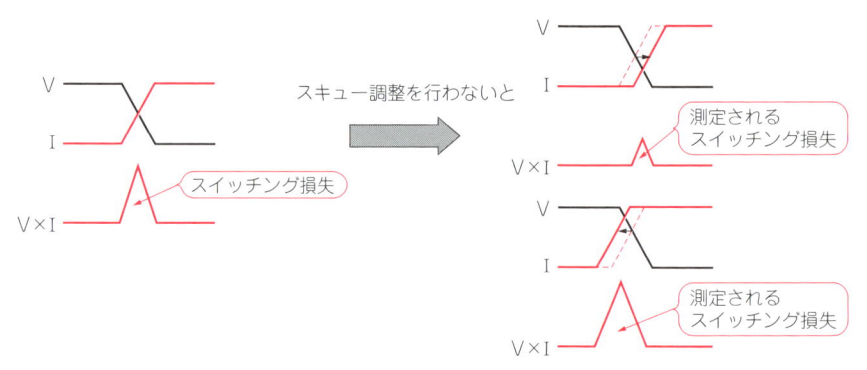

図28 プローブ・デスキューの重要性

ローブの倍率設定に依存しません．例えば，×50と×500の感度切り替えがある場合，×50の高感度設定でも最大対地電圧1000V_{RMS}は有効です．このため，ハイ・サイドのゲート駆動波形の測定の際は，×50の高感度設定にすることでS/Nの良い測定ができます．

差動プローブを使用する利点として，同相モード除去比（Common Mode Rejection Ratio；CMRR）がシングルエンド・プローブ2本で引き算するより1桁程度良い点があります．例えば，THDP0200型のCMRRは100 kHzに対して－60 dBですので，ハイ・サイドのゲート駆動波形を測定する場合，ロー・サイドのスイング電圧からの漏れ込みを1000分の1以下に抑えられます．

確度の高い測定をするために，高電圧差動プローブは0Vの調整が必要です．プローブとオシロスコープが温まっている状態（電源投入後20分程度経過後）で，プローブを被測定回路から外し，差動入力のプラス側端子とマイナス側端子をショートさせて，オシロスコープ上で0Vとなるようにプローブの0V調整を実行します．

● 電圧プローブと電流プローブのデスキュー

スイッチング電流波形と電圧波形の掛け算をした波形の積分値（面積）がそのスイッチング素子による電力損失を表しますが，電圧プローブと電流プローブのケーブルの長さの違いなどにより，電流プローブと電圧プローブの伝搬遅延時間に差があると，電力損失測定の誤差要因となります（図28）．

このため，電力損失の測定誤差を減らすために，このプローブ間の伝搬遅延の差を補正することが必要です（デスキュー）．

具体的には，電流プローブと電圧プローブを同時にプロービングできるデスキュー・フィクスチャを使用して，同相の信号（抵抗の両端の電圧と電流）にプロービングしたときに，オシロスコープの画面上でも同相の波形となるようにオシロスコープのチャネル間スキューを調整（補正）します（写真2，写真3）．

通常は，オシロスコープの垂直軸メニューのなかのProbe Deskewの値を調整します．あるいは，パワー解析ソフトウェアのDeskew機能を使用して自動でデスキューを行います．

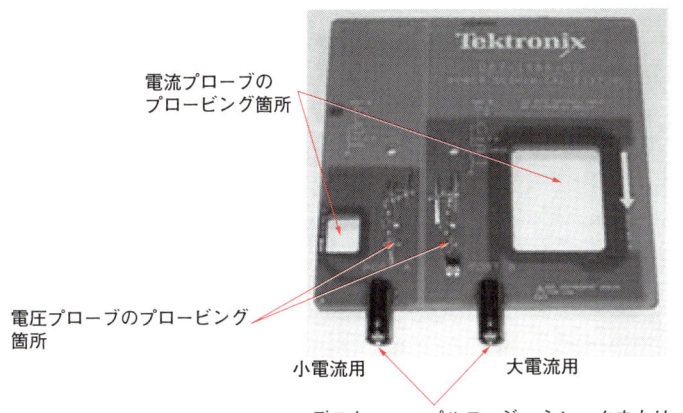

写真2 デスキュー・フィクスチャ(067-1686-00, テクトロニクス)

電流プローブの
プロービング箇所

電圧プローブのプロービング
箇所

小電流用　　　大電流用

デスキュー・パルス・ジェネレータまたは
ファンクション・ジェネレータに接続(BNC)

● PFC回路の評価

力率改善(Power Factor Correction;PFC)回路付きのスイッチング電源を測定する場合,各スイッチング・サイクルの立ち上がり時間などを測定できる時間分解能で,商用電源周波数が50 Hzの場合は10 ms長の波形取り込みが必要です.商用電源周波数が60 Hzの場合は8.33 ms長の波形取り込みが必要です.

PFCの場合,電源周波数の2倍の周波数の周期で電流波形と電圧波形がダイナミックに変化するため,その周期T_{PFC}(10 msまたは8.33 ms),あるいはその整数倍の周期全体の電力損失の平均値を測定しないと,正しい電力損失の測定になりません.

T_{PFC}の中には1000サイクル以上のスイッチング波形が含まれているため,高時間分解能で10 ms以上の取り込みをすることが必要です.また,12 msや13 msといったT_{PFC}の整数倍でない時間長の平均電力を測定しても,正しい測定になりません.カーソル・ゲーティングなどを使用して,きっちりT_{PFC},またはその整数倍の測定をする必要があります.例えばカーソルのΔtを10 msに設定します(**図29**).

また,波形取り込み時のサンプル・レートの設定が,立ち上がり時間/立ち下がり時間の20分の1以下から4分の1以下程度のサンプル・インターバル(サンプル・レートの逆数)になるようにします.

● 垂直軸分解能の向上

低損失のIGBTやFETを使用した回路では,スイング電圧波形の全体(ロー・レベルとハイ・レベル)がオシロスコープ画面に入るように垂直軸のスケールを設定すると,ロー・レベルの電圧がオシロスコープのノイズに埋もれてしまいます.

例えば,オシロスコープのフルスケールを500 Vに設定した場合,垂直軸分解能が8ビットの場合,

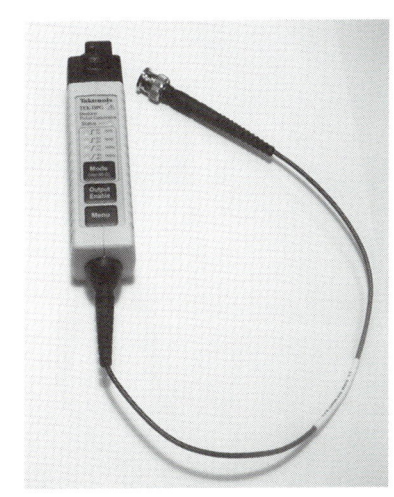

写真3 デスキュー・パルス・ジェネレータ(テクトロニクス)

1 LSBは,

$500 \text{ V} \div 256 \fallingdotseq 1.95 \text{ V}$

となります.低損失のIGBTやFETの場合,サチュレーション電圧V_{sat}やオン電圧は1 V以下のため,約2 Vの分解能で1 V以下の値を測定するという矛盾が生じます.

そこで,導通損失は電流波形$I(t)$とV_{sat},またはダイナミック・オン抵抗(R_{DS})を基に,

$I(t) \times V_{sat}$

または

$I(t) \times I(t) \times R_{DS}$

により算出します.V_{sat}やR_{DS}は,IGBTやFETのデータシートの値を使用するか,オシロスコープのフルスケールを例えば20 Vなどに設定し(2 V/divに垂直軸感度を上げる),あらかじめV_{sat}やダイナミック・オン抵抗R_{DS}(オン電圧から算出)を測定しておき,そ

測定上の課題と解決方法　55

の値を使用します(図30).

ところが,厳密に考えると,流す電流$I(t)$の値が大きくなるとV_{sat}やオン電圧も大きくなります.そこで,V_{sat}やR_{DS}を電流の関数$V_{sat}(i)$,$R_{DS}(i)$として定義し,

導通損失 = $I(t) \times V_{sat}(I(t))$

または,

導通損失 = $I(t) \times I(t) \times R_{DS}(I(t))$

により導通損失を測定します.

ターン・オンの損失,ターン・オフの損失は,$V(t) \times I(t)$によって測定し,導通損失は上記の式によって

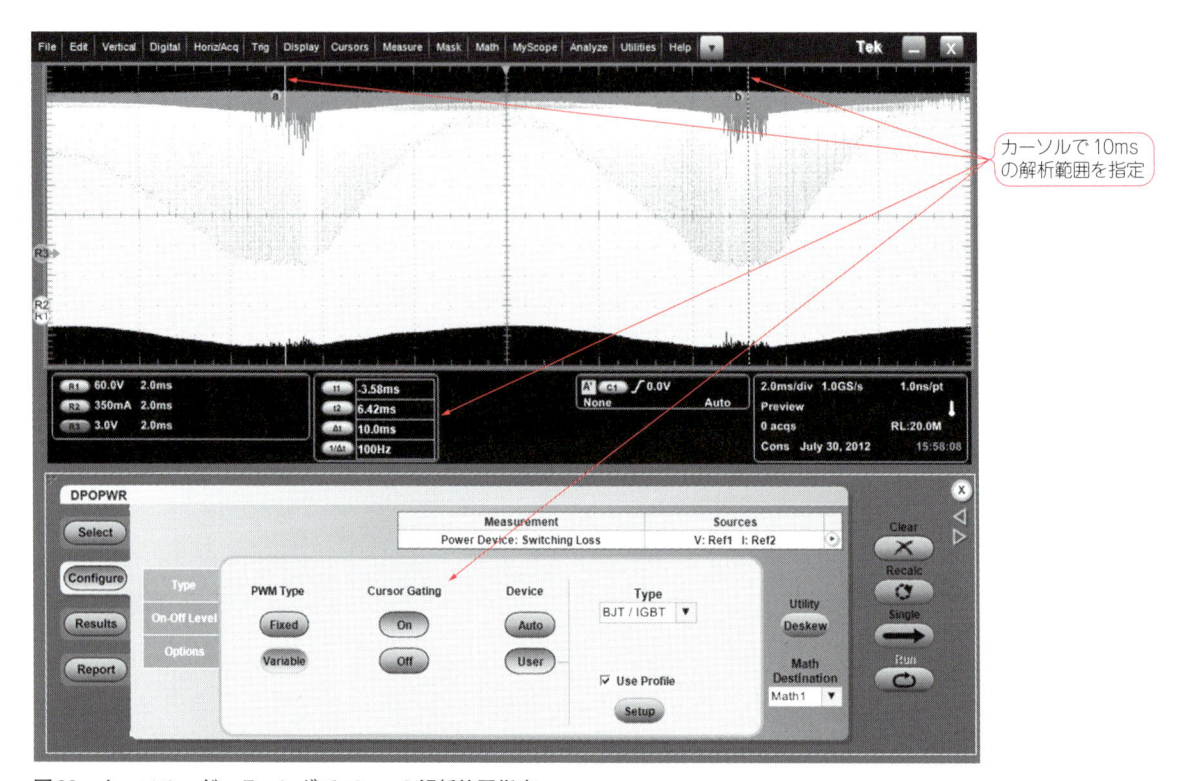

図29 カーソル・ゲーティングで10 msの解析範囲指定

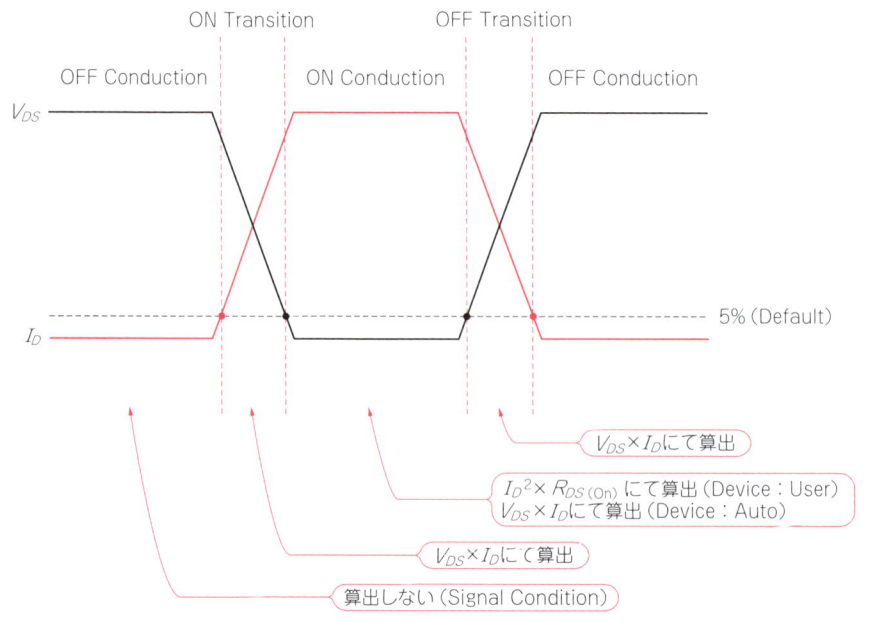

図30 スイッチング損失測定の誤差の低減

測定し，その合計によりスイッチング素子による損失を測定します．

さらに垂直軸分解能を向上させるために，オシロスコープの波形取り込みモードをサンプル・モードではなく，ハイレゾリューション・モード(Hi-Res)に設定します．通常のサンプル・モードでは，5 GspsのA-Dコンバータを搭載したオシロスコープを使用して1 Gspsに設定した場合，5 GspsでA-D変換した値から設定されたサンプル・インターバル1 nsごとの値を抜き出して，波形データとして使用します(波形データを間引く，**図31**)．

サンプル・モードの場合，ホワイト・ノイズの影響をそのまま受けた波形となります．一方，ハイレゾ・モードでは，5 GspsでA-D変換した値を基に，設定されたサンプル・インターバル1 ns間ごとに平均値を算出し，その値が波形として表示されます(**図32**)．このため，ハイレゾ・モードでは，ホワイト・ノイズによる暴れが低減され，表示ビット分解能とS/Nが改善されます．

表示ビット分解の改善の度合は，
$$N = \frac{\text{内部の最高サンプル・レート}}{\text{設定サンプル・レート}}$$
とすると，
ハイレゾ・モードの表示ビット分解能
$$= 8 + 0.5 \times \log_2 N$$
となります．Nは設定されたインターバルごとに何ポイントの平均処理をできるかを意味します．

内部の最高サンプル・レートはオシロスコープの型式(機種)によって値が決まります(例えばテクトロニクス社のDPO5104型の場合は5 Gsps)．設定サンプル・レートを下げれば下げるほどNの値が大きくなり，表示ビット分解能が高くなります．

ただし，ナイキストの定理により，サイン波形であっても1周期に2ポイント以上のA-D変換されたポイントがないと，$\sin X / X$補間を適用しても元のサイン波形を再現できませんので，観測したいサージやリップルの周波数の2.5倍程度，またはそれ以上のサンプル・レートに設定しておく必要があります．

周波数帯域は設定サンプル・レートに依存して，
$$\text{周波数帯域} = 0.44 \times \text{設定サンプル・レート}$$
に制限されます．

オシロスコープは16ビット・データとして処理していますが，1ビットはサイン・ビットとして使用しているため，計算上は最大15ビットまで分解能が増えますが，丸め誤差やアンプのリニアリティを考慮すると13ビットまで分解能を向上できます．

真のハイレゾ・モードを有するオシロスコープの場合，ハイレゾ処理した結果がリアルタイムに波形メモ

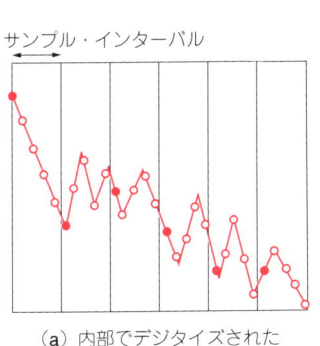

(a) 内部でデジタイズされたサンプル・ポイント

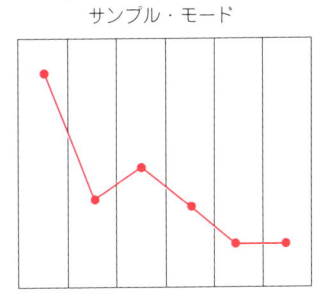

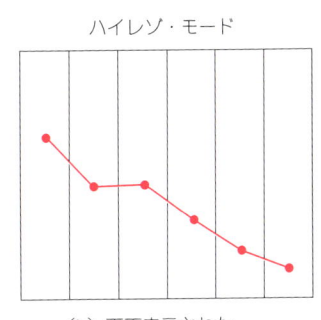

(b) 画面表示されたサンプル・ポイント

図31 サンプル・モードでのオシロスコープの波形取り込み

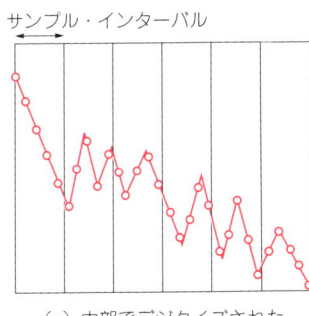

(a) 内部でデジタイズされたサンプル・ポイント

(b) 画面表示されたサンプル・ポイント

図32 ハイレゾ・モードでのオシロスコープの波形取り込み

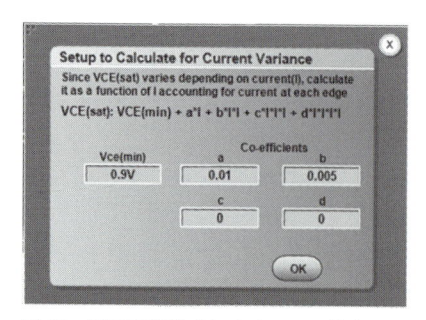

図33 電流の関数式によるV_{sat}の指定

リに保存されますので,レコード長が減少しません.このため,PFCのように高分解能で10 ms以上という長時間の波形取り込みと解析が必要な場合でもハイレゾ・モードを使用できます.

一方,パソコンなどに波形データを取込んだあとでハイレゾ処理をする場合,例えば,20ポイントのインターバルでハイレゾ処理をする場合,ハイレゾ処理の結果残る波形ポイント数は,元の波形ポイント数の20分の1になってしまいますので,注意が必要です.

V_{sat}やR_{DS}の測定もハイレゾ・モードを使用することで,より高確度で測定できます.

スイッチング損失の測定は,ハイレゾ・モードと前

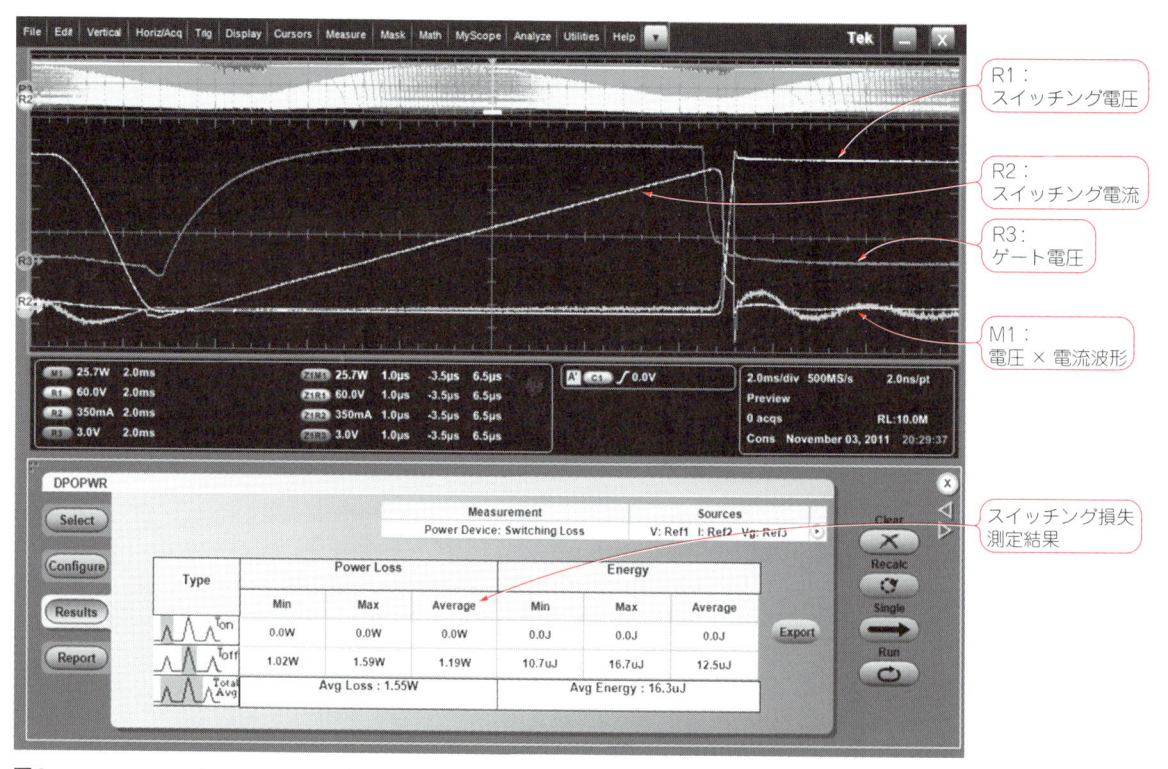

図34 DPOPWRによるスイッチング損失測定結果

コラム　なぜ8ビットのA-D変換で9ビット以上の分解能を得られるのか

A-Dコンバータは8ビットですが,1 LSBの間にホワイト・ノイズを含むある信号が入力された場合,ホワイト・ノイズの影響を受け,ランダムにあるときはそのコンパレータは1になり,またあるときは0になります.

今,仮に1 LSBの80%のレベルの信号が入力されたとすると,そのコンパレータがたまたま0になるより,たまたま1になる確率のほうが高くなります.

例えば,10回のうち8回程度は1になり,2回程度は0になります.これを平均処理しますと,0.8という値が得られます.

平均処理の母数を増やせば増やすほど,80%という真値に近くなり,その分解能も高くなり,例えば入力レベルが73%といった値も表示できるようになります.

述のターン・オン損失，ターン・オフ損失，導通損失の分割による測定を併用することで，より高確度で測定できます．

PFC回路の場合，10 ms（または8.33 ms）について丸ごと測定する必要があり，手動で測定すると大変手間が掛かりますので，オシロスコープのパワー解析ソフトウェアの使用，またはパソコンでの解析が効果的です．

図33と図34に示すのは，テクトロニクス社のパワー解析ソフトウェアDPOPWRによる電流の関数によるV_{sat}の定義の例と，それを適用したスイッチング損失の測定例です（写真4）．

誌面では色がわからないと思いますが，黄色（R1）の波形がスイング電圧波形，青色（R2）の波形が電流波形，紫色（R3）の波形がゲート駆動波形を表しています．オレンジ色（M1）の波形は電圧波形×電流波形を表し，瞬時電力を示しています．

この例では，ズーム波形からわかるように，ターン・オンの部分がゼロ電流スイッチングしているため，ターン・オンの電力損失はゼロとなっています．

電流プローブの使いこなし

● 最大測定可能電流と電流時間積

電流プローブには連続電流，パルス電流，電流時間積の三つの最大電流定格があります．

表1は，電流プローブの仕様の例です．この電流プローブの場合，30 Aのレンジでは，DCおよび低周波数信号に対して30 A_{RMS}まで測定できます．ただし，周波数が高くなると最大測定可能電流はディレーティング・カーブに従って小さくなっていきます（図35）．

例えば25℃の環境では，1 kHzの信号に対しては42 Aピーク（30 A_{RMS}）まで測定できますが，100 kHzの信号に対しては約23 Aピークまでとなります．

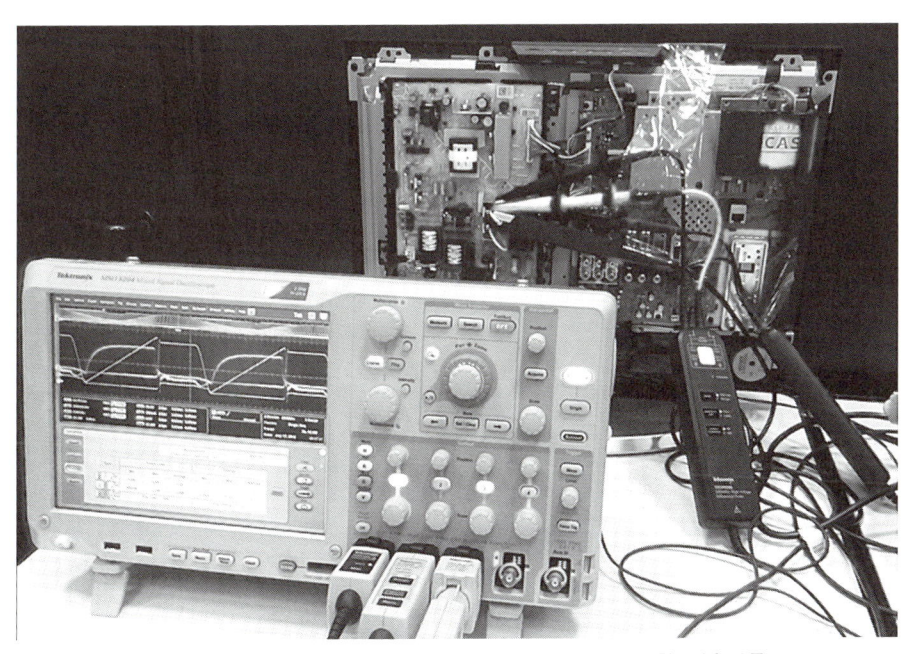

写真4 テクトロニクスMSO5204型オシロスコープによる液晶TVの電源測定風景

表1 電流プローブの仕様の例（テクトロニクスTCP0030型，DC～120 MHz 30 A_{RMS}電流プローブ）

特性	説明
最大連続電流－DCおよび低周波数	5 A範囲：5 A RMS 30 A範囲：30 A RMS
最大ピーク電流	50A（最大ピーク・パルス）
表示 RMS ノイズ	≦75μA RMS．（限界測定帯域幅20MHzの場合）
挿入インピーダンス	（図2参照）
アベレーション	<50ns：≦10%p-p >50ns：≦5%p-p
信号遅延	～ 14.5 ns
探線での最大電圧	絶縁された導体上のみで使用
最大電流時間積	5A範囲：50A·μs 30A範囲：500A·μs
DC ゲイン精度	<3%（代表値<1%（+23℃±5℃の場合））
立上り時間（10%～90%）	≦2.92 ns
帯域制限	DC～120 MHz

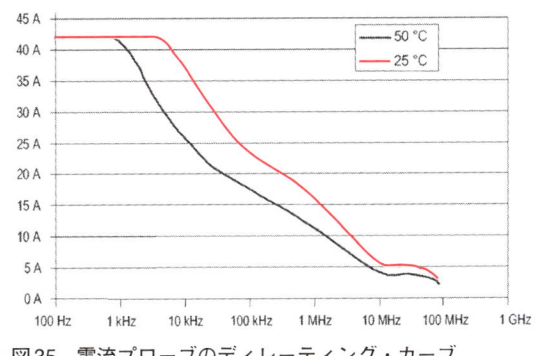

図35 電流プローブのディレーティング・カーブ

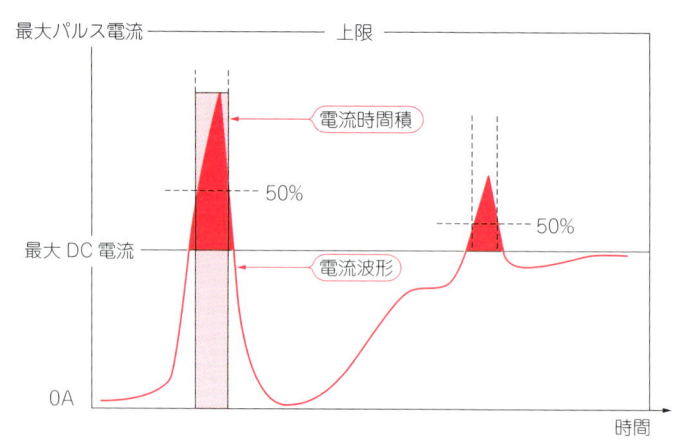

図36 電流波形と電流時間積

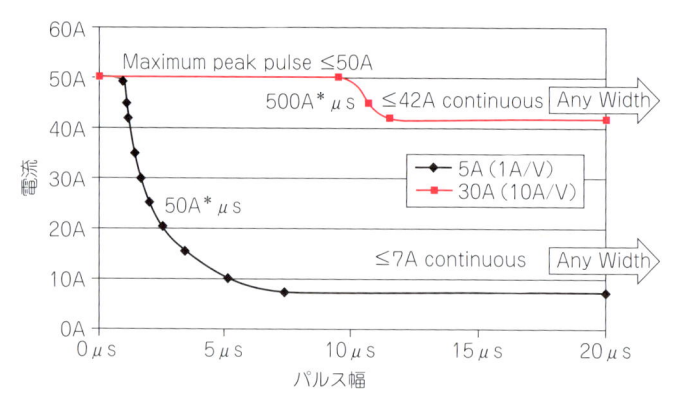

図37 電流プローブの測定可能パルス幅

　この電流プローブは，単発のパルス信号に対しては，細いパルスであれば50Aピークまで測定できます．どれくらい細いパルスだと50Aピークまで測定できるかを規定しているのが，電流時間積の値です．

　例えば，図36のような電流波形の場合，最大測定可能連続電流（DC電流）を越えた部分のパルスの半値幅（パルス幅）をP_Wとし，ピーク電流をI_{pk}としたとき，電流時間積（A・µs）

$$A\,\mu s = P_W\,I_{pk}$$

の値（赤色部分の面積）が，電流時間積の仕様である500 A・µsを越えていなければ，50Aピークまで測定できます．

　パルス幅P_Wの信号で測定可能な最大電流は，

$$I_{pk} = \frac{500\,\text{A}\cdot\mu s}{P_W}$$

で制限されます．

　ピーク電流I_{pk}の信号で測定可能な最大パルス幅は

$$P_W = \frac{500\,\text{A}\cdot\mu s}{I_{pk}}$$

で制限されます（図37）．

● 電流プローブ使用時の注意点
（1）電流プローブは精密構造になっているため，床に落とすなどの衝撃を与えないように気を付けます．
（2）プローブ・システムの電源投入後，20分程度後から測定を開始します（20分程度エイジングする）．
（3）測定する電流の方向と電流プローブの矢印の向きを合わせます（矢印の方向に流れる電流がプラス極性の電流として測定される）．
（4）測定前に回路から外し，クランプを閉じた状態で，消磁とゼロ・アンペア（0 A）の調整を実施します（DCバランスの調整）．特に，こまめに0 Aの確認と調整を実施します（回路の電流をゼロにできる場合は，回路にクランプしたまま消磁と0 Aの調整を実施する）．
（5）最大測定可能電流を越えた電流を測定しないようにします．万が一，越えた電流を測定した場合は，消磁とゼロ・アンペアの調整を実施します．

● 測定レンジの拡大
　大きな定常DC成分に重畳された小振幅のAC成分を測定する場合，またはDC測定範囲を拡大したい場

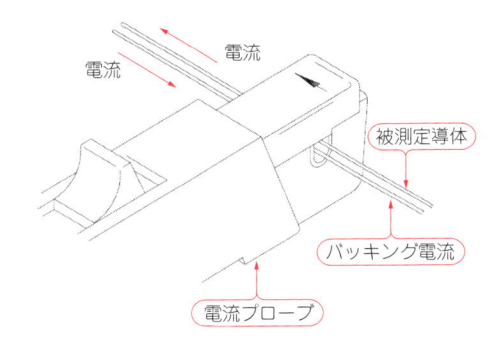

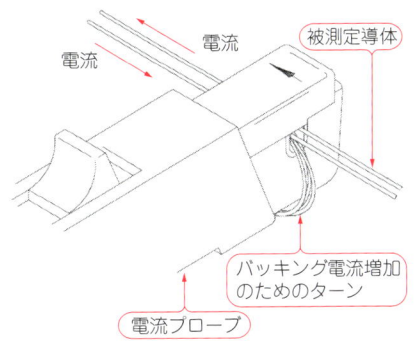

(a) オフセット（バッキング）電流の追加

(b) オフセット電流の拡大

図38 電流プローブの測定レンジの拡大

合は，被測定導体と並行にもう1本の導体を同時にクランプし，追加した導体に被測定導体と逆方向のDC電流（バッキング電流）を流し，発生する磁界をキャンセルします（**図38**）．

● 外来ノイズの影響の低減

モータが近くあるなど，外来ノイズが大きい環境下で測定する場合は，下記に注意します．
(1) 同じ型名の電流プローブを2本使用します
(2) 1本は通常どおりプロービングし，ch1に接続します
(3) 残りの1本はch2に接続し，被測定導体を通さないで1本目のプローブの近傍に置き，外来ノイズだけをピックアップします
(4) Ch1-Ch2により，外来ノイズの影響を低減します

三相インバータ回路の評価事例

図39に三相インバータ回路の例を示します．
図40～図43は，三相モータ駆動用インバータ回路の電力損失を測定した例です．**図39**の回路のQ_1のC-E間（コレクタ-エミッタ間）の電圧と電流（コレクタ電流）にプロービングしています．

R1（黄色）の波形がスイッチング素子の一つにプロービングしたスイング電圧で，R2（青色）が電流波形です．M1（オレンジ色）の波形は電圧波形×（電流波形の絶対値）を表しています（瞬時電力損失波形）．

電流がプラス方向に流れているのはIGBTに電流が流れているサイクルです．一方，電流がマイナス方向に流れているサイクルはフリーホイール・ダイオードに電流が流れているサイクルを表しています．IGBTに流れる電流の向きとは逆方向に電流が流れるため，マイナス極性の電流波形になっています．

ダイオードに電流が流れているサイクルでプラス方向の電流のヒゲがあるのは，ダイオードのリカバリ電

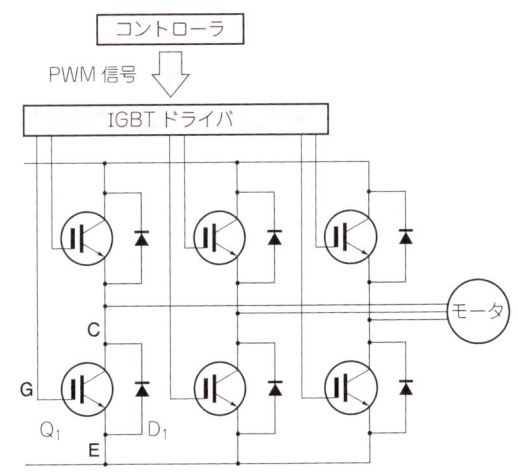

図39 インバータ回路のQ_1のC点とE点にプロービング

流（逆回復電流）によります．
図41は，ダイオード・サイクルの波形をズームした画面と電力損失を測定した例です．ダイオードの順方向に流れているON状態からOFF状態に遷移するときに，ダイオードのリカバリ電流（逆回復電流）が流れています．

ダイオードのリカバリ電流部分の電力損失は，電流の絶対値×スイング電圧で測定できます．**図42**のR3（紫色）の波形は電流波形（M2：青色）の絶対値をとった波形です．

ズームしますと，電流波形（青色）のマイナス部分が折り返されてプラス波形（紫色）になっていることを確認できます（**図43**）．M1（オレンジ色）の波形は，電圧波形と電流の絶対値波形の掛け算波形で，瞬時電力損失を表しています．

ダイオードの順方向電流による損失は，IGBTの導通損失の場合と同様に，オン電圧（順方向電圧V_F）を指定することで，電流の絶対値波形とV_Fの掛け算

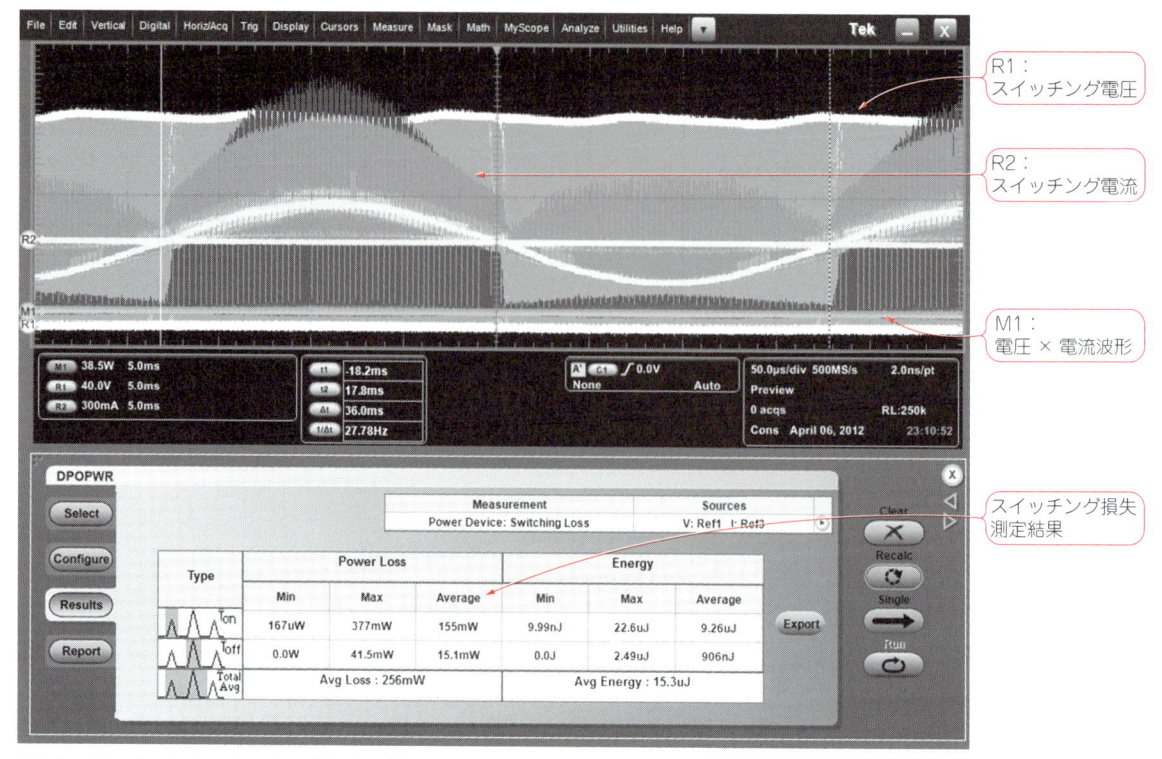

図40 インバータのスイッチング損失測定例

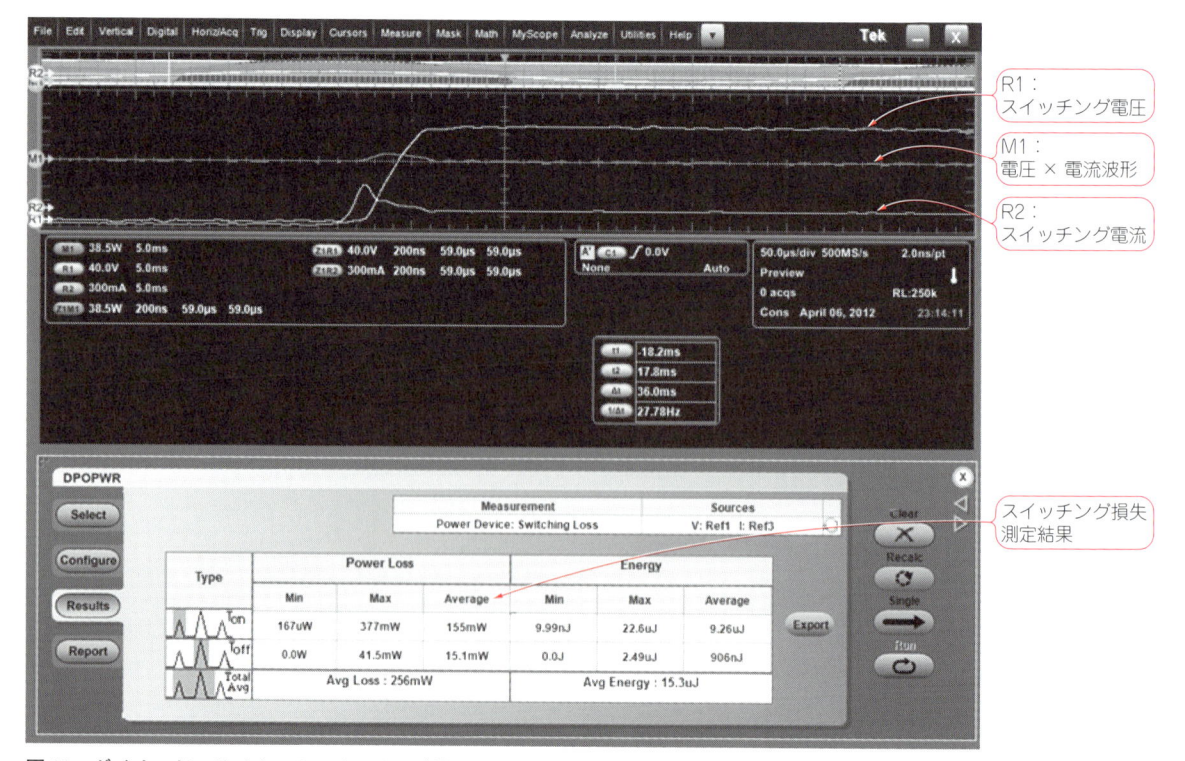

図41 ダイオード・サイクルのスイッチング波形

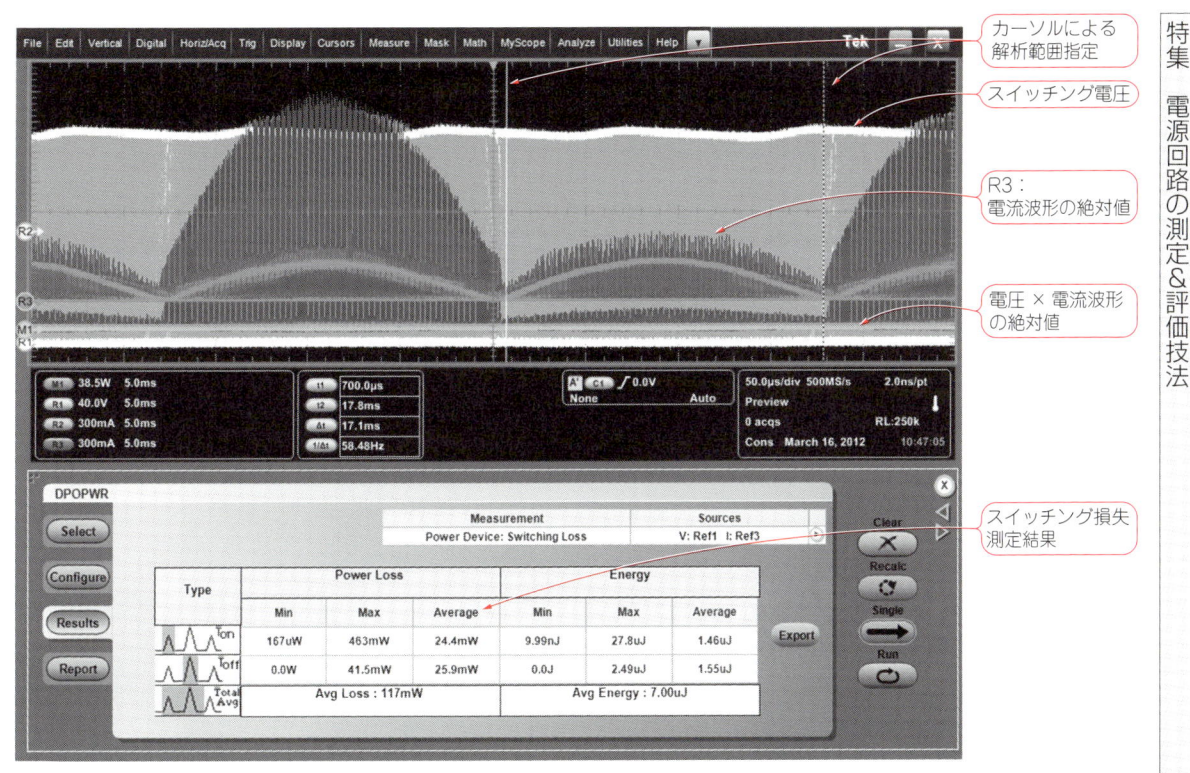

図42 ダイオード・サイクルの電力損失測定

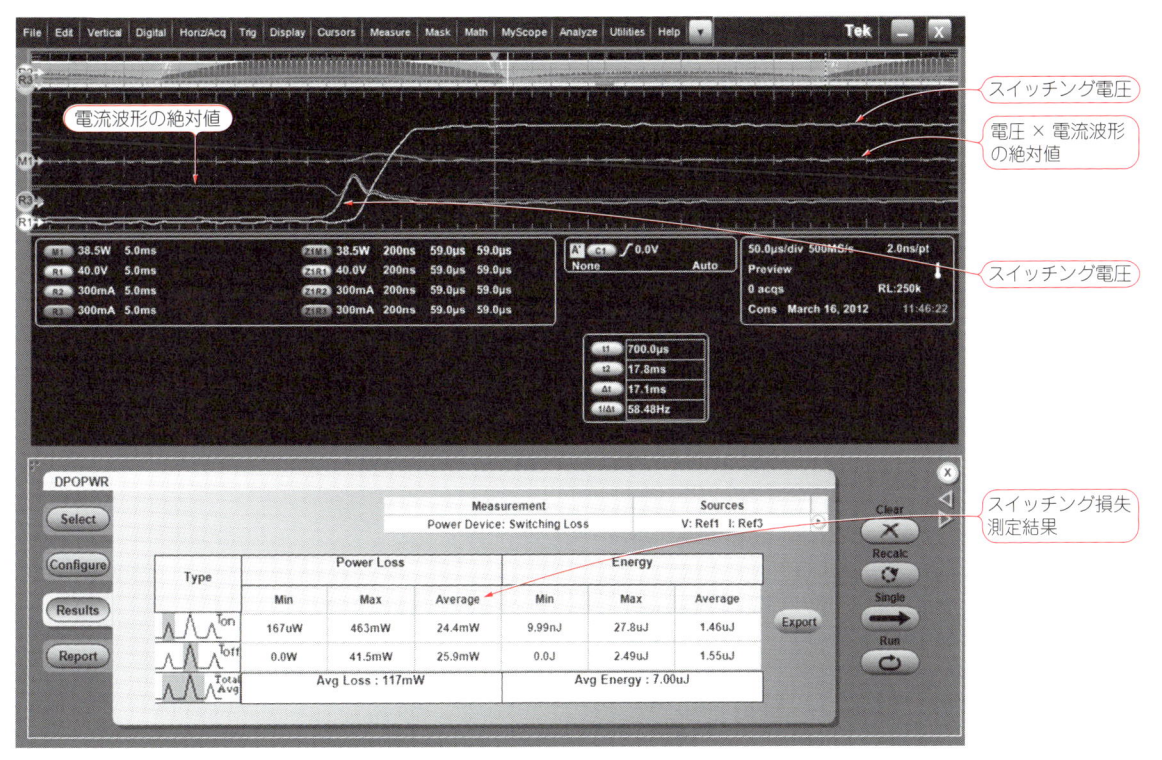

図43 ダイオード・サイクルの電力損失測定

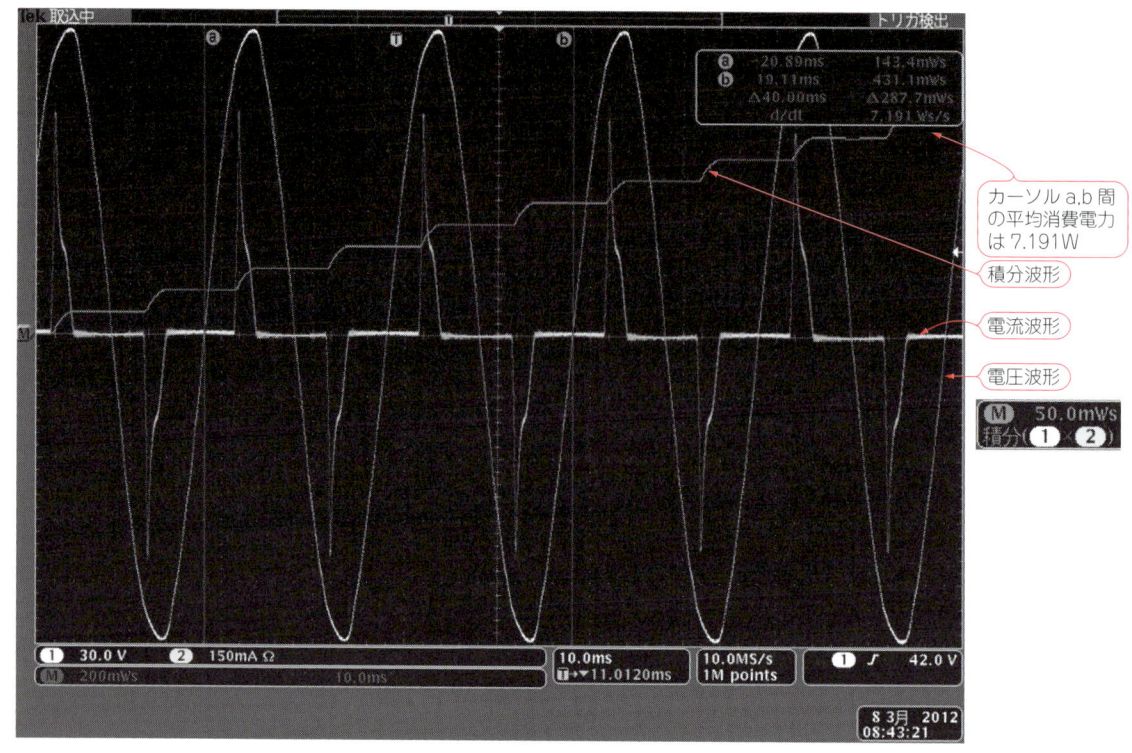

図44 LED照明の電力損失測定

より算出されます.

この測定結果の値は,ダイオード・サイクルのリカバリ電流による損失とダイオードの順方向電流による損失の合計を測定した例です.この例では,一連のダイオード・サイクルのみをカーソルで挟み,カーソル・ゲーティングを使用してダイオードの電力損失を測定しています.

仮に,ダイオードの順方向電圧を0Vと指定すると,ダイオードの順方向電流による損失を除いた,ダイオードのリカバリ電流による電力損失のみを測定できます.この損失は,SiC SBDを採用することで低減できます.

IGBT(あるいはFET)に電流が流れるサイクルの電力損失は,通常のPFCスイッチング電源の場合と同様に測定できます.この測定事例では,インバータの6個のスイッチング素子のうちの一つについて解析しています.残りのスイッチング素子についても,同様に測定できます.

複数のスイッチング素子について同時に測定する場合は,オシロスコープのトリガ出力パルスと外部トリガ入力を使用し,オシロスコープを複数台連動させて波形を取り込みます.

LED照明のパワー解析の事例

LED照明にはAC-DCコンバータが内蔵されています.設計/試作段階でスイッチング素子に高電圧差動プローブと電流プローブでプロービングできる場合は,通常のPFC回路と同様に電力損失を測定できます.

一方,製品レベルの評価で小さくてプロービングできない場合や,IC化されていてプロービングできない場合は,LED駆動電流と電圧から測定される消費電力とAC入力の電力の差分から内蔵のスイッチング電源による電力損失を測定できます.

図44は,オシロスコープの波形演算機能の積分を使用してAC入力電力を測定した例です.

(電圧波形×電流波形)の積分に対して波形カーソルを使用し,商用周波数の整数サイクルぶんの区間積分を表示させると,その値が消費エネルギーを表します.その値をカーソル間の時間で割った値,7.19 Wが平均の消費電力値を表します.

一方,LEDの消費電力は,(LED駆動電流×電圧)の積分波形から同様に測定できます.**図45**は,**写真5**のようにプロービングしてLEDの消費電力を測定した結果です.この測定例では,**図44**のAC入力電力7.191 Wから**図45**のLEDの消費電力6.515 Wを引き算

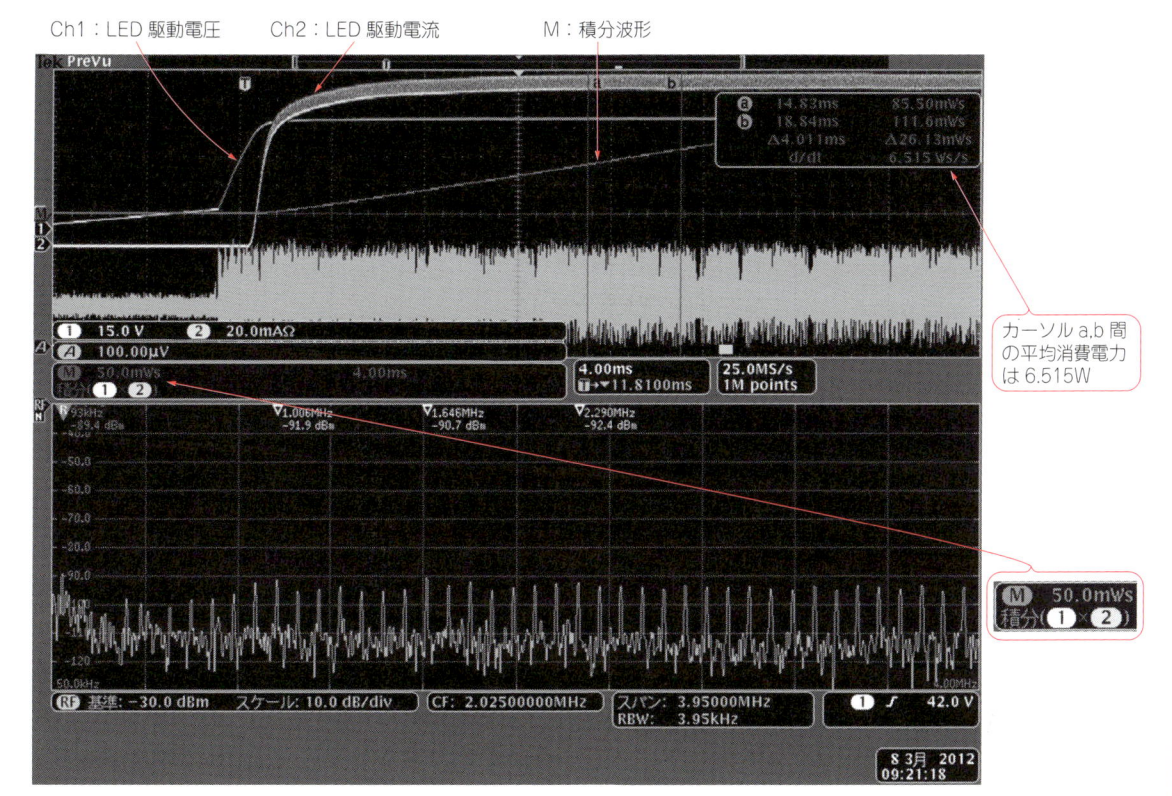

図45 LEDの消費電力測定とスイッチング電源の電力損失

した0.636 Wが，このLED照明のスイッチング電源の電力損失です．

測定の際，オシロスコープの波形取り込みモードをハイレゾ・モードに設定し，高分解能で測定することが重要です．また，電流波形，電圧波形がオシロスコープの画面上でなるべく大きく表示されるよう，垂直軸感度を調整します．

写真5の測定例では，ミックスド・ドメイン・オシロスコープを使用してLED照明のスイッチング電源の放射ノイズも同時に測定しています．

*　　　　　　　*

電源の評価は安全が第一，そして高確度な測定と解析が重要です．特に，高効率回路ではデバイスでの損失が小さくなっているがゆえに，あるいはその小さい値を見極めるために，確度の高い測定と解析が要求されます．

高効率スイッチング電源も測定の勘所を押さえることで，安全かつ高確度な測定をスピーディに行えます．電流プローブ，高電圧差動プローブ，オシロスコープの基本性能の理解，フローティング測定，測定分解能の向上の手法，高確度なスイッチング損失測定，安全動作領域評価，磁気部品の電力損失の測定手法などを理解することが，グリーン・エレクトロニクスの低コスト化と普及に役立ちます．

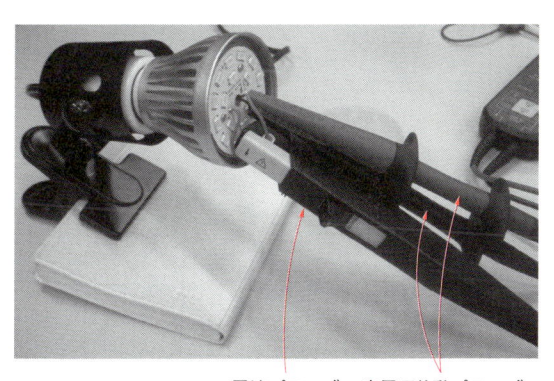

写真5 LED照明のLED駆動電圧と電流へのプロービング

◆参考文献◆

(1) 山田直平 原著，桂井誠 改訂著；電気学会大学講座 電気磁気学，3版改訂，pp.259～271，342～343，2002年12月25日発行，オーム社．
(2) 藤田広一，野口晃 共著；電磁気学演習ノート，第7版，pp.157～175，昭和55年5月15日発行，コロナ社．
(3) 戸川治朗 著；実用電源回路設計ハンドブック，第21版，pp.130～133ページ，CQ出版社．
(4) THDP0100/0200 & TMDP0200 インストラクション・マニュアル，pp.21～23，2012年3月7日発行，テクトロニクス社．
(5) TCP0030 120 MHz 30 A AC/DC 電流プローブ 取扱説明書，pp.38～48，2006年3月9日発行，テクトロニクス社．

第4章

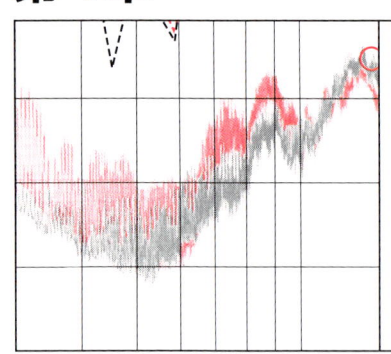

放射ノイズや伝導ノイズを測定して対策する
高周波EMCの測定技術

庄司 孝
Shoji Takashi

　「高周波EMCの測定技術」に関して，多くの先輩たちの著書や論文などが数多く出稿され，講演されています．本章では，筆者の電源開発業務を通じた経験で，フレッシュマンに参考となるポイントを中心に解説を進めていきます．

　筆者は1986年4月に国内の電機メーカに入社し，当時は「高周波EMC」すら知らずに現在のPC（パーソナル・コンピュータ）の前身であるOC（オフィス・コンピュータ）の開発部門の一員として，OCに接続するバーコード・リーダから発する放射ノイズの測定を工場のグランドで測定したことを思い出します．野外でのオープンサイト測定では，ラジオ周波数を通過するときに，急にレベルが上がりラジオ番組が耳に飛び込んできたことを懐かしく思い出します．

　図1に，横軸（対数目盛り）を周波数で表現したEMC規格における低周波と高周波の範囲イメージを示します．高周波EMCは，9kHzを越える範囲で定義されています．図には示していませんが，1GHzを越える規格もあります．

高周波EMCとは

　高周波EMCに関する具体的な事象や現象を考えてみます．図2にイメージを示します．

　会社の事務所で，パソコン操作をしている会社員がいます．その会社には，メールや各種データを管理しているサーバがあり，事務所内には他の会社員が使用しているパソコンが複数台動作しています．

　また事務所内には，放送受信用のテレビ，ラジオがあり，お昼休みになると息抜きにテレビやラジオ放送を楽しんでいます．なんとなく，何が起きるか想像できると思いますが，「ある日のお昼休みに楽しみにしていたテレビの音声が，聞こえづらく，変な雑音が聞こえ出した」…

　このときの原因や要因を考えると，受信している周波数に電磁波が混入して影響すると，音声＋雑音⇒「変な雑音が聞こえる」ことになります．また，事務所内のパソコン，サーバ，テレビ，ラジオは，AC100V

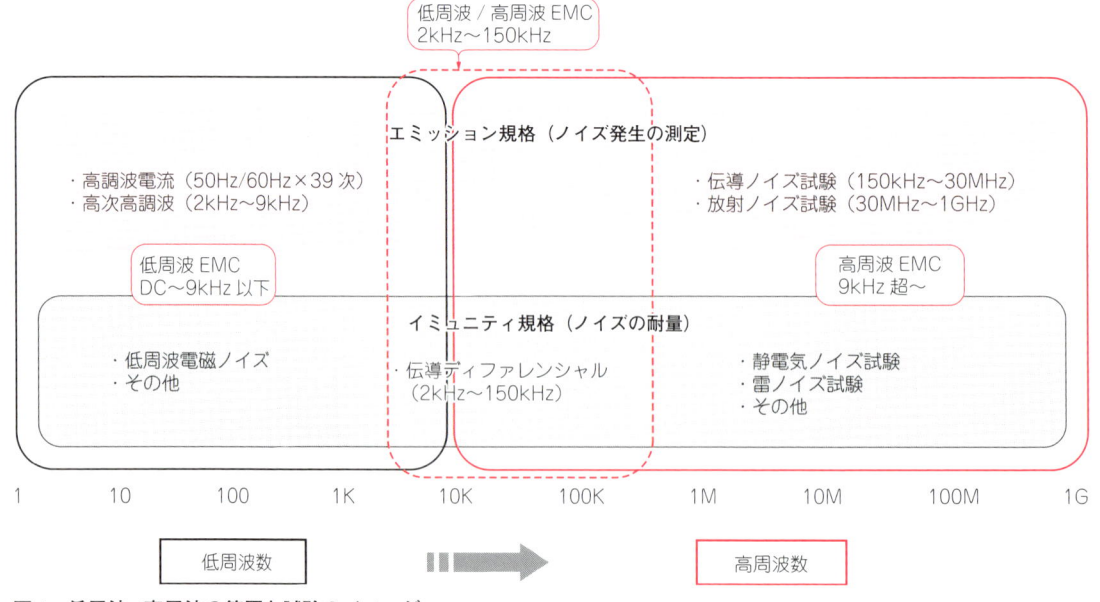

図1　低周波／高周波の範囲と試験のイメージ

のコンセントから電気を供給しています．
　このイメージ図では，パソコンをノイズ発生の電子機器の例としていますが，各工業会では規格を順守し，製品を世の中に出荷しています（あくまで事例としてになりますので，ご理解ください）．

● 電気/電子機器から空間に放射される雑音：放射ノイズ

　専門用語で定義すると「装置から漏洩する雑音電磁波（電波）の電界強度」となります．
　図2では，パソコン本体やパソコンとモニタ間に使用しているケーブルから放射される雑音電波が，テレビやラジオに影響を与えている可能性があります（テレビ/ラジオがパソコンに影響を与える場合もある）．

● 電気/電子機器から電線を経由して伝わる雑音：伝導ノイズ

　専門用語で定義すると「装置から交流電源端子間に発生した高周波な雑音電圧」となります．
　図2では，AC 100 Vのコンセントで接続される電線を経由してテレビやラジオに影響を与えています（テレビ/ラジオがパソコンに影響を与える場合もある）．

● 高周波EMCの意味について

　図1で示したように「高周波」は9 kHzを越える周波数を意味しています．「EMC」に関して，読者の皆さんは何かの頭文字と気付くと思いますが，EMCのフルスペル表現は"Electro Magnetic Compatibility"であり，日本語に訳すと「電磁両立性」または「電磁環境適合」になります．

　電磁両立性とは聞きなれない単語と思いますが，これも二つに分けて考えると理解しやすくなりますので，以下に述べます．
　まず「電磁」と「両立性」に分けます．
　「電磁」は「電磁波」と解釈すると多少わかりやすくなります．すなわち電気的，または電磁波的なことと理解してください．
　以上より，「高周波EMC」のもつ意味は，「9 kHzを越える，電気的また電磁波的な，両立性」となります．

● 「両立性」とは何か

　「両立性」すなわち，「影響を与えるもの」と「影響を受けるもの」を意味しています．
　EMCには電磁妨害（EMI；Electro Magnetic Interference）と電磁感受性（EMS；Electro Magnetic Susceptibility）の二つのことを「両立性」と表現しています．
　以下のキーワードは覚えておくと役に立ちます．
（1）電磁妨害（EMI）はエミッション規格に含まれる
（2）電磁感受性（EMS）はイミュニティ規格に含まれる
　EMC「電磁両立性」とは，電気/電子機器における，それらから発生する電磁妨害が他の機器やシステムに対しても影響を与えず，またほかの機器，システムからの電磁妨害を受けても自身が満足に動作する耐量（耐性）のことを意味します．
　EMC測定技術には，2種類の異なる問題［エミッションとイミュニティ（または感受性）］に対処するための国際規格および国内/海外規格が数多くあることを知る必要があります（低周波と高周波に分けて規格

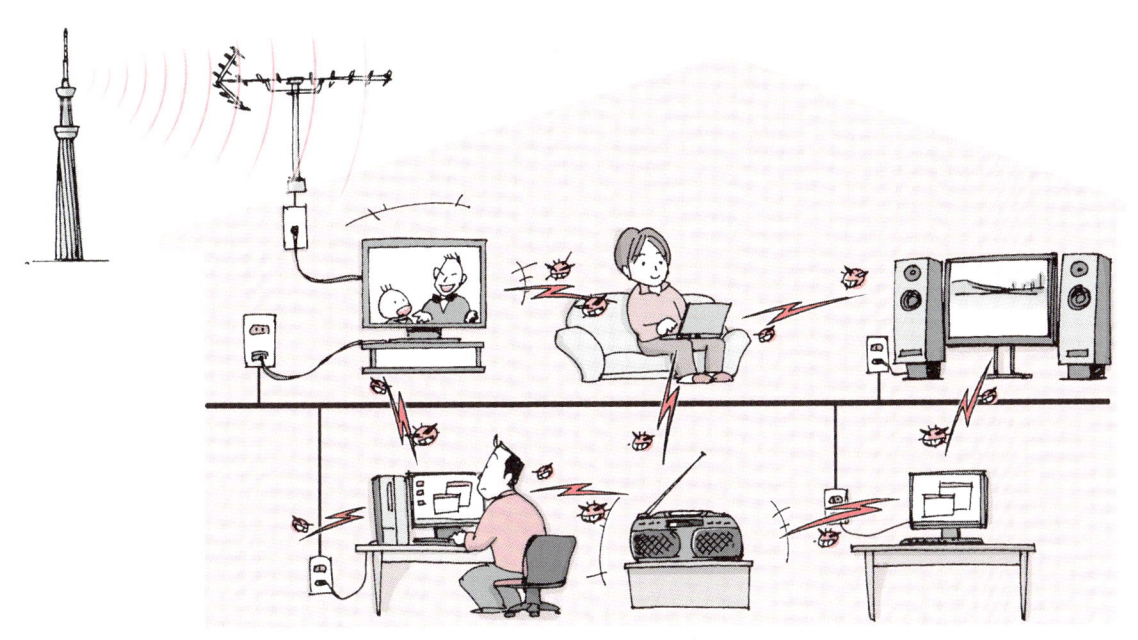

図2　電子機器から発生するノイズと影響を受けている電子機器のイメージ

高周波EMCとは

化されている).
- ▶エミッション規格(ノイズ発生源の抑制規格)
  伝導ノイズ(雑音端子電圧),放射ノイズ(放射雑音)
- ▶イミュニティ規格(ノイズ耐量の規格)
  雷試験,静電気ノイズ試験,など

● 伝導ノイズ,放射ノイズについて

　それでは,エミッション規格の「伝導ノイズ,放射ノイズ」に関して述べていきます.

　日本では,電気用品取締法で規制される(定められた)電気用品(品目)があり,電子応用機械器具(テレビ,ラジオなど),電動力応用機械器具(電気洗濯機,扇風機など),また炊飯器,電動工具やACアダプタなどが対象となり,「電磁妨害EMI」の抑制の義務があります.

　電気用品の対象とならないパソコンやパソコン用モニタ,ファクシミリなどの情報処理装置,および電子事務用機器などの情報技術装置は,自主規制にて「電磁妨害EMI」の抑制を規定しています.

　テレビやラジオは,電波を利用して映像や音声を再生する装置です.AMラジオでは,日本の電波法施行規則や放送法では「中波放送」は,526.5 kHzから1606.5 kHzまでの周波数の電波を使用しています.長波放送バンドの周波数は153～279 kHzです(40 kHzと60 kHzの二つの周波数を使う電波時計の標準電波も長波放送に含まれる).

　超短波放送(FM放送,BSデジタル放送)では,周波数に超短波(60 MHz帯または87.5～108 MHzのVHF.日本のみ76～90 MHz)を使い,周波数変調(FM)を用いて放送されています.日本の電波法施行規則や放送法では「超短波放送」は「30 MHzを越える周波数の電波を使用して音声その他の音響を送る放送」と定義されています.

● 雑音(ノイズ)を身近なことで考える

　放射ノイズや伝導ノイズをそのままイメージするのは,何となく理解しにくいと思いますので,身近な例で考えてみます.

　静かな部屋でジャズ音楽,それも静かなフュージョン系を聴いているときは,隣の部屋から聞こえてくるロック系の音楽は,たとえそれが小さくても気になると思います.

　これとは反対に,ロック系の音楽をボリューム・レベルを上げて聞いているときには,隣の部屋の音楽は相当な大音響でない限り,気にならないと思います.

　また,電車の中でイヤホンを使って聞いている音楽の場合には,当然ですが周囲の会話の声や電車のガタガタ音など周りの騒音(ノイズ)は聞こえています.そのときに,周りの雑音を気にならなくするためには,聞いている音楽のボリューム・レベルを高くするか,イヤホンをノイズ・キャンセラ・タイプに変えたりすることで,対処することができます.

　もう一つ,音を耳で聞くことは言うまでもありませんが,重低音は耳だけでなく体に感じることができます.ホーム・シアタのサブウーファ(重低音用のスピーカ)などでは,20～200 Hzほどの低周波数を強調しています.人が聞き取りできる音の周波数で考える場合,仮に低周波数は20～200 Hz,高周波数は黒板を爪で引掻くときの甲高い音(10 kHz～)以上と想定してみました.

　周波数の単位であるヘルツ(Hz)の意味は,1秒間の振動回数です.200 Hzの場合には,空気振動の繰り返しが1秒間に200回発生しています.

● 音楽を聴いているときの雑音とは

(1) 聞いている音楽(静かな)によっては,たとえ小さな雑音でも気になる.
(2) 聞いている音楽のボリューム・レベルが高い場合には,周辺の雑音は気にならない.
(3) ノイズ・キャンセラを使って周辺の雑音の影響を受けないような対処ができる.

　「音楽の雑音」を例にしてEMCと比較してみますと,少々強引ですが表1,表2のように整理できます.

● 音楽の耳への伝わりかたを考える(ノイズ測定と測定距離)

　ご存じのように,人が音楽を楽しんでいるときは,イヤホンやスピーカの振動体が,音楽に合わせて振動し,空気の振動が起こります.高音の場合には高い周波数で,低音の場合には低い周波数で空気が振動しています.その空気振動が耳の中にある鼓膜を微小に振動させ,それを信号として脳に伝えることで,音楽を聴くことができます[一般に人が認識できる音の周波数(可聴周波数)は20 Hz～20 kHz,犬は50 kHz,コウモリは120 kHzの高周波数を認識].

　人が音楽を聴いているときの雑音は,それが20 Hz～20 kHzか,またどれだけの音圧(空気振動の圧力)かによって,雑音であったり雑音と認識できなかったりします.

　音圧についてもう少し考えてみますと,学校のグラウンドで,同じ音量を出しているスピーカがある場合(例えば10 Wの出力でスピーカから音楽が流れているとき)に,10 m先では,曲名や歌っている歌手の名前が思い浮かぶぐらいに,はっきりと聞こえてきます.

　100 m先では,どうでしょうか? 実際に実験すれば定量的に表現できますが,恐らく聞こえやすい部分と,低音や高音のところは聞き取りにくく,注意して聞いてもその音楽がどんな曲かわからないと思います.これが,1 km先になると,まったく聞こえなくなると思います.

表1 イミュニティ(ノイズ耐量)での比較

比較項目	イミュニティ(ノイズ耐量)	
	EMC	音楽を聞く
対象	ラジオ,テレビ(電磁波)	音楽プレーヤ(喧騒),音楽ホール(静寂)(音波：空気振動)
周波数範囲	150 kHz～30 MHz, 30 MHz～1 GHz	20 Hz～20 kHz
周波数範囲を決めた理由	受信装置の受信周波数	人の可聴周波数
ノイズの耐量	受信に影響がないこと	高レベル：屋外や飛行機の中など, 低レベル：話し声や物音
使用環境	工業地帯,一般住宅	周囲がうるさい(対策機能あり), 周囲が静か(対策できない)

表2 エミッション(ノイズの抑制規格)での比較

比較項目	エミッション(ノイズの抑制規格)	
	EMC(電磁妨害EMI)	音楽を聞く
対象	情報処理装置, 電子・事務用機器	音楽プレーヤ(喧騒), 音楽ホール(静寂)
周波数範囲	150 kHz～30 MHz, 30 MHz～1 GHz	20 Hz～200 Hz, 200 Hz～10 kHz, 10 kHz～20 kH
周波数範囲を決めた理由	受信装置の受信音, 画像への影響	人の可聴周波数
ノイズの種類	伝導ノイズ：150 kHz～30 MHz, 放射ノイズ：30 MHz～1 GHz	重低音ノイズ：20 Hz～200 Hz, 中域ノイズ：200 Hz～10 kHz, 高い域ノイズ：10 kHz～20 kH
ノイズのクラス分け(許される値)	クラスA：工業地帯(緩い), クラスB：一般住宅(厳しい)	クラスA：周囲がうるさい(緩い), クラスB：周囲が静か(厳しい)

注：抑制値(限度値)は，クラスAとクラスBに分けて，環境に合わせて値が違う

人の可聴周波数でない音は，たとえスピーカから流れていても10 mの近距離でも聞こえません．しかし，人の傍にいる犬には30 kHzの音が聞こえており，100 kHzの音は飛んでいるコウモリにも，はっきりと聞こえていると思います．

ノイズを測定するときには，周波数範囲と測定の距離を明確にする必要があります．

● ここまでで「高周波EMC」とは何かを考える

9 kHzを越える周波数において，影響を受ける電気/電子機器が，どれぐらいの雑音(ノイズ)で誤動作や，ラジオやテレビであれば音声や画像などに乱れが発生するかを定量的に把握する必要があります．また，その影響する周波数範囲を明確にする必要があります．

そして，影響を与える電気/電子機器は，周辺にある電気/電子機器に対して，9 kHzを越える決められた周波数範囲での雑音(ノイズ)は，限度値より抑制したものにする必要があります．

これより専門的な話をします．「高周波EMC」全体の話をするとポイントがぼやけてしまいますので，エミッション規格である電磁妨害(EMI)に関して詳細を述べます．

参考ですが，高周波EMCには以下の二つに分類されます．

(1) 「自然現象が引き起こす雑音(ノイズ)」による電気/電子機器への影響
(2) 「電子/機器が動作(待機中も含む)する」ことによる他の電機/電子機器への影響

「自然現象が引き起こす雑音(ノイズ)」の代表的な試験例としては，

● 静電気試験
● 雷試験

があります．

これから話を進める電磁妨害(EMI)は，「電子/機器が動作(待機中も含む)する」ことによる他の電機/電子機器への影響に関するものです．

EMIに関する定義と規格

● 伝導ノイズ(雑音端子電圧)の周波数範囲と抑制値

伝導ノイズ(雑音端子電圧)の周波数は「150 kHz～30 MHz」で，抑制値は後で詳細に事例で述べますが，周波数によって値が変わります．この周波数範囲は，ラジオの長波放送，中波放送でのラジオ受信機への影響を考慮していることは明らかと思います．その他，無線機などでもこの周波数は使用されています．

参考ですが，ドイツのVDE規格では下限周波数は10 kHzから規格化されています．東欧では10 kHzで

影響を考慮すべき電子機器があることが，規格の内容から想像できます．

伝導ノイズ(雑音端子電圧)の抑制値(限度値)の例を表3に示します．

● 放射ノイズ(放射雑音)の周波数範囲と抑制値

放射ノイズ(放射雑音)の周波数は，「30 MHz～1 GHz(1000 MHz)」で，抑制値は周波数によって値が変わります．この周波数範囲は，FMラジオ，テレビ音声，無線通信などへの影響を考慮していることは明らかと思います．

放射ノイズ(放射雑音)の抑制値(限度値)の代表値を表4に示します．測定距離10 mでの測定が基本とされています．

放射ノイズ(放射雑音)の測定では，測定用のアンテナとの距離が大切なパラメータになります．測定距離が遠いほど電界強度は小さくなります．それとは逆に，測定距離が近いほど電界強度は大きくなります．測定距離は3 m，10 m，30 mで規定されており，規格では測定距離10 mの抑制値(限度値)に測定距離3 mでは10 dBを加算し，測定距離30 mでは10 dBを差し引いたものになります．

● 放射ノイズ(放射雑音)の測定場所

放射ノイズ(放射雑音)の測定ではデータが正しいこと，どこで測定しても同様の結果となる再現性が求められます(当然ながら他の試験も同じ)．

私たちの周囲には，電波(電磁波)を利用した電気/電子機器が多数あり，実験室で放射ノイズ(放射雑音)の測定は不可能になります．各試験所や試験機関では，周囲の電磁波(電波)の影響を受けないように，電磁波を遮断するシールド・ルームを建設して，測定データの信頼性が高くなるようにしています．それらのシールド・ルームは，国内/海外の認証機関の審査を受けて認定されています．

シールド・ルームを何度か訪問したことがありますが，建設費用もさることながら，ルーム内の空間の大きさに驚かされました．大きいものでは体育館と変わらないほどの広さがあります．

● 抑制値(限度値)の具体例

伝導ノイズ(雑音端子電圧)，放射ノイズ(放射雑音)に関する抑制値(限度値)を図3，図4に示します．

伝導ノイズ(雑音端子電圧)の周波数は150 kHz～30 MHzで，抑制値の単位は1 μV＝0 dB μVです．

放射ノイズ(放射雑音)の周波数は30 MHz～1 GHzで，抑制値の単位は1 μV/m＝0 dB μV/mです．

● 抑制値(限度値)の単位に注目する

まず，それぞれの抑制値(限度値)の単位は，μVとμV/mになります(表5)．

雑音(ノイズ)の抑制値(限度値)を規定するためには，実際にその値がいくつであるかを定量的に測定する必要があります．具体的に以下に述べていきます．

● 伝導ノイズ(雑音端子電圧)は電圧の測定

μVのμ(マイクロ)は百万分の1であり，1 μV＝1×10^{-6} [V]になります．小数点で表すと0.000001 Vです．V(ボルト)が示すように，電圧を測定しています．

実際の値を計算してみます．クラスBの46 dB μVの測定値は何μVになるのでしょうか？以下に検討します．

表3 伝導ノイズ(雑音端子電圧)の抑制値(限度値)の例

周波数範囲	dB/絶対値	クラスA		クラスB	
150 kHz～30 MHz		準尖頭値	平均値	準尖頭値	平均値
基準値	0 dB μV	0 dB μV			
	絶対値	1 μV			
150 kHz～500 kHz	dB μV	79	66	66	56
500 kHz～5 MHz	dB μV	73	60	56	46
5 MHz～30 MHz	dB μV	73	60	60	50

表4 放射ノイズ(放射雑音)の抑制値(限度値)の代表値

周波数	dB/絶対値	測定距離3 m		測定距離10 m(基本)		測定距離30 m	
30 MHz～1 GHz		クラスA	クラスB	クラスA	クラスB	クラスA	クラスB
		準尖頭値	準尖頭値	準尖頭値	準尖頭値	準尖頭値	準尖頭値
基準値	0 dB μV/m	0 dB μV/m					
	絶対値	1 μV/m					
30 MHz～230 MHz	dB μV/m	50	40	40	30	30	20
230 MHz～1 GHz	dB μV/m	57	47	47	37	37	27

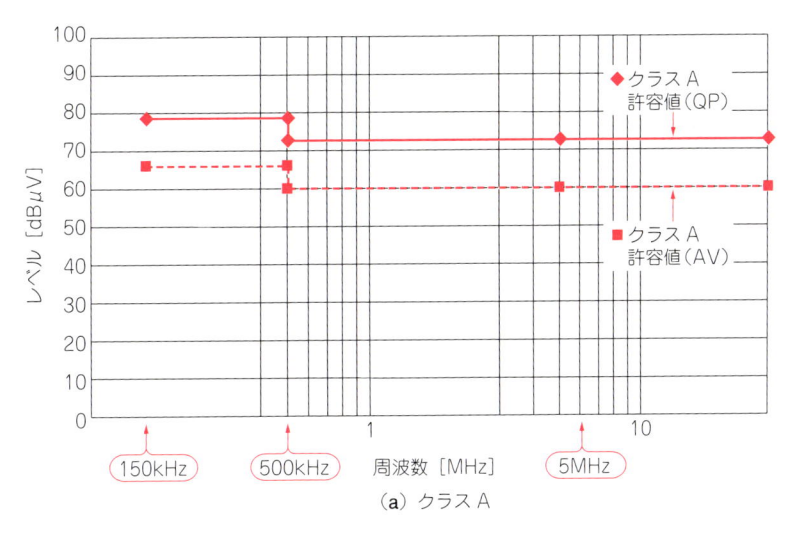

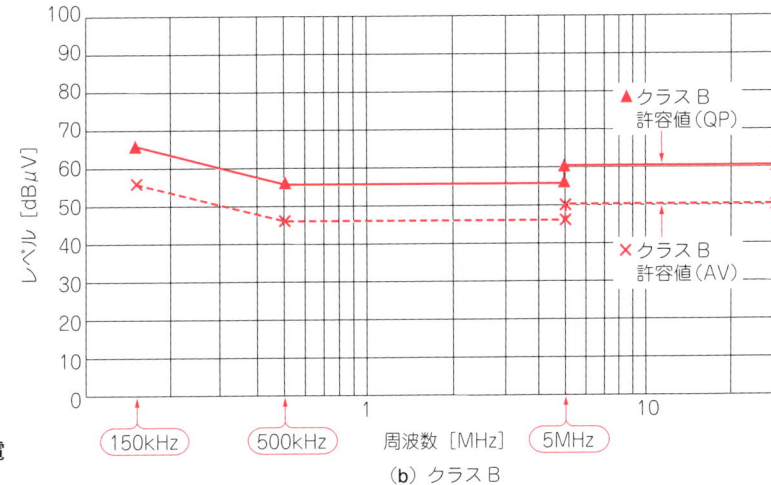

図3[(1)] 伝導ノイズ(雑音端子電圧)に関する抑制値(限度値)

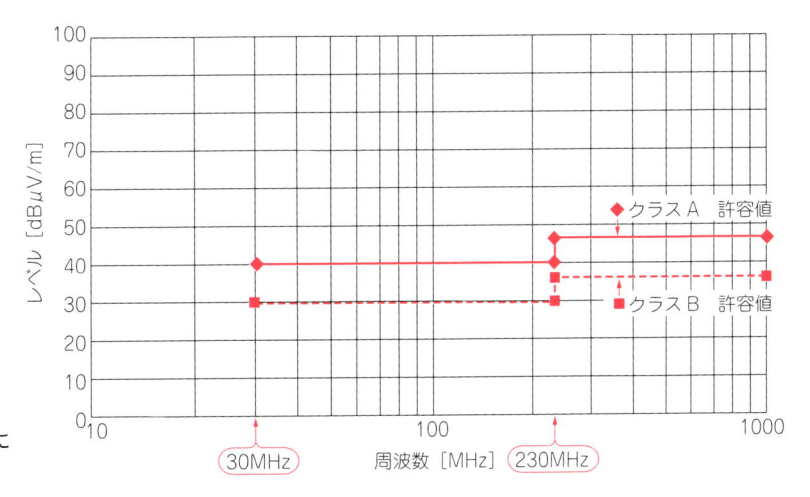

(a) クラスA

(b) クラスB

図4[(1)] 放射ノイズ(放射雑音)に関する抑制値(限度値)

表5 雑音の種類と単位

雑音の種類	グラフの縦軸(対数)の単位表記	測定方法
伝導ノイズ(雑音端子電圧)	dB μV(1 μV = 0 dB)	電圧を測定
放射ノイズ(放射雑音)	dB μV/m(1 μV/m = 0 dB)	アンテナを用いて電界強度を測定

EMIに関する定義と規格

測定される値を α とすると,

$$20 \log \frac{\alpha \, [\mu\text{V}]}{1 \, [\mu\text{V}]} \quad \cdots\cdots\cdots\cdots\cdots\cdots (1)$$

で計算されます.

まず, 0 dBとなる α_0 の計算式は,

$$0 = 20 \log \frac{\alpha_0 \, [\mu\text{V}]}{1 \, [\mu\text{V}]}$$

で表現できます.

対数計算で,

$$0 = \log 1$$

となります. この意味は $1 = 10^0$ を思い出すと, 指数が左辺の0であることは明らかです.

よって, 0 dBは, $1 \, \mu\text{V}$ を基準とした相対的な表現になります. 基準は分母で, 測定値は絶対値であり, 分子において計算します.

グラフの縦軸0 dBでは, 下記のとおりです.

$$0 = 20 \log \frac{1 \, [\mu\text{V}]}{1 \, [\mu\text{V}]}$$

例えば, 実測電圧値が $10 \, \mu\text{V}$ では, 式(1)に代入して,

$$20 \log \frac{10 \, [\mu\text{V}]}{1 \, [\mu\text{V}]} = 20 \log \frac{10 \mu}{1 \mu}$$

左辺は単位のVを削除できます. μ も当然ですが打ち消し合って,

$$20 \log(10/1) = 20 \log 10$$

$\log 10 = 1$ になりますので,

$$20 \log 10 = 20$$

になります. グラフでは縦軸の20 dBになります.

このまま, 40 dBはどうなるか進めます. 計算の得意な方は, もう暗算で答えを出していると思いますが,

$$20 \log 100 = 40$$

が頭に浮かぶと, パズルみたいなものです. 実測電圧が $100 \, \mu\text{V}$ と言うことです.

ここで計算のテクニックですが, 6 dBは相対的に何倍になるかがわかると暗算で計算できることになります. そのまえに, 10の指数計算は, 1乗が10, 2乗が100, 3乗が1000を考えると, 実測値電圧が $1000 \, \mu\text{V}$ の場合には $3 = \log 1000$, よって

$$20 \log 1000 = 60$$

60 dBの絶対値(実測値電圧)は $1000 \, \mu\text{V}$ のことを意味しています.

ここで, 6 dBに戻りますが, この値の相対値を覚えておくと, 結構役に立つと思います.

結論から先に述べますと,

$$2 = 20 \log 6$$

これは,「6 dBのアップは2倍になる」ということです.

46 dBは, 40 dBより 6 dBだけ高い数値ですから, $46 = 40 + 6$ になります. 先ほど求めた40 dBの実測電圧が $100 \, \mu\text{V}$ ですから, 46 dBは実測電圧が $100 \, \mu\text{V}$ の2倍, すなわち $100 \, \mu\text{V} \times 2 = 200 \, \mu\text{V}$ になります.

もうひとつ, 10 dBは相対的に何倍になるかを知っておくだけで, 暗算で計算できます. 10 dBは $\sqrt{10}$ 倍 (3.16倍)になります.

40 dBが $100 \, \mu\text{V}$ ですから, 50 dBは $100 \, \mu\text{V} \times 3.16 = 316 \, \mu\text{V}$, 56 dBは50 dB + 6 dBですから, 暗算で $316 \, \mu\text{V} \times 2 = 632 \, \mu\text{V}$ が求まります.

伝導ノイズ(雑音端子電圧)の抑制値(限度値)と絶対値を**表6**に示します.

● **放射ノイズ(放射雑音)は電界強度の測定**

電界強度の測定では, アンテナを使用して電界強度を電圧に変換して測定しています.

$\mu\text{V/m}$ の μ (マイクロ)は百万分の1であり, $1 \, \mu\text{V/m} = 1 \times 10^{-6}$ [V/m] になります. 小数点で表すと 0.000001 V/mになります. [V/m] が示すように, 電界強度を測定しています.

電界強度は空間に電圧をかけたときの「1 m当たりの電圧」です. よって, 0 dBは, $1 \, \mu\text{V/m}$ を基準とした相対的な表現になります. 測定値は絶対値であり, 分子において計算します. 計算式は, 伝導ノイズと単位が違うだけで同じになります.

グラフの縦軸0 dBでは,

$$0 = 20 \log \frac{1 \, [\mu\text{V/m}]}{1 \, [\mu\text{V/m}]}$$

40 dBが $100 \, \mu\text{V/m}$, 50 dBは $100 \, \mu\text{V/m} \times 3.16 = 316 \, \mu\text{V/m}$, 60 dBは $1000 \, \mu\text{V/m}$ になります. 抑制値(限度値)と絶対値の表では, 57 dBが出てきます.

57 dB = 60 dB - 3 dBが思いつけば, - 3 dBが何倍になるかを求めて暗算で計算します. - 3 dBは $10^{-0.15}$

表6 伝導ノイズ(雑音端子電圧)の抑制値(限度値)と絶対値

周波数	dB/絶対値	クラスA		クラスB	
150 kHz〜30 MHz		準尖頭値	平均値	準尖頭値	平均値
基準値	0 dB μV	0 dB μV			
	絶対値	$1 \, \mu$V			
150 kHz〜500 kHz	dB μV	79	66	66	56
	絶対値	8900 μV	2000 μV	2000 μV	632 μV
500 kHz〜5 MHz	dB μV	73	60	56	46
	絶対値	4450 μV	1000 μV	632 μV	200 μV
5 MHz〜30 MHz	dB μV	73	60	60	50
	絶対値	4450 μV	1000 μV	1000 μV	316 μV

倍(0.708倍)になります．暗算で，$1000\ \mu V/m \times 0.708 = 708\ \mu V/m$ が求まります．

同様に，$47\ dB = 50\ dB - 3\ dB$ では，$316\ \mu V/m \times 0.708 = 224\ \mu V/m$ になります．

放射ノイズ(放射雑音)の抑制値(限度値)と絶対値を表7に示します．

● 電圧と電界強度の測定は，どちらが測定しやすいかを考える

筆者の経験上では，電圧測定すなわち伝導ノイズ(雑音端子電圧)のほうが，データのばらつきが少なく，対策効果の切り分けができていました．例えば，1週間の測定期間中は，いろいろな対策効果を試してみるのですが，途中で再測定してもほとんど変わらない測定結果を得ていました．

ひとつの理由としては，電圧測定では測定でのばらつきが少なく，測定する電気/電子機器の動作が大きく変わらない限り，測定電圧の値も安定しています．また，測定のために引き出す線材の長さの影響もほとんど受けないため，安定した測定結果を得ることができるからと思います．なお，電気/電子機器の内部配線の配線ルートは，影響する場合があります．

それとは反対に，放射ノイズ(放射雑音)は，測定する電気/電子機器のちょっとした配線の引き回しの違いや，電気/電子機器の内部構成の違いなどで，同じ対策をしているにもかかわらず測定結果が変わることが多々ありました．このことは，電界強度を測定することの難しさを意味しています．

● 安定した測定結果を得るための心得

どんな測定でも同じことが言えますが，安定した測定結果を得るための心得を下記に示します．
(1) 基準となる測定状態を明確にする
　　機器の据え付けやケーブルの引き回し，位置，また装置動作条件などを明確にしておく．
(2) 基準となる測定結果の再確認を行う
　　対策中は，電気/電子機器への変更，データ整理などに追われるため，ポイントとなる測定結果の再確認を行い，測定の再現性を意識して進める．
(3) 初期に戻ることも大切
　　多くの対策効果を確認すると，途中で矛盾した結果や理論どおりでない場合が発生する．そのときは，初期に戻り再測定を行うことも必要になる．

● 身近にある電界強度

電界強度を身近な言葉で表すと「電波の強さ」になりますが，実は読者の皆さんは，身近なところで電界強度に関して，いろいろ経験していると思います．その例を以下に示してみます．
(1) 地上デジタル放送に変わるときに，アンテナの向きを変えた
(2) 移動中に携帯電話のワンセグが視聴できるエリアとできないエリアがある
(3) 移動中のトンネルの中で携帯電話が途切れた
(4) ケーブル・テレビに変えたら画像に乱れが少なくなった

表8で，上記と「電界強度測定での留意点」とを比較してみました．

● 電波の周波数と波長の関係

地上デジタル・テレビジョン放送(以降，地デジ放送)を例に考えてみます．地デジ放送はUHF帯域の電

表7　放射ノイズ(放射雑音)の抑制値(限度値)と絶対値(測定距離3 m)

周波数	dB/絶対値	クラスA 準尖頭値	クラスB 準尖頭値
30 MHz〜1 GHz 基準値	0 dB μV/m	0 dB μV/m	
	絶対値	1 μV/m	
30 MHz〜230 MHz	dB μV/m	50	40
	絶対値	316 μV/m	100 μV/m
230 MHz〜1 GHz	dB μV/m	57	47
	絶対値	708 μV/m	224 μV/m

表8　身近にある電界強度と「電界強度測定での留意点」との比較

身近な経験例	キーワード	電界強度測定での留意点
地上デジタル波に変わるときにアンテナの向きを変えた	アンテナの向きで受信する電波の強度が変化する	測定時のアンテナの向き
移動中に携帯電話のワンセグが視聴できるエリアとできないエリアがある	電波は場所による影響を受けやすい	測定時の設置条件や距離
移動中のトンネルの中で携帯電話が途切れた	電波は遮蔽物の影響がある	遮蔽物を置かずに測定する
ケーブル・テレビに変えたら画像に乱れが少なくなった	電波の受信情報を光ケーブルなどで安定して転送	測定個所から測定結果の伝達

波を使用しており，周波数は470 MHz～770 MHzを使用しています．周波数から波長を求める簡単な計算式は，MHzの周波数を β とすると波長 λ は，

$$\lambda [\text{m}] = \frac{300}{\beta}$$

で表されます．

500 MHzの放送では $\beta = 500$，$\lambda [\text{m}] = 300/\beta$ で波長 λ は0.6 mになります．

電波は1秒間に地球を7周半することから計算されています．7周半は30万km，言葉で表現しますと「1秒間に30万km進む際に，500 M(500×百万)の回数振動している」ということです．

詳細計算式は，次のようになります．

$$\lambda [\text{m}] = \frac{30 \times 10^4 \times 10^3 [\text{m}/秒]}{500 \times 10^6 [秒]}$$

地デジ放送では，デジタル・テレビ中継局が地域ごとに設置され，テレビのチャネルごとに違う周波数の電波を送信しています．

電波は空間中を伝わる際に，垂直偏波または水平偏波で伝わり，周波数に反比例した波長をもっています．

● **放送電波の周波数とアンテナ長の関係**

放送電波を受信するには，その周波数の波長に応じたアンテナを使用する必要があります．例えば，30 MHzの電波では波長は10 mです．地デジの500 MHzの波長は0.6 mですから，水平偏波の電波を水平アンテナで受信する際には，0.6 m/2 = 0.3 mとなります．テレビやラジオは，微弱な電波をできる限り信号として受信できるように，波長に応じたアンテナを使用しています．

補足ですが波長より短いアンテナを使用した場合に，近距離であればテレビ/ラジオの音声を聞くことは可能です．それぞれの受信強度を満足できる電界強度であれば，信号として認識できるからです．アナログ・テレビ用に二つのアンテナがあったことを覚えている方もいると思います．VHF用の大きなアンテナとUHF用の小さなアンテナです．

アンテナの長さの話をしたのは，放射ノイズ測定では，30 MHz～1 GHzの周波数の範囲を2種類のアンテナを用いて測定しているからです．さらに高周波な6 GHz，10 GHzなどの試験を行うときに使用するアンテナの大きさがイメージできればと思います．

放射ノイズの測定

● **放射ノイズの測定を行った電源装置(電源ボード)**

随分前置きが長くなりましたが，これより実際の電気/電子機器として，電源装置での測定について話を進めます．

写真1に，放射ノイズ測定を行った電源装置の外観写真を示します(10 cm×10 cmほどの面積)．

● **測定の概略図**

図5に，電源装置の放射ノイズ測定を行ったときの概要を示します．

● **放射ノイズの測定結果**

図6に示したのは，対策前の電源装置で実際に測定したときの結果のグラフです．丸で囲んだ部分は，大きくリミット値を越えていることがわかります．測定はピーク・モード，抑制値(限度値)は赤のラインで示しています．被測定対象の電源装置はクラスBの規格を満足する必要がありました．

破線は水平偏波(濃い青)と垂直偏波(茶)のピークをラフにトレースしたものです(対策後の測定データで使用する)．

● **測定時間を短くして初期の判断をする**

放射ノイズ(放射雑音)の測定モードは，準尖頭値(QPモード)で抑制値(限度値)が決まっています．な

(a) 部品実装面 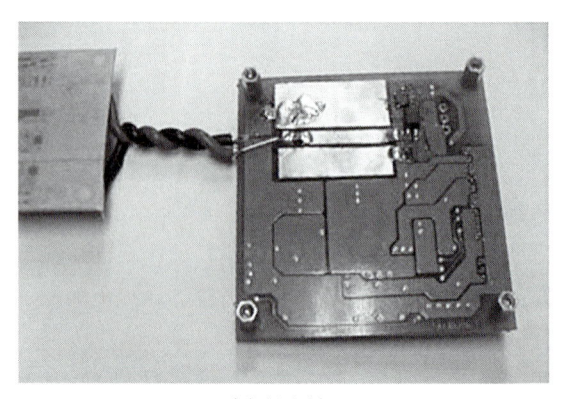　　　　　　　　　　　　　　　(b) はんだ面

写真1　放射ノイズ(放射雑音)測定を行った電源装置の外観

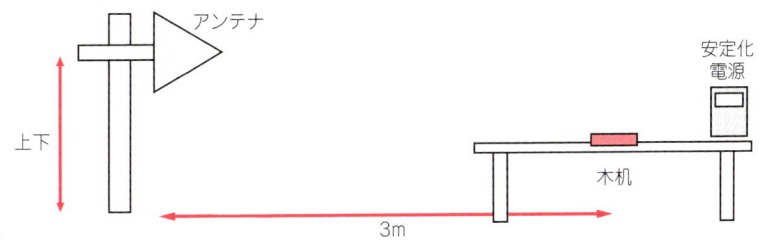

図5 放射ノイズ測定の概要

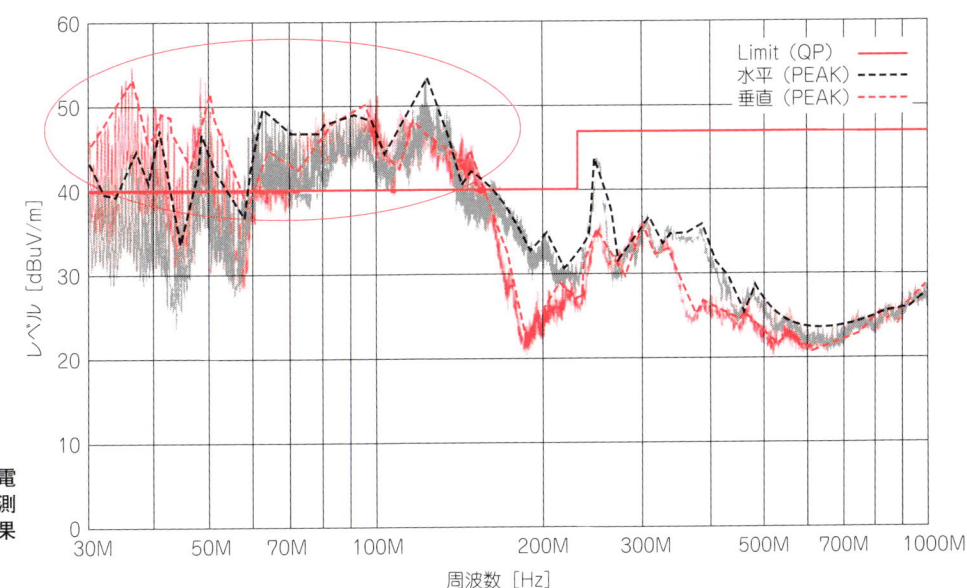

図6 対策前の電源装置で実際に測定したときの結果のグラフ

ぜ，尖頭値であるピーク・モードでの測定結果を紹介したかには理由があります．準尖頭値(QPモード)での測定は，測定時間が長くなります．そこで，初期判断を行うのに測定時間が短いピーク・モードで測定範囲(30 MHz～1 GHz)全体を測定します．

測定モードと測定値の値は，
　　尖頭値＞準尖頭値
になります．

よって，尖頭値(ピーク・モード)がリミット値を越えていなければ，当然ですが準尖頭値(QPモード)で再測定しても，さらに小さな値になります．本測定結果では，200 MHz以上は明らかに問題ないことがわかります．最終対策が決まったあとには，準尖頭値(QPモード)で測定を実施しています．

● 放射ノイズの測定データを検討する

先ほどの測定結果の詳細データから，いくつかポイントとなることを述べます．

データは，抑制値(限度値)をオーバした箇所(周波数)を降順に示しています(図7)．右端の「マージン」の列の値は，その隣の「規格値」よりどれだけオーバしたかの値を示しています．上位四つの箇所を具体的に検討してみます(表9)．

▶14.9 dBのオーバは抑制値(限度値)の何倍か

すでに述べた式(1)を用いると，抑制値(限度値)をαとして，

$$40 = 20 \log(\alpha\,[\mu V/m]/1\,[\mu V/m])$$

$\alpha = 100\,\mu V/m$は，暗算で簡単に計算できます．

次に，βとしてαの何倍かを計算します．

表9　上位四つの箇所

上位データ	周波数[MHz]	レベル(peak)[dBμV/m]	アンテナ係数[dBμV/m] 注1	偏波面	規格値[dBμV/m]	マージン[dB] 注2
1	36.16	54.9	15.1	Vert.(垂直)	40	▲14.9
2	47.99	53.8	8.7	Vert.(垂直)	40	▲13.8
3	121.8	53.6	11	Hori.(水平)	40	▲13.6
4	122.8	53.5	11	Hori.(水平)	40	▲13.5

注1：各測定結果にはアンテナ係数がデータ補正されている
注2：マージンは規格値に対しての余裕値だが，本データではオーバしていることを▲(マイナス)を付けて表している

周波数[MHz]	読み値(PEAK)[dBμV]	アンテナ種類	アンテナ係数[dB/m]	ケーブル損失+プリアンプ[dB]	レベル(PEAK)[dBμV/m]	高さ[cm]	偏波面	規格値[dBμV/m]	マージン[dB]
36.160	72.0	BL	15.1	-32.2	54.9	100	Vert.	40.0	▲14.9
47.990	77.2	BL	8.7	-32.1	53.8	100	Vert.	40.0	▲13.8
121.800	74.3	BL	11.0	-31.7	53.6	100	Hori.	40.0	▲13.6
122.800	74.2	BL	11.0	-31.7	53.5	100	Hori.	40.0	▲13.5
35.180	70.0	BL	15.6	-32.2	53.4	100	Vert.	40.0	▲13.4
49.040	77.0	BL	8.2	-32.1	53.1	100	Vert.	40.0	▲13.1
34.620	69.2	BL	15.9	-32.2	52.9	100	Vert.	40.0	▲12.9
35.670	68.9	BL	15.4	-32.2	52.1	100	Vert.	40.0	▲12.1
37.140	69.3	BL	14.6	-32.2	51.7	100	Vert.	40.0	▲11.7
97.060	73.4	BL	9.5	-31.8	51.1	100	Vert.	40.0	▲11.1
96.010	73.2	BL	9.4	-31.8	50.8	100	Vert.	40.0	▲10.8
39.590	69.7	BL	13.2	-32.2	50.7	100	Vert.	40.0	▲10.7
120.200	71.3	BL	11.0	-31.7	50.6	100	Hori.	40.0	▲10.6
33.640	66.2	BL	16.4	-32.2	50.4	100	Vert.	40.0	▲10.4
128.600	70.8	BL	11.2	-31.6	50.4	100	Hori.	40.0	▲10.4
119.400	71.0	BL	10.9	-31.7	50.2	100	Hori.	40.0	▲10.2
115.800	71.0	BL	10.8	-31.7	50.1	100	Vert.	40.0	▲10.1
127.800	70.6	BL	11.1	-31.6	50.1	100	Hori.	40.0	▲10.1
120.800	70.8	BL	11.0	-31.7	50.1	100	Hori.	40.0	▲10.1
99.440	72.0	BL	9.7	-31.8	49.9	100	Vert.	40.0	▲9.9
98.040	72.2	BL	9.5	-31.8	49.9	100	Vert.	40.0	▲9.9
61.920	77.1	BL	4.7	-32.0	49.8	100	Hori.	40.0	▲9.8
38.610	68.2	BL	13.8	-32.2	49.8	100	Vert.	40.0	▲9.8
116.800	70.6	BL	10.9	-31.7	49.8	100	Hori.	40.0	▲9.8
99.020	72.0	BL	9.6	-31.8	49.8	100	Vert.	40.0	▲9.8
109.800	70.8	BL	10.7	-31.7	49.8	100	Vert.	40.0	▲9.8
133.200	70.2	BL	11.1	-31.6	49.7	100	Hori.	40.0	▲9.7
84.180	73.8	BL	7.8	-31.9	49.7	100	Vert.	40.0	▲9.7

図7 実測のデータ

$14.9 = 20 \log \beta$

より,

$14.9/20 = \log \beta$

よって,

$\beta = 10^{14.9/20} \fallingdotseq 5.56$

$\beta = 5.56$倍になります.

▶14.9 dBのオーバを電界強度で計算

電界強度の絶対値は,

$\alpha \times \beta = 100$ [dBμV/m] $\times 5.56$

556 dBμV/mになります.

＊　　　　　＊

上位四つの結果の絶対値を表10にまとめました.

電源装置に対策を行う

放射ノイズ(放射雑音)の対策中の測定結果を図8に示します.

破線で対策前の水平偏波(濃い青)と垂直偏波(茶)のピークのトレース結果を示しています. ○は, 水平偏波のピーク・モードで測定データの高い3か所を準尖頭値(QPモード)で測定したものです.

表11に, 準尖頭値(QPモード)の3か所の詳細結果をまとめて示します.

● 放射ノイズの対策について

装置の周辺が金属ケースで覆われている装置は, 装置内部のノイズ源を金属で遮蔽することで対策できる場合があります. しかしながら, ほとんどの装置は入出力ケーブルを接続して使用するため, ケーブルがアンテナとなって電磁波を放出します. また, 高周波になればなるほど, 波長が短くなり, 空冷用のちょっとしたスリットや金属ケースの隙間から電磁波がすり抜けて行きます.

電磁波は目に見えないため, どこから漏洩している

表10 上位四つの箇所の絶対値

上位データ	周波数[MHz]	規格値[dBμV/m]	40dB絶対値[μV/m]	マージン[dB]	測定絶対値[μV/m]
1	36.16	40	100	▲14.9	556
2	47.99	40	100	▲13.8	490
3	121.8	40	100	▲13.6	479
4	122.8	40	100	▲13.5	473

図8 放射ノイズの対策中の測定結果

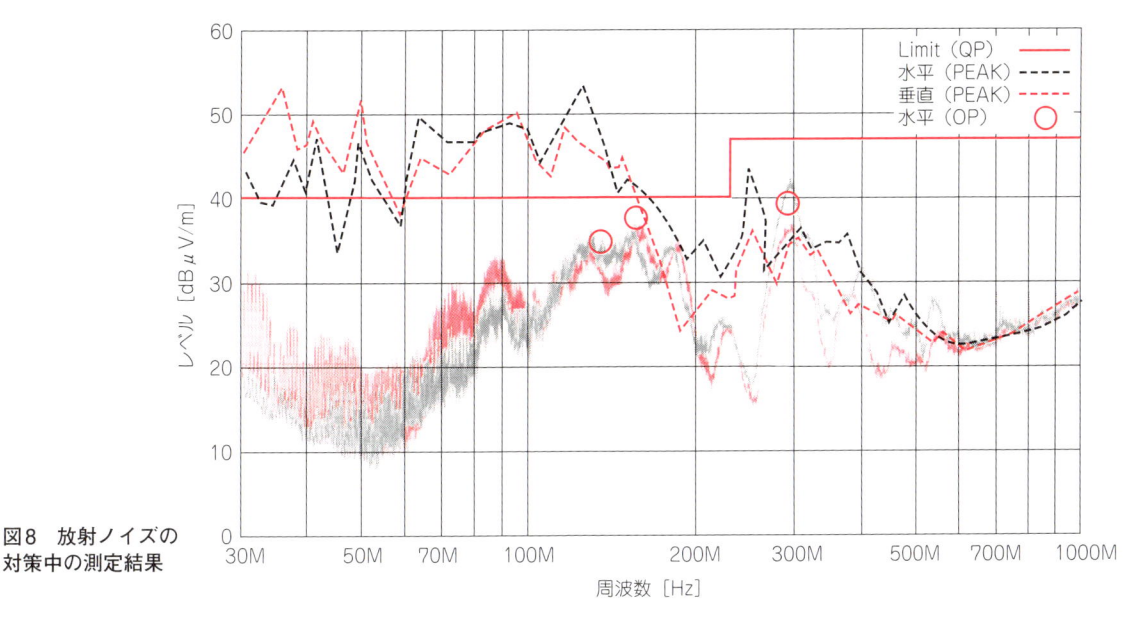

表11 準尖頭値(QPモード)の3か所の詳細結果

上位データ	周波数[MHz]	レベル(peak)[dBμV/m]	アンテナ係数[dBμV/m]	偏波面	規格値[dBμV/m]	マージン[dB]
1	134.523	34.9	11	Hori.(水平)	40	5.1
2	153.848	37.8	10.3	Hori.(水平)	40	2.2
3	294.209	39	12.9	Hori.(水平)	47	8

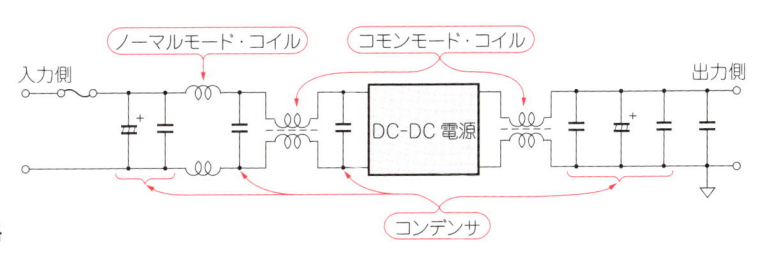

図9 放射ノイズ対策を行った回路

(1) ノーマルモード・コイル
(2) コモンモード・コイル
(3) コンデンサ

のか，またどのデバイス(部品やモジュール)が原因となっているかを突き止めることが困難です．対策を行うときに，原因個所が特定できればほとんど対策できたも同然です．

● 放射ノイズを回路図で考える

電源装置は内部で100 kHz～200 kHzで駆動するAC-DC電源や，今回紹介した電源ボードはDC-DC電源で約300 kHz，小型のものでは1 MHz以上で駆動しているものがあります．パソコンに使用しているCPUは1 GHz，2 GHz以上で駆動しています．

電源装置では駆動周波数は200 kHzでも，パワー半導体のパルスの立ち上がり/立ち下がりスピードが100 nsほどになれば，ここには高い電圧振幅が発生するため，ノイズ源になってしまいます．放射ノイズ対策を行った回路を図9に示します．

入力側，出力側に三つの部品で構成しています．

● 放射ノイズの漏洩経路

放射ノイズの漏洩経路を考えるときに，送信状態の無線機を思い浮かべてください．

無線機には，送受信用のアンテナが取り付けられており，このアンテナから空間中に電波を送信/受信しています．先ほどの電源回路もよく似ています．入力および出力にはそれぞれ2本の線がありますが，放射ノイズを考えるときに等価回路では一つの線(アンテナ)で表しています(図10)．

● コモンモード・コイルの働き

先ほどの等価回路では，対策部品が記載されていません．対策の等価回路はどうなるのでしょうか？

電源装置に対策を行う 77

> ### コラム　コモンモード・コイルの落とし穴
>
> 　余談ですが，AC入力のインレット周辺に対策部品を何度も取り換えて，対策の効果検証を行いました．その際に，自作でコモンモード・コイルのインダクタンス値を上げるのため巻き数を増加させたのですが，なぜか理論的にはインダクタンスが増加したにもかかわらず，もっと悪くなったことがあります．
>
> $L = L_0 \times N^2$
> L_0：初期インダクタンス
> N：巻き数
>
> 　原因は，凄く単純だったのですが，「二つある巻き線の巻き数が1ターン違っているだけ」でした．
> 　このようなこともあって，当時は随分苦労したことを思い出します．

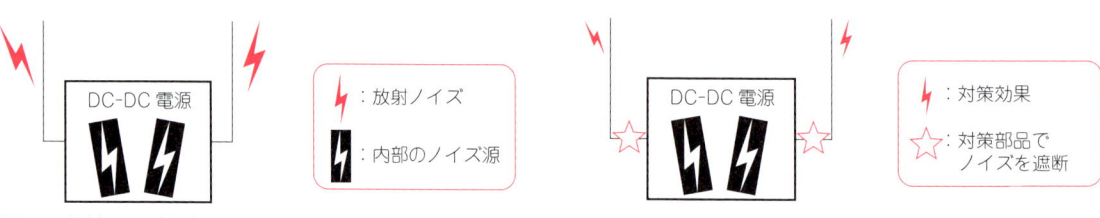

図10　放射ノイズを考えるときの等価回路

図11　対策後のDC-DC電源の等価回路

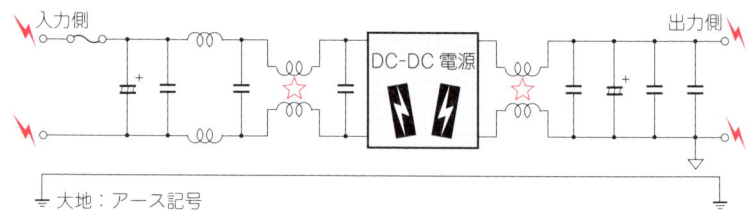

図12　放射ノイズの漏洩等価回路：その1

図13　放射ノイズの漏洩等価回路：その2

　図11では，アンテナに相当する根元のところで，内部ノイズ源からの漏洩を遮断しています．対策方法やその効果は，いろいろな場合で変わってきますが，一般的にコモンモード・コイルは放射ノイズに効果があります．

● 放射ノイズの漏洩の等価回路

　放射ノイズの漏洩の状態を等価回路で示すと，大地の回路記号が必要になります（**図12**，**図13**）．電波は大地との電圧差で空間を伝わっているからです．すなわち電界強度の基準となる部分の回路記号を付足します．

● 時には善人（ノイズ減）また悪人（ノイズ源）となる電源装置

　電源装置は，情報装置の各部品やユニットに電源供給する目的で使用されます．
　AC電源を入力とする装置では，必ずAC電源入力用のケーブルがあり，伝導ノイズ（雑音端子電圧）に対する対策は電源装置で行う必要があります．電源装置の入力用および出力用には必ずと言ってよいほどケーブルを使用しており，それらのケーブルが，放射ノイズ（放射雑音）の漏洩源となる場合が多々あります．
　電源装置はノイズを発生させるノイズ源となることもありますが，装置内の回路，ユニット動作によるノイズを低減させる役割ももっています．

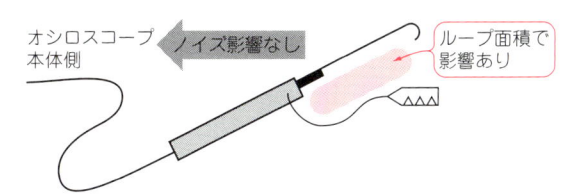

図14　電磁波の影響を受ける測定状態

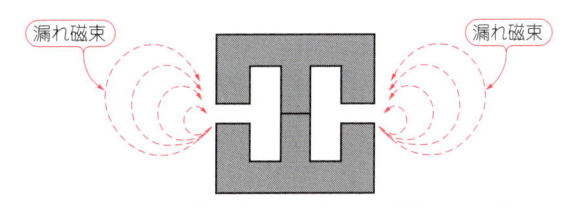

図15　トランスに使用するコアを上から見たイメージ

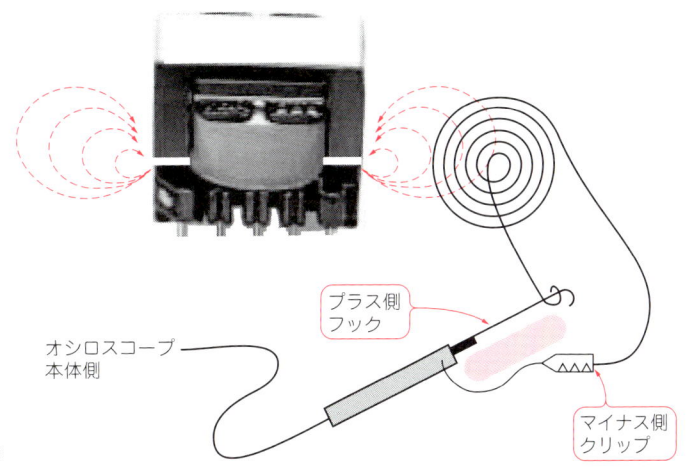

図16　トランスの漏れ磁束の測定状態

● 雑学が役に立つノイズ源の測定方法（オシロスコープで電磁波を捉える）

　電圧波形や電流波形を測定するオシロスコープでも電磁波を確認できます．すなわち，直接に測定個所に触れないで，波形を確認する方法です．

　筆者の経験では，電源装置のトランス電圧波形を確認するときに活用しました．

　活用とは反対に，電源装置から供給している電圧波形をオシロスコープで測定するときに，ノイズの影響を受けて波形がノイズだらけになったことがあります．特に，メカ機構部をもっているユニットが動作するときのノイズには悩まされました．

　例えば，電圧波形の安定性を確認するには，5 V，3.3 Vの出力では20 mV～50 mVのレンジで測定します．ノイズが測定レンジを越えてオシロスコープでの測定に影響を与えます．

　ノイズのルートには，オシロスコープのAC電源経由のもの（伝導ノイズ）と測定用のプローブ部の電磁波の影響（放射ノイズ）とがあります．

● 測定用プローブへの電磁波の影響

　測定器メーカからは，ノイズの影響を受けない専用の測定端子が準備されていますが，開発の現場では，それを使用する場合と使用しない場合があります．

　図14に電磁波の影響を受ける測定状態を示します．プローブの先端部分において，測定個所と接続する際のループ面積があり，そこを通過する電磁波の影響を受け，ノイズ波形として測定されます．プローブの途中までは，シールド線で影響を受けないようにノイズ保護されていますが，先端部分は避けられない場合が発生します．

● トランスの漏れ磁束を測定して動作波形を確認する

　図15は，トランスに使用するコアを上から見たイメージ図ですが，両端の隙間から漏れ磁束が発生した様子を示しています（コアにギャップを設けた場合）．

　トランスの漏れ磁束の測定状態を図16に示します．漏れ磁束を測定しやすくするのに，線材を渦巻状にした測定用コイルをプローブのフックとクリップでつかみ（線材内部の銅線を直に）トランスに近づけます．トランスの動作周波数や振幅の比率を確認するには十分な波形を得ることができます．

◆参考文献◆

(1) VCCI協会：規程集 http://www.vcci.jp/activity/regulation/index.html
V-2/2012.04，自主規制措置運用規程
V-3/2012.04，付則1．技術基準
(2) IEC MEMBERS LIST（URL内のExcelデータ）
http://www.iec.ch/dyn/www/f?p = 103:5:4224788000258833
(3) 日本規格協会：IEC 61000シリーズ収録規格一覧，CISPR一覧表
http://www.webstore.jsa.or.jp/webstore/Com/html/jp/series/iec61000.pdf#search = '61000シリーズ'

Appendix

国際規格と国内規格(自主規制含む)

EMCに関する国際組織として，IEC(国際電気標準会議)があります．IECには種々の専門委員会があり，EMCの専門委員会としてTC77があります．さらにTC77の傘下には三つの小委員会があり，SC77A(低周波EMC)とSC77B(高周波EMC)，およびSC77C(高電磁界過渡現象)に分かれています(図A)．

IEC(国際電気標準会議)には，82ヶ国が参加しています(2012年7月現在)．各国の参加への状況はさまざまであり，工業先進国は積極的に国際規格原案作成の幹事として議長を務めたり，専門家(エキスパート)を国際会議に出席させるなど，規格化に積極的に取り組んでいます．

規格が認められるためには当然ですが，各国の投票(1票/国)により，2/3以上の賛成票で可決されます．IECにおいては，投票権を有する「P-Member」としての登録が必要になります

TCとSCの幹事数で，表Aに分けてみました．世界的に見ると，ヨーロッパが積極的に活動していることがよくわかります．日本も貢献していることや，アジアでは，日本，中国，韓国の3か国が幹事国として活動しています．

● EMCの国際標準化と国内の規格化について

EMC関係の国際標準化はIEC(国際電気標準会議)のTC77(第77専門委員会)とCISPR(国際無線障害特別委員会)にて，基本規格や共通規格を作成しています．

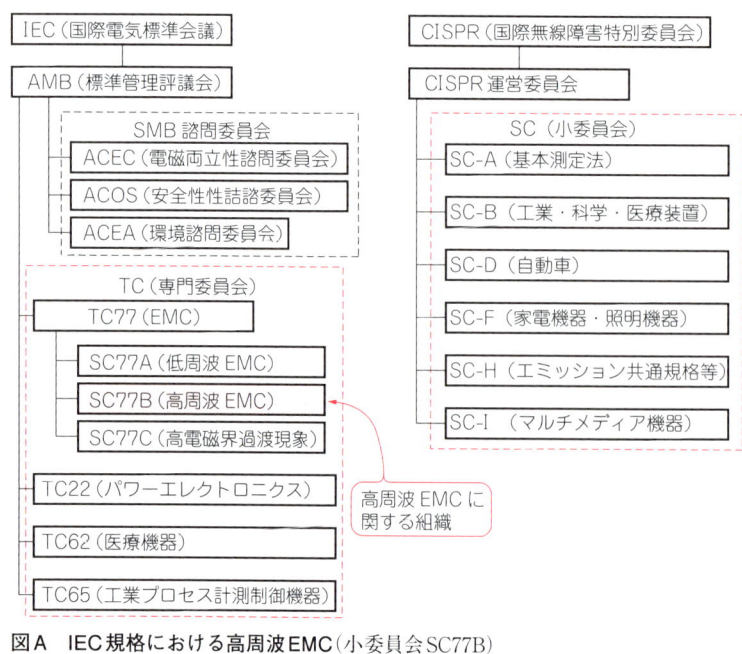

表Bに，IEC(国際電気標準会議)のEMCに関する規格(抜粋)を，表CにCISPR(国際無線障害特別委員会)のEMCに関する規格の一覧を示します．

日本における情報技術装置から発生する妨害波の抑制「伝導ノイズ，放射ノイズ」のエミッション規格としては，IEC61000シリーズ，CISPRを基にVCCI協会が，関連する工業会の自主規制として1985年12月19日，関係4団体は，情報処理装置，電気通信機器および電子事務用機器からの妨害波がもたらす障害を自主的に防止するため「情報処理装置等電波障害自主規制協議会(略称VCCI)」を設立し，1986年3月27日に「自主規制措置運用規定」が制定されました．

参考ですが，家庭用電気機器やテレビ，ラジオなどは電気用品取締法に該当する製品(品目)は同様に発生する妨害波の抑制をしています．

▶ VCCI協会ホームページ
http://www.vcci.jp/general/objective.html

図A IEC規格における高周波EMC(小委員会SC77B)

表A 各国のTCとSCの幹事数

国名	P-Member	幹事数
ドイツ	177	35
フランス	165	24
アメリカ	162	24
日本	174	23
イギリス	171	20
イタリア	166	13
中国	177	6
スエーデン	139	6
スペイン	137	5
韓国	143	4
カナダ	89	3
オランダ	126	3
スイス	124	3
オーストラリア	90	2
ベルギー	105	2
デンマーク	120	2
ノルウェー	86	2
ロシア	153	2
南アフリカ	71	2
オーストリア	113	1
クロアチア	9	1
フィンランド	142	1
ハンガリー	39	1
ニュージーランド	22	1
ポーランド	66	1

表B　IEC(国際電気標準会議)のEMCに関する規格(抜粋)

規格番号	タイトル
IEC/TR 61000-1-1	電磁両立性(EMC)第1部:全般事項 第1章:基礎的な定義及び用語の適用と解釈
IEC/TS 61000-1-2	電磁両立性(EMC)第1-2部:一般-電磁現象に関連した電気及び電子装置の機能安全性を達成する方法
IEC/TR 61000-1-3	電磁両立性(EMC)第1-3部:一般-民生用機器及びシステムにおける高高度EMP(HEMP)の影響
IEC/TR 61000-2-1	電磁両立性(EMC)第2-1部:環境-環境の説明-公共配電システムにおける低周波伝導性の妨害及び信号の電磁環境
IEC 61000-3-2	電磁両立性(EMC)第3-2部:限度値-高調波電流エミッションの限度値(機器入力電流≦16 A/相)
IEC 61000-3-3	電磁両立性(EMC)第3-3部:限度値-1相当り16 A以下の定格電流を持ち,かつ,条件付接続に左右されない装置用の公共低電圧電源系統における電圧変化,電圧変動及びフリッカの限度量
IEC/TS 61000-3-4	電磁両立性(EMC)第3-4部:限度値-定格電流が16 Aを超える装置に使用する低圧配電システム中の高調波エミッションの限度値
IEC/TR 61000-3-5	電磁両立性(EMC)第3-5部:定格電流が16 Aを超える装置に使用する低電圧配電システムの電圧変動とフリッカの限度値
IEC 61000-3-12	電磁両立性(EMC)第3-12部:限度値-商用低電圧系統に接続された相あたり16 A超75 A以下の入力電流をもつ機器によって生成される高調波電流の限度値
IEC 61000-4-1	電磁両立性(EMC)第4-1部:試験及び測定技術-IEC 61000-4シリーズの概観
IEC 61000-4-2	電磁両立性(EMC)第4-2部:試験及び測定技術-静電放電イミュニティ試験
IEC 61000-4-3	電磁両立性(EMC)第4-3部:試験及び測定技術-放射,無線周波数,電磁界イミュニティ試験
IEC 61000-4-4	電磁両立性(EMC)第4-4部:試験及び測定技術-電気的ファストトランジェント(高速過渡現象)/バーストイミュニティ試験 基本EMC出版物
IEC 61000-6-1	電磁両立性(EMC)第6-1部:一般規格-住宅,商業及び軽工業環境のイミュニティ
IEC 61000-6-2	電磁両立性(EMC)第6-2部:共通規格-工業環境のイミュニティ
IEC 61000-6-3	電磁両立性(EMC)第6-3部:一般規格-住宅,商業及び軽工業環境のエミッション規格
IEC 61000-6-4	電磁両立性(EMC)第6-4部:一般規格-工業環境のエミッション規格
IEC/TS 61000-6-5	電磁両立性(EMC)第6-5部:通則-発電所及び変電所環境のためのイミュニティ

表C　CISPR(国際無線障害特別委員会)のEMCに関する規格

規格番号	タイトル
CISPR 11	工業用,科学用及び医療用機器-無線周波妨害特性-限度値及び測定方法
CISPR 12	車両,小型船舶及び内燃機関-無線妨害特性-車両/小型船舶/装置本体又は隣接の車両/小型船舶/装置に取り付けられる受信機を除く受信機の保護の限度値及び測定方法
CISPR 13	音声及びテレビジョン放送受信機並びに関連機器-無線妨害特性-限度値及び測定方法
CISPR 14-1	電磁両立性(EMC)家庭用電気機器,電動工具及び類似装置に対する要求事項-第1部:エミッション
CISPR 14-2	電磁両立性-家庭用電気機器,電動工具及び類似装置の要求事項-第2部:イミュニティ-製品ファミリ規格
CISPR 15	電気照明及び類似機器の無線妨害特性の限度値及び測定方法
CISPR 16-1-1	無線妨害及びイミュニティ測定装置並びに測定方法の仕様書-第1-1部:無線妨害及びイミュニティ測定装置-測定装置
CISPR 16-1-2	無線妨害及びイミュニティ測定装置並びに測定方法の仕様書-第1-2部:無線妨害及びイミュニティ測定装置-補助機器-伝導妨害
CISPR 16-1-3	無線妨害及びイミュニティ測定装置並びに測定方法の仕様書-第1-3部:無線妨害及びイミュニティ測定装置-補助機器-妨害電力
CISPR 16-1-4	無線妨害及びイミュニティ測定装置並びに測定方法の仕様書-第1-4部:無線妨害及びイミュニティ測定装置-放射妨害の測定用アンテナ及び試験サイト
CISPR 16-1-5	無線妨害及びイミュニティ測定装置並びに測定方法の仕様書-第1-5部:無線妨害及びイミュニティ測定装置-30 MHz〜1000 MHzのアンテナ校正試験サイト
CISPR 16-2-1	無線妨害並びにイミュニティ測定装置及び測定方法の仕様書-第2-1部:妨害及びイミュニティの測定方法-伝導妨害の測定
CISPR 16-2-2	無線妨害並びにイミュニティ測定装置及び測定方法の仕様書-第2-2部:妨害及びイミュニティの測定方法-妨害電力の測定
CISPR 16-2-3	無線妨害並びにイミュニティ測定装置及び測定方法の仕様書-第2-3部:妨害及びイミュニティの測定方法-放射妨害の測定
CISPR 16-2-4	無線妨害並びにイミュニティ測定装置及び測定方法の仕様書-第2-4部:妨害及びイミュニティの測定方法-イミュニティの測定
CISPR/TR 16-3	線妨害及びイミュニティ測定装置及び測定方法の仕様-第3部:CISPR技術報告書
CISPR/TR 16-4-1	無線妨害及びイミュニティ測定装置及び測定方法の仕様書-第4-1部:不確かさ,統計値及び限度値モデリング-標準EMC試験の不確かさ
CISPR 16-4-2	無線妨害及びイミュニティ測定装置並びに測定方法の仕様書-第4-2部:不確かさ,統計値及び限度値モデリング-測定機器の不確かさ
CISPR/TR 16-4-3	無線妨害並びにイミュニティ測定装置及び測定方法の仕様書-第4-3部:不確かさ,統計値及び限度値モデリング-大量生産品のEMC適合性の判定における統計学
CISPR 20	音声及びテレビ放送受信機並びに関連機器-イミュニティ特性-限度値及び測定方法
CISPR 22	情報技術機器-無線妨害特性-限度値及び測定方法
CISPR 24	情報技術機器-イミュニティ特性-限度値及び測定方法
CISPR 25	車両,小型船舶及び内燃機関-無線妨害特性-搭載受信機の保護のための限度値及び測定方法
CISPR/TR 28	工業,科学及び医用機器(ISM)-ITUによって指定された帯域内エミッションレベルのガイドライン
CISPR/TR 30	シングルキャップ形及びダブルキャップ形蛍光灯用電子安定器からの電磁エミッション試験方法

第5章

国際規格に従った適切な試験を行うために
電源の低周波EMC試験の基礎と最新の動向

三宮　隆志／渡部　泰弘
Sanguu Takashi/Watabe Yasuhiro

　家庭や職場のいたるところにある電源コンセントには多くのさまざまな電気電子機器が接続され，それぞれの機器が正常に動作するのは当たり前な環境で暮らしていますが，すべての機器が何の問題もなく正常に動作しているのは国際規格に従った低周波EMC（電磁両立性）試験がされているからです．

　この記事では低周波EMC試験の基礎，低周波EMCに関わる最新の動向，実際の低周波EMC試験システムの構築についてわかりやすく説明します．

低周波EMCの現象

　電源コンセントの電圧は，交流100Vで50Hzもしくは60Hzです．雷や絶縁劣化など何らかの異常な状態によって，電力系統のどこかで短絡事故が生じると，電源コンセントの電圧が一時的に低下します．短絡が近ければ0V近くまで低下しますが，遠ければ少ししか電圧は低下しません．

　日本国内に限れば，電圧低下の多くは，0.1秒以下の短時間の現象です．このような電圧低下が，平均して各地点で年に数回の頻度で発生しています．この現象を模擬するのが電圧ディップ・イミュニティ（**図1**）と短時間停電イミュニティの試験です．

　次に，電源電圧の波形に目を向けてみましょう．理想的な電源電圧波形は，**図2**のようなひずみのない正弦波です．しかし，実際の電源電圧波形は，**図3**のように，ピークが平らにつぶれた波形が多いようです．電圧のピークがつぶれるのは，そのときにだけ電流が流れる機器があるからです．

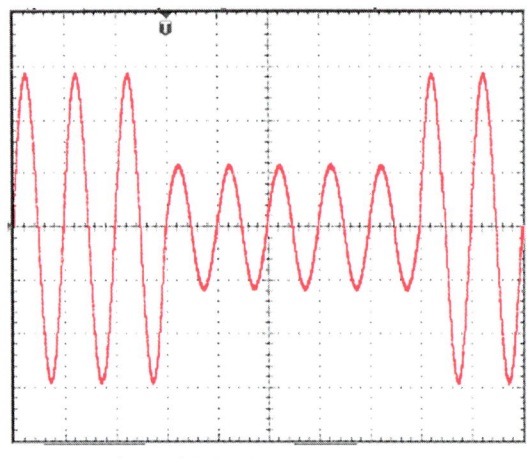

図1　電圧ディップ試験の波形例

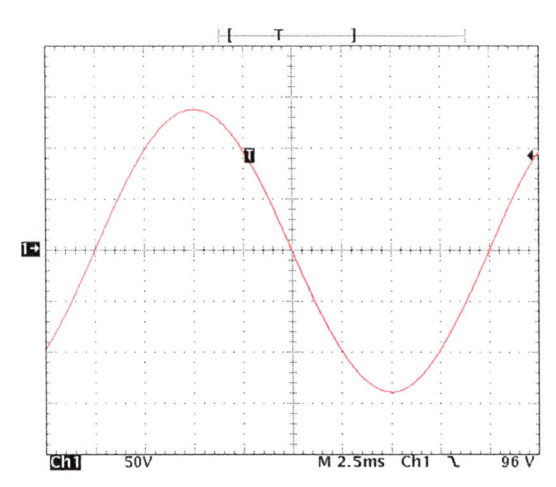

図2　理想の電源電圧波形

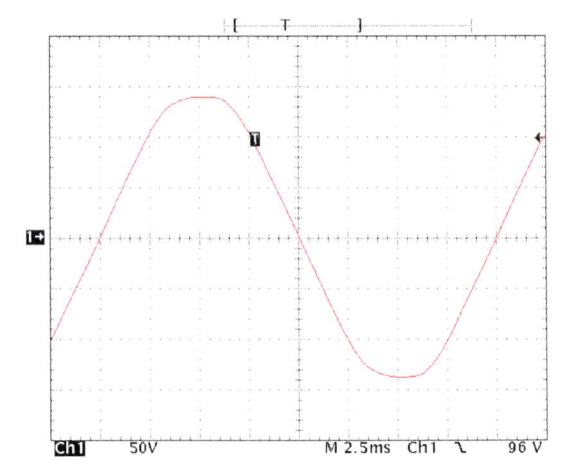

図3　実際の電源電圧波形

まず，図4を見てください．白熱電球の消費電流は，きれいな正弦波です．FFTを使って周波数軸で電流波形を見ると，50 Hzもしくは60 Hzの基本波成分しかありません．

これに対して，高調波の対策が施されていない昔のテレビの消費電流は，電源電圧のピーク付近でパルス状となります．周波数軸で電流波形を見ると，基本波のほかに，基本波の2倍，3倍…の周波数成分があります．これが高調波電流です．

電源電圧のひずみがひどくならないように，消費電流に含まれる高調波成分の規制が国際的に行われています．これを高調波電流エミッションの規制といいます．どの程度までの高調波成分を含むひずんだ電圧波形でも機器が正常に動作するかが，高調波イミュニティです．

ここまでは電源のEMCでした．低周波EMCには，磁界のEMCもあります．送電線の近くでは電源周波数での磁界が発生します．変電所の構内のように大電流があるところは，より強い磁界が発生します．電源周波数磁界イミュニティ試験は，このような強い磁界が発生する場所を模擬します．

規格と試験の実際

私達が設計し製造する機器は，これらの使用環境のなかで安定した動作をし，周りにある機器に妨害を与えないものでなければなりません．これに対応するために，どのレベルまで機器が発生する妨害を減らさなくてはならないか（エミッション）の基準や，どの程度の厳しさレベルの妨害まで耐えなくてはならないか（イミュニティ）の基準が必要です．

そして，製品をある決まった試験方法で試験して，その基準が達成されたことを実証します．基準や試験方法は，IEC（International Electrotechnical Commission；国際電気標準会議）やCISPR（Comité International Spécial des Perturbations Radioélectriques；国際無線障害特別委員会）から国際規格として発行されます．日本国内では，IEC規格など国際規格と整合が取れるようにJIS（Japanese Industrial Standards；日本工業規格）が定められています．

EMCの規格には，製品規格，製品群規格，共通規格，基本規格という体系があります．試験方法は基本規格で規定されています．基本規格を製品規格，製品群規格，共通規格が引用するため，同じ試験システム，同じ試験手順で機器の試験が行われます．

共通規格は，住宅環境，工業環境のような機器の使用環境別に決められていて，製品規格，製品群規格がない製品に適用されます．

製品規格と製品群規格は，個別の製品ごとに適用するEMCの要求事項が規定されています．たとえば，情報技術装置のイミュニティの製品群規格はCISPR 24で，低周波EMCの要求事項は，表1に示すようにIEC規格を参照しています．

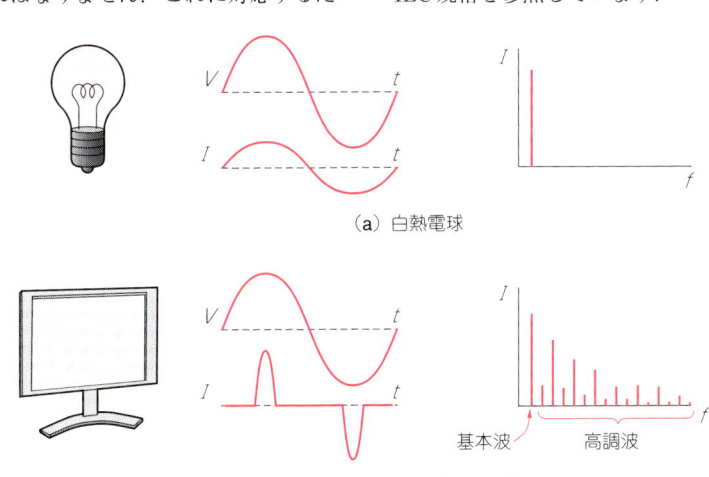

図4 高調波電流とは

表1 CISPR 24の低周波イミュニティ要求事項

環境現象	試験仕様	基本規格	性能評価基準
電源周波数磁界	50 Hzまたは60 Hz．1 A/m	IEC 61000-4-8	A
電圧ディップ	95％低減．0.5周期	IEC 61000-4-11	B
	30％低減．25周期	IEC 61000-4-11	C
短時間停電	95％低減．250周期	IEC 61000-4-11	C

電源周波数磁界，電圧ディップおよび短時間停電に関する要求事項があります．製品に1 A/mの電源周波数磁界をかけたとき，性能評価基準Aが必要です．試験方法は，電源周波数磁界試験方法の基本規格IEC 61000-4-8に従います．

電圧ディップと短時間停電の試験仕様の要求は，「0 Vで0.5周期」，「30％低減で25周期」および「0 Vで250周期」の3点です．

性能評価基準Aは正常な動作の継続，性能評価基準Bでは使用者の介入なしの復帰，性能評価基準Cは使用者の操作で復帰ができることを意味します．性能評価基準Aの正常動作なら一番よいのですが，0.5周期は性能評価基準Bまで，25周期と250周期は性能評価基準Cまで許容されます．試験方法は，電圧ディップおよび短時間停電試験方法の基本規格IEC 61000-4-11に従います．

低周波EMC試験にはエミッションの試験もあります．代表的な二つの規格と試験について簡単に紹介します．

まず，IEC 61000-3-2は，高調波電流エミッションの規格です．この規格の適用範囲は，公共低圧配電系（国内では300 V以下の商用電源系統）に接続する電気電子機器です．規格書に，限度値，測定方法，試験条件などが規定されています．決められた試験を実施して，発生する高調波電流が限度値以下であると実証する必要があります．

次は，IEC 61000-3-3という，電圧変化，電圧変動およびフリッカの規格です．この規格は，機器の消費電流の変化を制限する規格です．白熱電球のちらつきを防ぐためのフリッカの規格として注目されてきましたが，突入電流を抑制して電圧ディップを防止する規格でもあります．

この規格の適用範囲は，公共低圧配電系に接続する機器です．限度値，測定方法，試験条件などが規定されています．試験を実施して，結果が限度値以下であると実証する必要があります．

基礎知識

低周波EMCの現象，主要な規格とその試験の概要を説明しましたので，次に，低周波EMCでよく使われる用語を解説します．

● **電圧ディップ**(voltage dips)

電力系統の電圧が突然低下し，規定されたディップ閾値より低い状態を短い期間継続した後，戻ることを電圧ディップといいます．

IEC規格とJISは，電圧ディップで統一していますが，米国では電圧サグ(sag)と呼ぶことが多いようです．日本で，瞬断，瞬停と呼ぶこともあります．

電圧ディップがJISの用語なので，この記事では，電圧ディップに統一します．

● **短時間停電**(short interruption)

一時的な短絡にともなって電力系統の遮断器が動作して起きる停電を短時間停電や瞬停と言います．

この記事ではJISの用語である短時間停電に統一します．

● **電圧変動**(voltage variation)

IEC 61000-4-11とJIS C 61000-4-11の電圧変動は，モータが起動するときの電源電圧降下を想定したもの

コラム　IEC61000-3-2における高調波電流のクラス

高調波電流エミッションの規格では，機器を4種類のクラスに分類し，クラス別に限度値を決めています．クラスB，C，Dは，**図A**に示す機器が該当します．その他の機器は，クラスAとなります．

クラスAとクラスBの限度値は，次数別に一定の値で，消費電力に関係しません．

照明機器，パソコン，パソコン用モニタ，テレビは，1台が発生する高調波は小さいですが，同時に多くの台数が使われるので，電源系統で高調波が足し算されます．そのため，クラスCとクラスDの限度値は，クラスAよりも厳しく，消費電力に比例するものになっています．

クラスB	・手持ち形電動工具 ・専門家用でないアーク溶接装置
クラスC	・照明機器
クラスD	有効入力電力が600W以下である次の機器 ・パソコンとパソコン用モニタ ・テレビ
クラスA	・平衡三相機器 ・白熱電球用調光器 ・他のクラスに属さない機器

図A　機器のクラス分け(IEC 61000-3-2)

です．急降下して，その後数秒かけて徐々に戻ります．

規格どおりの電圧変動試験のほかに，電圧が徐々に下がる試験を行うことがあります．この条件は，停電検出回路が検出しにくいため，急降下時と異なる現象が現れることがあります．電圧が0Vから徐々に上がる試験や，徐々に下がって徐々に上がる試験を行うこともあります．

● **電圧変動**(voltage fluctuation)

IEC 61000-4-14とJIS C 61000-4-14の電圧変動は，大型の負荷の切り換えなどによって発生する，電源電圧のゆらゆらした変化を想定したものです．定格電圧から下がることも上がることもあります．

試験では5秒周期の電圧変動を用います．電圧上昇をポップと呼ぶことがありましたが，この電圧変動に含まれると考えられます．

新しい製品での評価試験動向

ここでは，これから普及が進む最近の製品での低周波EMC試験の動向を示します．低周波のイミュニティとエミッションの規制は同時に進むため合わせて解説いたします．

● **電気自動車用充電器のイミュニティ**

電気自動車(EV)は充電が必要で，家庭用や公共施設に充電装置が最近見かけられるようになっています．多くの充電装置は電力会社から供給される一般の商用電源系統に接続されています．

ケーブルで接続して充電する電気自動車の充電装置の規格はIEC 61851-21で定められています．ここでは低周波EMC試験について解説します．

IEC 61851-21の低周波EMCの試験項目として定められているのは，
(1) 高調波
(2) 電圧ディップと短時間停電
(3) 三相不平衡
(4) 直流成分

です．

「高調波」に関しては，試験規格であるIEC 61000-4に準ずると記述があります．また，「商用電源系統に接続されているEV用の充電器は，電源系統に接続されたインバータなどの他の非線形負荷によって生じる50Hz(基本波)から2kHz(40次高調波)の電圧高調波に耐えるものとする．」との具体的記述がありますので，IEC 61000-4-13の高調波試験を実施することになります．

「電圧ディップと短時間停電」はIEC 61000-4-11に準じて試験を行います．

● **LED照明器具の高調波電流測定**

照明器具は1台ごとの消費電力はわずかですが，家庭や事業所などで数多く使われるので，低周波EMCのエミッションの問題を発生する可能性があります．IEC 61000-3-2では一般の機器は定格電力75W以下であれば試験は不要ですが，照明器具は消費電力が小さくても試験が必要です．

現行のIEC61000-3-2(第3.2版)規格では，25W以下の蛍光灯など放電灯照明器具に対して限度値などの要求事項がありますが，LED照明は固体照明器具に分類されるので，25W以下のLED照明器具は今のところ限度値はありません．IECでは普及が進むLED照明器具の限度値を現在検討しています．

高調波電流の規制は以上ですが，日本国内では今年の7月からLEDランプが電気用品安全法の対象になり，雑音の強さなどの技術基準に適合する必要があります．

● **系統連系用パワー・コンディショナのEMC試験**

太陽光発電などで使用される系統連系用のパワー・コンディショナ(直流を交流に変換する装置)のEMCは，IEC規格などの国際規格での個別製品群の規格はまだありません．

IEC/TR 61000-3-15(低圧配電系統の分散発電に関する低周波EMC)の第1版が2011/9/13に発行されています．TR(Technical Reports)は技術報告書であり規格ではありませんが，分散電源のEMCに関して国際的な合意形成のもと，発行された最初の文書です．しかし，現時点では製品群規格や製品規格はありませんので，他の製品同様，そのような製品には共通規格が適用されると考えることができます．

欧州に輸出するためにCEマーキングを取得する場合には，EMC指令への適合が必須となります．その場合は，共通規格を採用するか，TRを採用するかなどの方法があります．したがって，EMC試験が不要ではなく，一般的な製品と同様に試験をする必要があります．

日本国内においては，パワー・コンディショナの認証試験制度があります．この試験には「出力高調波電流」，「電圧急変」，「電圧不平衡急変試験」などの項目があります．これがEMCの要求事項の一部と考えることができます．

日本国内の太陽光発電システムのEMC規格は，近い将来EMCの個別規格として制定される可能性があります．

規格の一覧

低周波EMC規格の詳細を知るためには下記の主要

表2 エミッション試験

IEC 61000-3-2：2009	高調波電流エミッションの測定（16 A以下）
IEC 61000-3-3：2008	16 A以下の電圧変化・電圧変動・フリッカ
IEC 61000-3-11	75 A以下の電圧変化・電圧変動・フリッカ
IEC 61000-3-12：2011	16 Aを超えて75 A以下の高調波電流限度値

表3 イミュニティ試験

IEC 61000-4-8：2009	電源周波数磁界イミュニティ試験
IEC 61000-4-11：2004	電圧ディップ・短時間停電・電圧変動イミュニティ（16 A以下）
IEC 61000-4-34：2009	16 Aを超える機器の電圧ディップ・短時間停電・電圧変動イミュニティ
IEC 61000-4-13：2009	高調波と次数間高調波イミュニティ
IEC 61000-4-14	電圧変動イミュニティ
IEC 61000-4-27	不平衡イミュニティ

表4 低周波EMCに関するその他の規格

IEC 61851-21	電気自動車電気自動車の交流/直流電源への導電接続に関する要求事項
IEC IEC 61800-3：2011	可変速電力ドライブシステム-第3部：EMC要求事項及び特定試験方法
JIS C 61000-3-2：2011	日本の高調波電流エミッション規制（IEC 61000-3-2：2009に対応）
JIS C 1000-4-11：2008	電磁両立性（IEC 61000-4-11：2004に対応）
SEMI F47-0706	半導体プロセス装置，電圧サグ・イミュニティ試験

な基本規格を理解する必要がありますので，一覧にまとめました．

表2にエミッション試験，**表3**にイミュニティ試験，**表4**に低周波EMCに関するその他の規格をまとめました．

実際の低周波EMCシステム

IEC規格に定められた低周波EMC試験をするためには試験システムを構築する必要があります．

ここではIEC規格で規定された条件を満たす，**写真1**に示すような計測用交流電源を使った試験システムの構成について説明します．

実際の低周波EMC測定をする現場にはエミッションとイミュニティの試験をするシステムがそれぞれ整備されている場合が多いので，ここではそれぞれのシステムについて説明します．

● エミッション試験

高調波電流エミッションの測定（IEC 61000-3-2など）や電圧変化，電圧変動，フリッカの試験（IEC 61000-3-3など）を行う**写真2**のシステムについて説明します（**表5**）．

▶交流電源

IEC規格で，機器の入力電圧の安定度やひずみ率の規定があります．商用電源ではIEC規格が定めた規定を満足することが保証できないため，専用の計測用交流電源が必要となります．

▶リファレンス・インピーダンス・ネットワーク（RIN）

試験によっては，計測用交流電源の出力インピーダンスが決められています．RIN（Reference Impedance Network）は，電源ライン特性の模擬回路網であり，規格で定められた電源ラインのインピーダンスを実現するために交流電源と組み合わせて使用します．

IEC 61000-3-3およびIEC 61000-3-11（電圧変化，電源変動，フリッカ）では，RINは必須となります．JIS C 61000-3-2では，測定結果にばらつきが生じる可能性がある場合は，使用してもよいと規定されています．

▶パワー・アナライザおよびソフトウェア

正確に高調波電流を測定するためには，高調波電流測定機能をもった直流成分も測定できるパワー・アナ

表5 エミッション測定システム（例）

製品	型名/名称	製造者
計測用交流電源	ESシリーズ	エヌエフ回路設計ブロック
リファレンス・インピーダンス・ネットワーク	ES4152など	エヌエフ回路設計ブロック
パワー・アナライザ	WT3000	横河メータ&インスツルメンツ
測定用ソフトウェア	761921	横河メータ&インスツルメンツ

写真1 計測用交流電源

ライザが必要です.

　高調波電流測定機器に求められる要求仕様は，IEC 61000-4-7で決められています．この要求仕様はパワー・アナライザにとって非常に厳しいもので，例えば交流電源の計測機能として付属している高調波解析機能では規格に適合した試験をすることはできません．IEC規格に適合した試験ができるパワー・アナライザは製品カタログなどに明記されています．

　また，パワー・アナライザは電流だけでなく電圧の測定も可能ですので，電圧変化，電源変動，フリッカの測定もパワー・アナライザで実施します．

　IEC規格の要求を満足する高性能なパワー・アナライザは販売されており，例えばWT3000（横河メータ＆インスツルメンツ）などがあります．また，計測用交流電源とパワー・アナライザで測定した結果をIEC規格に沿って判定するためのソフトウェアは市販されていますので，試験を効率的に行うことができます．

● イミュニティ試験（電圧ディップ試験）

　IEC規格に沿った電圧ディップ試験を行うには，**写真3**のようなイミュニティ試験システムが必要となります（**表6**）．

▶交流電源および試験用ソフトウェア

　エミッションとは異なり，規定どおりに交流電圧を変化させる必要があります．

　専用の試験用ソフトウェアは，計測用交流電源の動作を制御し，試験に必要な電圧を発生させます．専用ソフトウェアを使えば規格に沿った試験は容易に行えます．

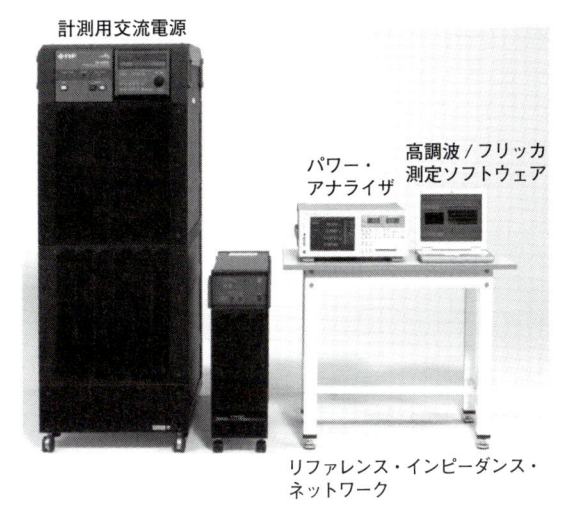

▶ディップ・シミュレータ

　電圧ディップの電圧立ち上がり/立ち下がりは，IEC規格で$1\,\mu s \sim 5\,\mu s$と規定されています．交流電源の出力にディップ・シミュレータを接続することで，規格に適合した試験をすることができます．

　なおディップ・シミュレータを使用せずに，計測用交流電源の機能だけを使って電圧ディップを発生させた場合は，IEC規格で規定された立ち上がり/立ち下がり時間を満足することはできません．

　しかし，規格に定められた試験をする前の予備試験として，計測用交流電源がもつ機能だけで類似の試験を行うことはよくあります．また，ディップ・シミュレータでは実現できないディップの深さを細かく変えて余裕度を評価することができます．

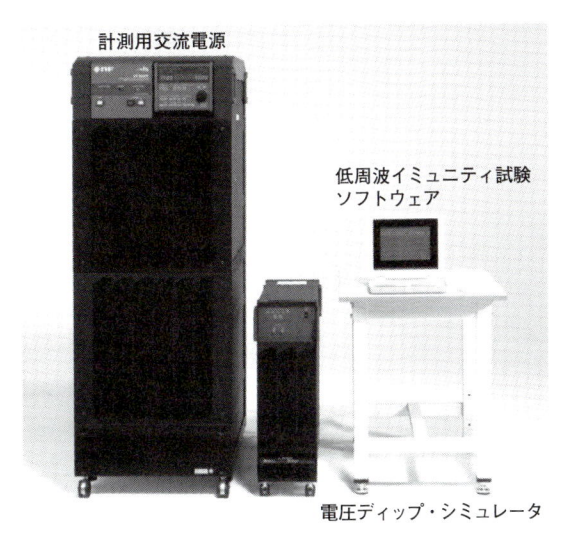

写真2　低周波EMC エミッション試験システム（例）

写真3　低周波EMC イミュニティ試験システム（例）

特集　電源回路の測定＆評価技法

実際の低周波EMCシステム

表6 イミュニティ測定システム 電圧ディップ試験(例)

製品	型名/名称	製造者
計測用交流電源	ESシリーズ	エヌエフ回路設計ブロック
低周波イミュニティ試験ソフトウェア	ES0406C	エヌエフ回路設計ブロック
電圧ディップ・シミュレータ	As-517Aなど	エヌエフ回路設計ブロック

表7 高調波と次数間高調波

製品	型名/名称	メーカ
計測用交流電源	ESシリーズ	エヌエフ回路設計ブロック
試験ソフトウェア	ES0406C	エヌエフ回路設計ブロック
外部信号発生器	WF1974など	エヌエフ回路設計ブロック

● **イミュニティ試験**(高調波と次数間高調波)

ここでは,IEC規格に適合したひずんだ電源波形でのイミュニティ試験を実現するためのシステムを紹介します(**表7**).

▶交流電源および試験用ソフトウェア

計測用交流電源から,50Hzおよび60Hzの基本波に指定した次数の高調波を加えて出力します.専用の試験用ソフトウェアは規格で規定された高調波だけでなく,高調波の加算次数などを任意に設定することが可能です.

この機能により,社内規格などIEC規格以外の高調波波形の試験も可能となります.

▶外部信号発生器

規格に適合した次数間高調波を含んだ電源波形を実現するために,別途外部の信号発生器を計測用交流電源に接続します.

IEC 61000-4-13の試験のうちフラット・カーブとオーバ・スイング以外の試験を実施する場合は,必ず外部信号発生器が必要となります.

● **国際規格に適合した試験システム導入時の留意点**

IEC規格などは,社会の情勢の変化や新しい技術の出現に追従するために,不定期に内容が改訂されます.

例えば,IEC 61000-4-11は2004年に大幅な改訂がありました.この改訂では電圧ディップのレベルの追加や三相の線間電圧の試験方法が新たに規定されました.この改訂は大きな変更であったため,低周波イミュニティ試験用ソフトウェアとディップ・シュミレータの変更と追加が必要となりました.

規格は市場環境の変化に従って改訂されるものですから,試験システムを導入するときは規格が改訂されたときの対応をどのようにしていくかも留意する必要があります.

● **おわりに**

この章では,IEC規格の詳細に深く立ち入らず規格試験の概要についてできるだけわかりやすく説明したつもりです.規格に書かれた文章を理解して,試験環境を構築する重要性を理解していただければ,筆者はうれしく思います.

参考文献に低周波EMC規格試験の詳細な解説が書かれた冊子を紹介いたしますので,興味のある方は一読されることを勧めます.

◆参考文献◆
(1) 低周波のEMC 2012,エヌエフ回路設計ブロック技術資料,2012年5月発行.
(2) 法令改正に伴うSマーク認証製品の取扱及びSマーク認証・CMJ登録の現状,電気製品認証協議会(SCEA),電気用品部品・材料認証協議会(CMJ).
http://www.s-ninsho.com/pdf/seminar2011/seminar4.pdf

グリーン・エレクトロニクス No.7　　好評発売中

特集 フリーの回路シミュレータで動かしながら検証する
D級パワー・アンプの回路設計

B5判 128ページ
CD-ROM付き
定価 2,730円(税込)

一般に電力増幅回路は,その動作級(operating class)によってA級,B級,C級に大別されてきました.A級動作は低ひずみですが効率が低く,C級動作は高効率ですがひずみが多いというようなトレードオフがあり,これらは用途によって使い分けられてきました.低ひずみ特性が重要な高級オーディオ・アンプにはA級,効率を考慮するならB級,位相特性などを重要視しない高周波パワー・アンプなどではC級…といった具合です.ところが近年,「D級アンプ」という新しい動作級による電力増幅方式が普及してきています.D級アンプの設計に際しては,従来の「電力増幅回路」という考えかたではなく,出力部を「電力変換回路」としてとらえる必要があります.

特集では,このD級パワー・アンプの各種回路方式を取り上げて解説し,それぞれの動作をシミュレーションで検証しながら比較していきます.シミュレーションには,付属CD-ROMに収録している回路シミュレータ"SIMetrix/SIMPLIS Intro"を使用します.

第6章

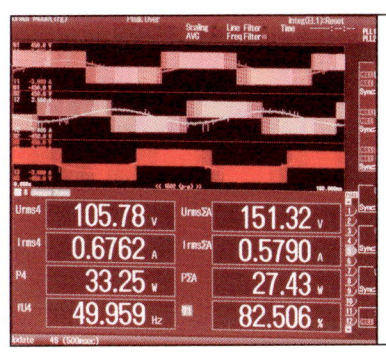

微小な電力を正確に測定するためのメカニズムと方法
待機時電力の測定と高調波電流の規制

塩田 敏昭
Shioda Toshiaki

交流電力測定の基礎知識

図1は，交流電圧源に負荷を接続したときの回路です．電圧源から負荷に向かって電流が流れ，このときの瞬時電圧$u(t)$，瞬時電流$i(t)$の波形は，図2(a)，(b)のようになります．この回路では，負荷が抵抗のみではなく，インダクタも含まれているため，電流の位相は電圧よりϕだけ遅れています．もし，インダクタの代わりにコンデンサが入っていれば，電流の位相は電圧より進みます．

負荷では電力が消費され，この電力のことを有効電力Pと呼びます．電力には，ほかに無効電力Q，皮相電力Sがあります．

無効電力Qは，消費されない電力です．例えば，負荷が理想的なインダクタのみであれば，インダクタに流れた電流はいったん磁気エネルギーとして蓄えられますが，また電流として電源に戻っていきますので，インダクタでは電力は消費されません．この消費はされませんが，負荷に送られる電力のことを無効電力Qと呼びます．

皮相電力Sは，負荷にかかる電圧実効値U_{RMS}と負荷に流れる電流実効値I_{RMS}を掛けた値です．

交流信号の有効電力Pの算出式として，電気工学の本には，式(1)が載っていると思います．

$$P = U_{RMS} I_{RMS} \cos\phi \quad \cdots\cdots(1)$$

U_{RMS}：電圧実効値［V_{RMS}］
I_{RMS}：電流実効値［A_{RMS}］

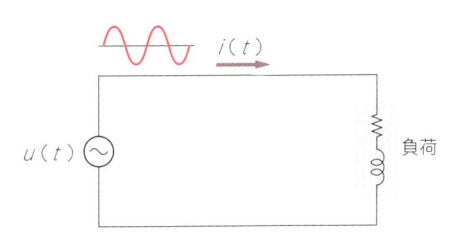

図1 交流電圧源と負荷

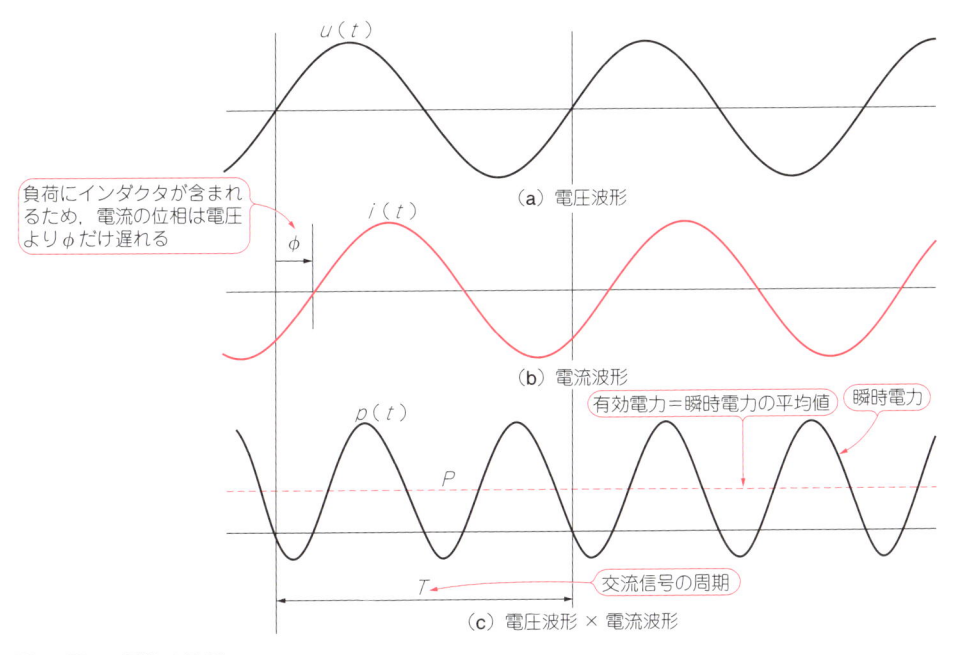

図2 図1の回路の波形

交流電力測定の基礎知識 89

ϕ：電圧 – 電流間の位相差［deg］

　式(1)は，電圧波形も電流波形も同一周波数の正弦波であれば成り立ちます．しかし，現実の環境では，電圧源が純粋な正弦波であることはまずなく，また，たとえ電圧源が正弦波でも，負荷が受動素子（抵抗，インダクタ，コンデンサ）のみで構成されていない場合，電流波形は正弦波ではなく，ひずんだ波形になることが一般的です．

　そこで，電圧波形，電流波形が正弦波でなくても，有効電力Pを正確に計算する式として，式(2)があります．

$$P = \frac{1}{T}\int_0^T p(t)dt \quad \cdots\cdots\cdots\cdots\cdots (2)$$

$$P = \frac{1}{T}\int_0^T u(t)\,i(t)dt \quad \cdots\cdots\cdots\cdots (3)$$

　式(2)の瞬時電力$p(t)$は，瞬時電圧$u(t)$と瞬時電流$i(t)$の掛け算ですので，式(3)のように変形できます．式(3)の，

$$\frac{1}{T}\int_0^T dt$$

の部分は，交流信号の1周期の期間Tの平均を求めることを意味しています．**図1**の回路の瞬時電力$p(t)$は**図2(c)**のようになり，その1周期の平均値Pは，**図2(c)**の点線のようになります．

　広帯域の電力計では，どのような信号波形でも電力を測定できるように，この式(3)に基づいて有効電力を測定しています．

電力測定器の仕組み

　図3は，ディジタル・サンプリング方式の広帯域電力計の内部構成の例です．電圧入力部，電流入力部，演算部，CPU，表示部，操作部，通信/メモリ・インターフェース部などから構成されています．

　電圧入力部では，入力された電圧は，抵抗とOPアンプで分圧され，レベルが正規化されてADC（A-Dコンバータ）へ入力されます．

　電流入力部では，入力された電流はシャント抵抗で電圧に変換され，OPアンプでレベルが正規化されてADCへ入力されます．

　ADCに入力されたアナログ信号は，サンプリング周期ごとにサンプリングされ，ディジタル・データに変換されます．

　ディジタル・データは，絶縁回路で絶縁され，演算部に送られます．

　演算部では，ディジタル・データを数値化し，数値化された瞬時電圧値，瞬時電流値を掛け算して瞬時電力値を求め，これを定められたサンプル数だけ加算したあと，そのサンプル数で割って平均値を求め，有効電力を演算しています．

　CPUは，演算部での演算結果を表示部に表示したり，外部メモリに保存したり，通信でPC（パーソナル・コンピュータ）に送信したりします．また，操作部からのキー入力で，測定項目を変更したり，電圧入力部，

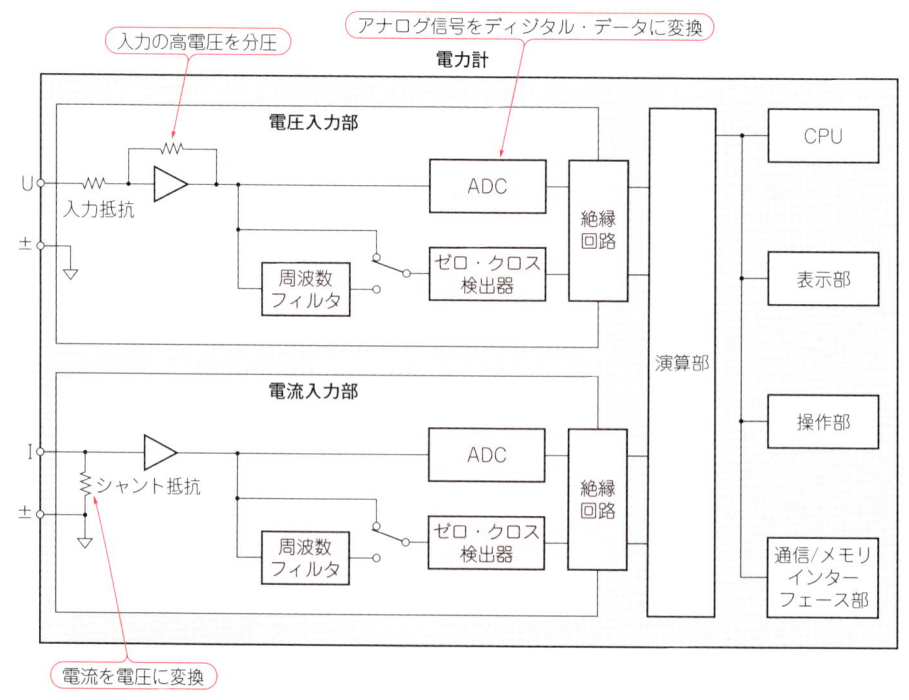

図3　電力計の内部構成の例

電流入力部に対して，レンジを変更したりします．

次に，電力計で特徴的な部分について詳しく説明します．

● 電圧入力部の入力抵抗

電圧入力部にある入力抵抗は，測定対象の負荷と並列に入るため，ここに流れる電流が測定対象の回路に影響を与えることがあります．影響をできるだけ小さくするには高抵抗にする必要があります．しかし，この抵抗に並列に浮遊容量が存在するため，抵抗値が高くなるほど高域の周波数特性が悪化してしまいます．そこで，高域の周波数特性を良好にする回路で補正しています．

また，数百V以上の高電圧が入力されるので，高抵抗でも電流が流れ，抵抗の自己発熱による抵抗値の変化が起こります．そのため，温度係数の小さい抵抗を使用しています．

● 電流入力部のシャント抵抗

電流入力部では，入力された電流を電圧に変換するために，シャント抵抗を使用しています．このシャント抵抗は，測定対象の回路に直列に入るため，影響を小さくするには低い抵抗値にする必要があります．

また，電流が流れると発熱し，抵抗値が変化するので発熱を抑えるためにも低抵抗であるほうが有利です．しかし，抵抗値が低いと測定する電流が小さいときに変換される電圧が小さくなり，その後の増幅器の倍率を上げなくてはならず，S/Nが悪くなります．また，シャント抵抗内部にインダクタ成分があり，抵抗値が低くなるほど相対的にインダクタ成分の比率が大きくなるため，周波数特性が悪くなります．

電流の検出にシャント抵抗ではなく，CT（カレント・トランス，変流器）を使用した電力計もありますが，CTでは直流が測定できず，交流のみの測定に限定されます．

● 電圧入力部−電流入力部間の遅延時間

電圧入力部の入力端子からADCまでのアナログ回路の遅延時間と，電流入力部の入力端子からADCまでの遅延時間が異なると，電力の測定値に誤差が生じます．

図4(a)，(b)は，図2(a)，(b)と同じ信号が電力計の電圧入力端子，電流入力端子に入力され，それぞれのアナログ回路を通って，ADCの入力端子での波形を示したものです．

電圧入力部のアナログ回路の遅延時間がΔT_u，電流入力部の遅延時間がΔT_iだったとします．このときの瞬時電圧と瞬時電流を掛け合わせた瞬時電力の波形を描くと，図4(c)の$p(t)'$のようになり，図2(c)の$p(t)$とは波形の最大，最小レベルが異なり，その平均値の有効電力P'は図4(c)の点線のようになり，図2(c)の有効電力Pとは値が異なっています．

つまり，電力計内部の電圧入力部と電流入力部のアナログ回路の遅延時間の差によって，測定された有効電力に誤差が含まれることになります．$\Delta T_u = \Delta T_i$であれば，$p(t)'$の波形は$p(t)$の波形をΔT_uだけ時間

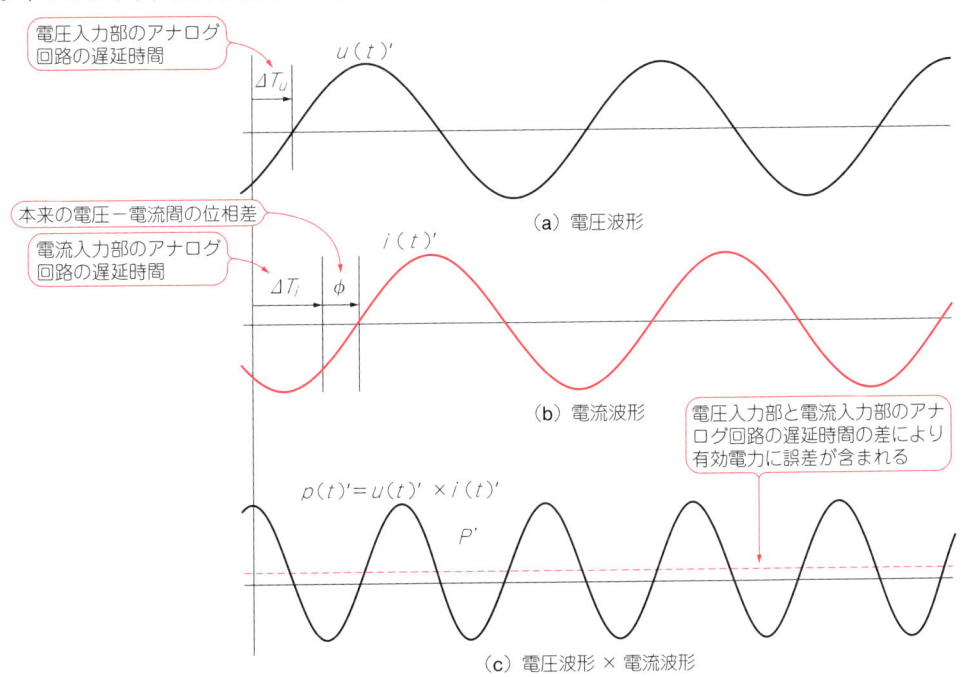

図4 ADCの入力端子での波形

(a) 電圧波形
(b) 電流波形
(c) 電圧波形 × 電流波形

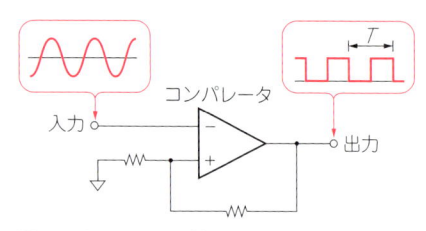

図5 ゼロ・クロス検出器

軸方向に平行移動したものなので，その平均値は一致します．

そのため，電力計では，電圧入力部と電流入力部の遅延時間をできる限り一致させる必要があります．特に，広帯域の電力計では，全周波数領域において，遅延時間の差を小さくする必要があります．

例えば，トランスなどの測定で，電圧と電流の位相差 ϕ が 90° に近い場合，有効電力が小さな値になるので，電力計内部の遅延時間の差による誤差が相対的に大きくなります．電力計の仕様表には，電圧-電流間の位相差に起因する精度（ゼロ力率精度）が記載されていますので，この精度が良いものを選ぶと誤差の小さい測定ができます．

● ゼロ・クロス検出器

図3の電圧入力部，電流入力部にはゼロ・クロス検出器があります．これは，入力信号がゼロ・レベルを交差するタイミングを検出し，瞬時電力の平均化区間 T を決定したり，入力信号の周波数を測定するために使われます．

回路は図5のようなコンパレータで構成されています．入力信号が正のとき Low レベル，入力信号が負のときに High レベルを出力するようになっています．このコンパレータの出力の立ち下がりエッジから次の立ち下がりエッジまでが信号の周期 T となります．入力信号に小さなノイズが乗っていても誤動作しないように，コンパレータにはヒステリシスが設定されています［図6(a), (b)］．

しかし，図6(c)のように，入力信号に大きな高周波成分が重畳しているような場合は，図6(d)のよう

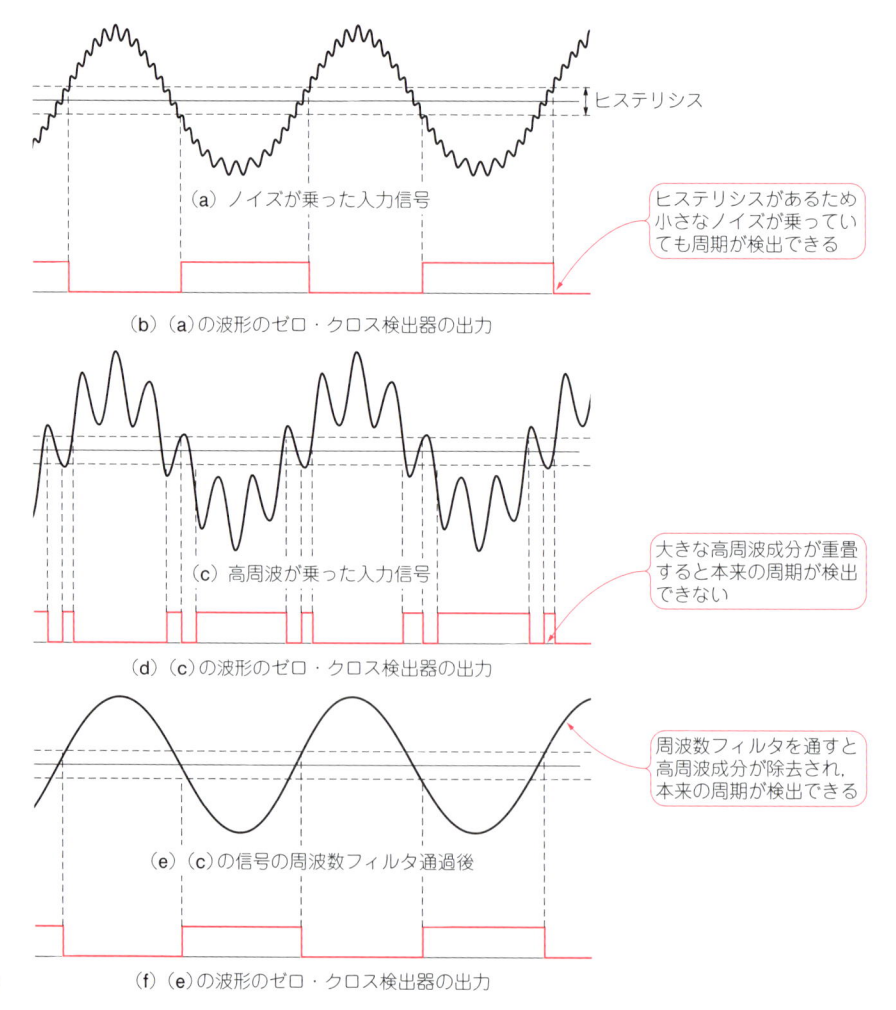

(a) ノイズが乗った入力信号

(b) (a)の波形のゼロ・クロス検出器の出力

ヒステリシスがあるため小さなノイズが乗っていても周期が検出できる

(c) 高周波が乗った入力信号

(d) (c)の波形のゼロ・クロス検出器の出力

大きな高周波成分が重畳すると本来の周期が検出できない

(e) (c)の信号の周波数フィルタ通過後

(f) (e)の波形のゼロ・クロス検出器の出力

周波数フィルタを通すと高周波成分が除去され，本来の周期が検出できる

図6 ゼロ・クロス検出器の出力

な出力になってしまい，本来の周期とは異なってしまいます．この場合は，図3の周波数フィルタを通した信号をゼロ・クロス検出器に入力することにより，図6(e)のように，高周波成分が除去された波形になり，検出器の出力は図6(f)となり，本来の周期を検出できるようになります．

● 絶縁回路

図3に見るように，電圧入力部-演算部間，電流入力部-演算部間は絶縁回路で絶縁されています．このため，電圧入力部-電流入力部間も絶縁されていることになります．これは電圧入力端子のコモンや電流入力端子のコモンが接地電位と同電位でなくても測定できるようにするためです．数百Vのコモンモード電圧がかかっている場合でも安全に測定できるように，電圧入力部，電流入力部，CPU側の回路は，互いに十分に距離を離して配置してあります．

ADCのサンプリング周期ごとに，A-D変換の分解能ぶんのビット数を絶縁回路を通して演算部へ転送する必要があります．A-D変換データをパラレルで転送する場合，ビット数ぶんの絶縁素子が必要になります．しかし，高耐圧の絶縁素子は形状が大きく，さらに接地側回路とフローティング側回路の境界線上に並べて配置しなくてはならないため，スペースが必要で電力計本体が大きくなる要因になります．

絶縁素子の個数を減らすために，A-D変換データをシリアルで転送する場合，1サンプリングの時間内にすべてのビットを転送しなければならないので，高速な絶縁素子が必要となり，コストアップにつながります．

電力計の設計では，ADCのサンプリング周期を短く（サンプリング周波数を高く）したいときに，この絶縁素子のスピードとコストが重要なファクタになります．

● 演算部

演算部はDSP(Digital Signal Processor)か，あるいはFPGA(Field Programmable Gate Array)で構成されています．ここでは，図7に示すように，サンプリングごとに，数値化された瞬時電圧値，瞬時電流値を乗算器で掛け合わせて瞬時電力値を求め，これをNサンプルぶん加算し，この加算値をNで割って平均値を求め，有効電力Pを算出します．

このNの数は，ゼロ・クロス検出器の出力から求めた入力信号のM周期ぶんの時間のサンプル数です．原理的には$M=1$の1周期でも平均値は求められますが，複数個の周期から求めたほうが測定値が安定します．

また，サンプリング周期ΔT_Sですが，これが小さいほうがより急峻な波形でも再現性が上がりますが，リアルタイムに加算処理を行う場合，この処理時間がネックになります．

▶ DSPによる演算

汎用のDSPで構成した場合，演算器の個数が1，2個しかないため，図8(a)に示すように，1回のサンプリングごとに，

① ディジタル・データを数値に変換

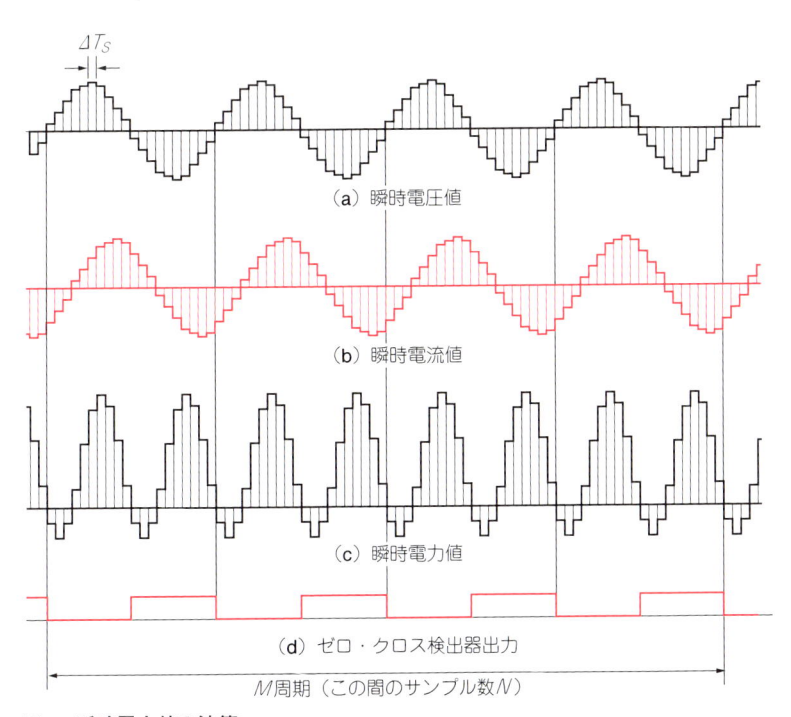

図7 瞬時電力値の演算

(a) 瞬時電圧値
(b) 瞬時電流値
(c) 瞬時電力値
(d) ゼロ・クロス検出器出力
M周期（この間のサンプル数N）

(a) DSP の処理方法

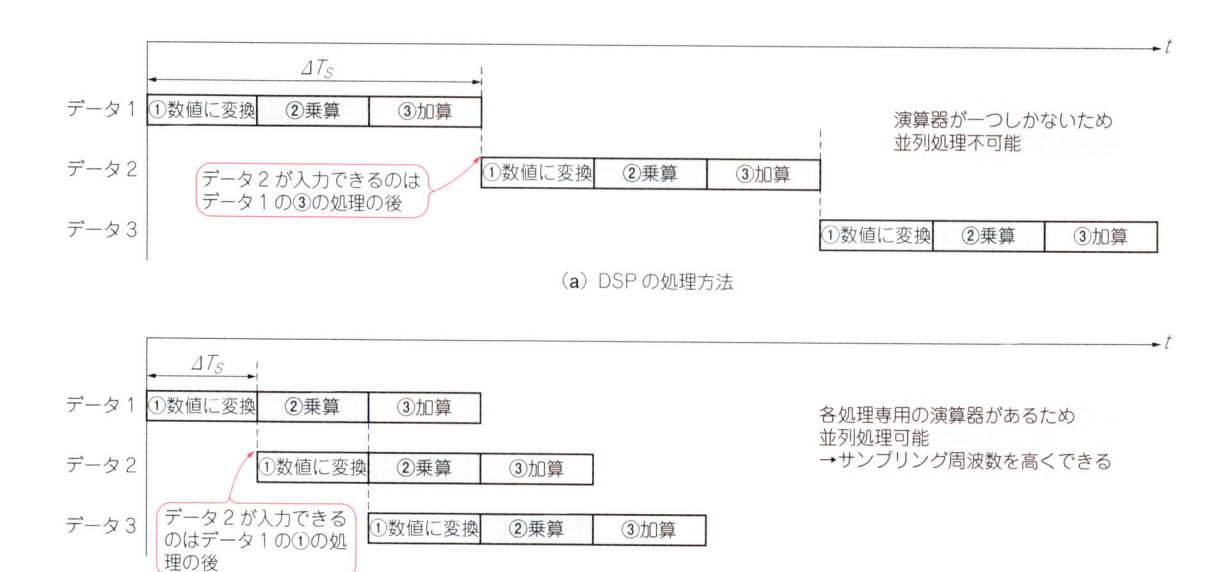

(b) FPGA の処理方法

図8　DSPとFPGAの処理方法の比較

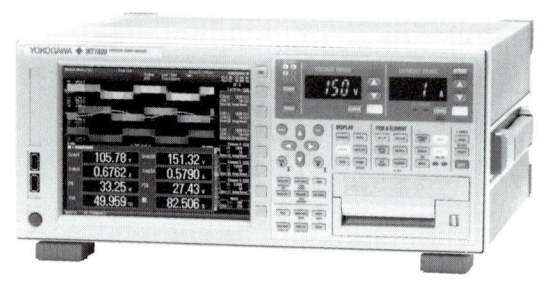

写真1　FPGAで演算を行っている電力計の例
プレシジョン・パワー・アナライザWT1800，横河メータ＆インスツルメンツ㈱

② 瞬時電圧値と瞬時電流値を乗算し瞬時電力値を算出
③ 今回の瞬時電力値を前回までの瞬時電力値の合計値に加算

という処理を順番に行うため，次のサンプリング・データ（データ2）が入力できるのは，データ1の③の処理が終わった後になります．

▶FPGAによる演算

一方，FPGAの場合，ハードウェアで各処理専用の演算器を構成できます．これにより，図8(b)に示すように，①，②，③の処理を同時に行うことが可能になり，データ1の①の処理が終われば，次のデータ2を入力することができます．このようにすると，サンプリング周波数を高くすることが可能になります．

FPGAで演算を行っている電力計の例を写真1に示します．

　　　　　＊　　　　　　　　　　　＊

また，演算部ではこのほかに，瞬時電圧値，瞬時電流値を加算した合計値から求める，電圧実効値U_{RMS}，電流実効値I_{RMS}，電圧平均値U_{DC}，電流平均値I_{DC}なども演算しています．

待機時電力の測定

● 製品動向と規格

待機時電力測定の規格としては，CEマーキングに必要なErP指令で，IEC 62301が引用されています．

待機時の消費電力を抑える方法として，図9に示すように，
(1) 純粋に電流を減らす方法
(2) 電流の流れる時間を短くする方法
(3) 電流を間欠的に流す方法
などがあります．

● 小さな電力の測定技術
▶レンジ

図9の(1)のように，測定対象の電流が小さい場合でも，精度よく測定するためには，小さな電流レンジで測定する必要があります．

大電流を測定するシャント抵抗のみが搭載された電力計で微小電流を測定すると，シャント抵抗で変換される電圧が小さく，電力計の内部ノイズに埋もれて精度良く測定できないことがあります．

低電流レンジ専用のシャント抵抗を装備した電力計を使うのが望ましいです．

▶CF（クレスト・ファクタ）

図9の(2)のように，電流の実効値は小さくてもピーク値が大きい場合，ある程度までは測定レンジを大きくせずに測定できるようになっている電力計があります．

電圧波形

(1) 電流を減らす

(2) 電流の流れる時間を短くする

(3) 電流を間欠的に流す

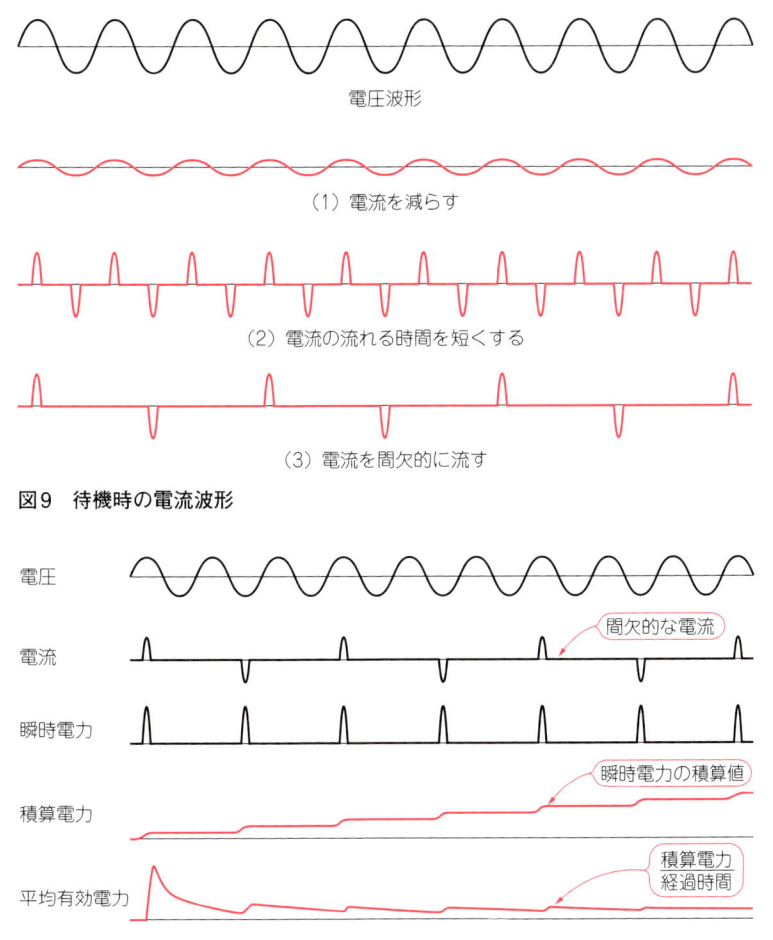

図9 待機時の電流波形

電圧／電流／瞬時電力／積算電力／平均有効電力

間欠的な電流
瞬時電力の積算値
積算電力／経過時間

図10 平均有効電力

　電力計のレンジ定格に対して許容できるピーク値の比（許容ピーク値／レンジ定格）を電力計のCF（クレスト・ファクタ）と呼び，この比率が3や6などのものがあります．例えば，測定しようとする電流の実効値が80 mA$_{RMS}$で，ピーク値が500 mAの場合，$CF = 6$の電力計であれば，100 mAレンジでピーク値が6倍の600 mAまで測定できるので，500 mAレンジではなく，100 mAレンジで測定できることになります．

　なお，一般にCFというと，波形のCFとして「ピーク値／実効値」の比と定義されていますので，上記の電力計の入力仕様のCFとは意味が異なります．

▶平均有効電力

　図9の(3)のように，間欠的に電流が流れる場合，電圧の周期で瞬時電力を平均化しても，平均化区間によって有効電力の測定値がばらついてしまうことがあります．

　このような場合，積算電力を測定する方法が有効です．図10のように，瞬時電力をギャップなしで積算していく積算電力WPを測定し，これを積算経過時間Hで割った値を求めると，平均有効電力を求めることができます．これにより，ばらつきが抑えられた有効電力を得ることができます．

　また，間欠的に電流が流れる場合，正側と負側でパルスの数が異なったり，正側と負側で振幅が異なったり，間欠の周期が長かったりすると，直流ぶんが含まれることになるので，交流専用の電力計では正確に測定できないことがあります．この場合，直流が重畳していても測定できる交直両用の電力計で測定する必要があります．

● 微小電流測定のポイント
▶外来ノイズによる影響

　微小電流を測定する場合，外来ノイズによるノイズ電流の比率が相対的に大きくなるので，影響を受けにくいように配線する必要があります．
(1) ノイズを発生している機器から測定対象，配線ケーブル，電力計を離す
(2) 配線長をできるだけ短くする
(3) 配線ケーブルで作られる電流ループの面積を小さくする．配線ケーブルをツイストペアにする

図11(a)に示すように，電流ループに外部から磁界が入ると，右ネジの法則で電流が流れ，これがノイズ電流になります．

図11(b)のように，配線ケーブルをツイストペアにすることにより，磁界が入る電流ループの面積を小さくすることができ，さらに，隣同士のループで逆方向のノイズ電流になるので打ち消す効果も期待できます．

▶電圧入力と電流入力の接続位置

図12(a)のように電力計を接続した場合，電流測定回路には，負荷に流れる電流と電圧測定回路の入力抵抗に流れる電流の加算電流が流れ，電流測定値の誤差が大きくなります．

この場合，図12(b)のように接続すると，電流測定回路には負荷に流れる電流のみが流れ影響がなくなります．ただし，逆に電流が大きい場合に図12(b)の接続を行うと，電流測定回路のシャント抵抗に流れる電流による電圧降下ぶんが，負荷にかかる電圧に加算されて電圧測定回路に入力されるため，電圧測定値の誤差が大きくなります．

インバータ機器の電力測定や効率測定

● EVやモータ機器の制御

モータを回すとき，50 Hzや60 Hzの交流電源で直接駆動すると，回転スピードが一定で，制御の方法としてはON/OFFしかありません．消費電力を抑えるなどの理由のため，よりきめ細かく制御するには，回転スピードを可変にする必要があります．

回転スピードを変化させる場合，50/60 Hzの交流電源からいったん直流に変換し，これをPWM(Pulse Width Modulation)波形でスイッチングして交流に変換し，このパルス波形でモータを駆動させるのが一般的です．交流から直流に変換する機器のことをコンバータ，直流から交流に変換する機器のことをインバータと呼びます．なお，コンバータとインバータが一体になったものを広義のインバータと呼ぶこともあります．

EV(Electric Vehicle；電気自動車)の場合は，電源がバッテリで直流となるのでコンバータ部分は不要に

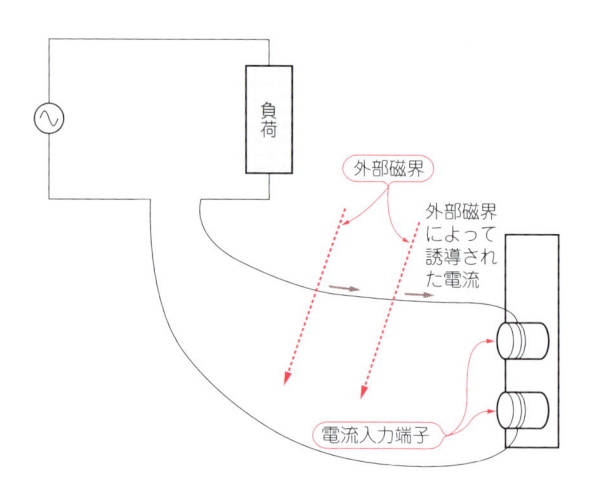

(a) 配線ケーブルで作られる電流ループの面積が大きいとき

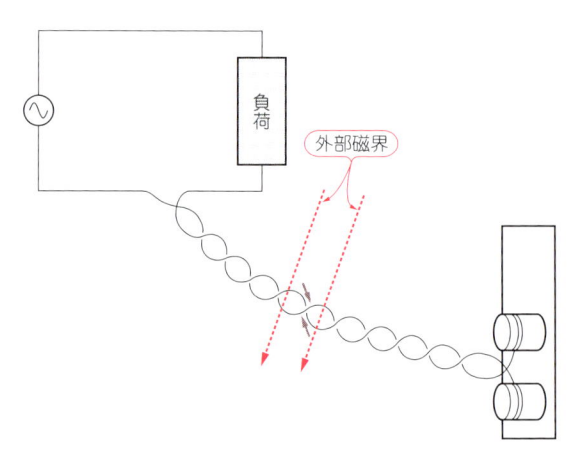

(b) 配線ケーブルをツイストペアにしたとき

図11 外部磁界の影響

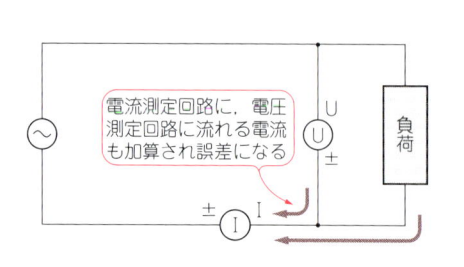

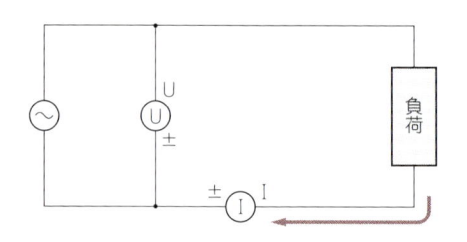

(a) 測定電流が大きい場合に適した配置

(b) 測定電流が小さい場合に適した配置

図12 電圧入力と電流入力の接続位置

なり，インバータのみでモータを駆動しています．

PWM波形とは，図13のように，出力したい周波数の正弦波と，キャリア信号と呼ばれる高周波の三角波をコンパレータに入力したときのコンパレータの出力として得られます．元の正弦波の振幅がパルスの幅に変換されているのがわかると思います．このパルス信号でスイッチング素子をON/OFFすることで，電源から作られたDC電圧をパルス化できます．

図14は，三相インバータと三相モータの接続図です．インバータ内で120°ずつ位相がずれた正弦波を生成し，その正弦波を元にPWM信号を作成し，この信号で出力のスイッチング素子をON/OFFすることにより，図15の①②③のような3相の相電圧を出力します．

線間電圧は，図15の④⑤⑥のような波形になります．モータの巻き線は，抵抗とインダクタの直列回路なのでLPF(Low Pass Filter)と等価となり，流れる電流は図15の⑦⑧⑨のような正弦波に近い波形になります．

このようにすると，出力したい周波数，つまりモータの回転スピードがインバータで生成する正弦波の周波数で可変できます．

● インバータ測定のポイント

モータで消費される電力を測定する場合，平均化区間を決める周期の検出には，キャリア周波数の周期でゼロ・レベルになる電圧波形（図15④⑤⑥）より，正弦波に近い電流波形（図15⑦⑧⑨）を使用したほうが安定して得られる傾向があります．さらに，周波数フィルタを通して重畳している高周波分を除去すると，より正弦波に近づき，周期がさらに安定します．

また，インバータの出力電圧は，接地電位を中心に

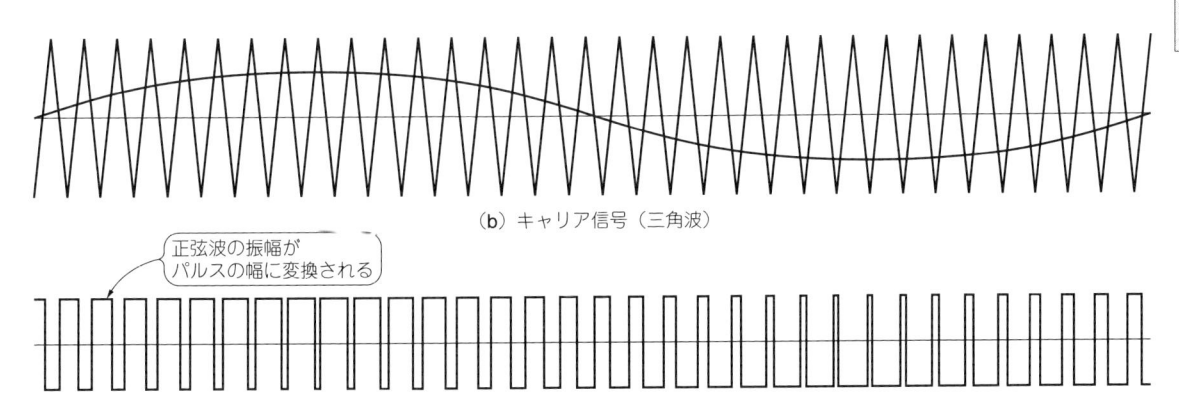

(a) 出力したい周波数の正弦波

(b) キャリア信号（三角波）

正弦波の振幅がパルスの幅に変換される

(c) PWM波形

図13 PWM波形

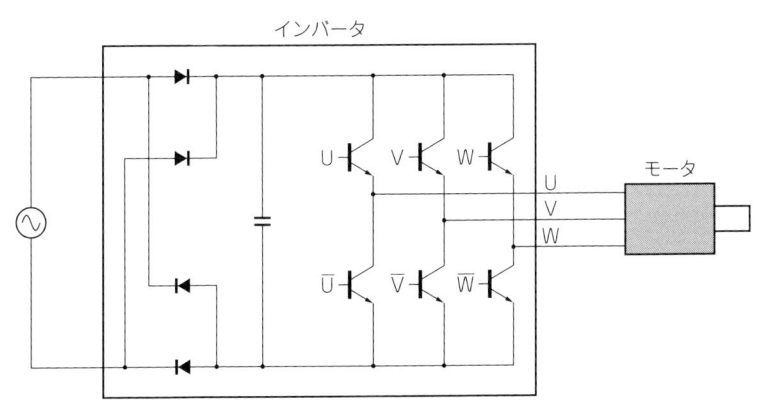

図14 インバータとモータの接続図

①U相電圧

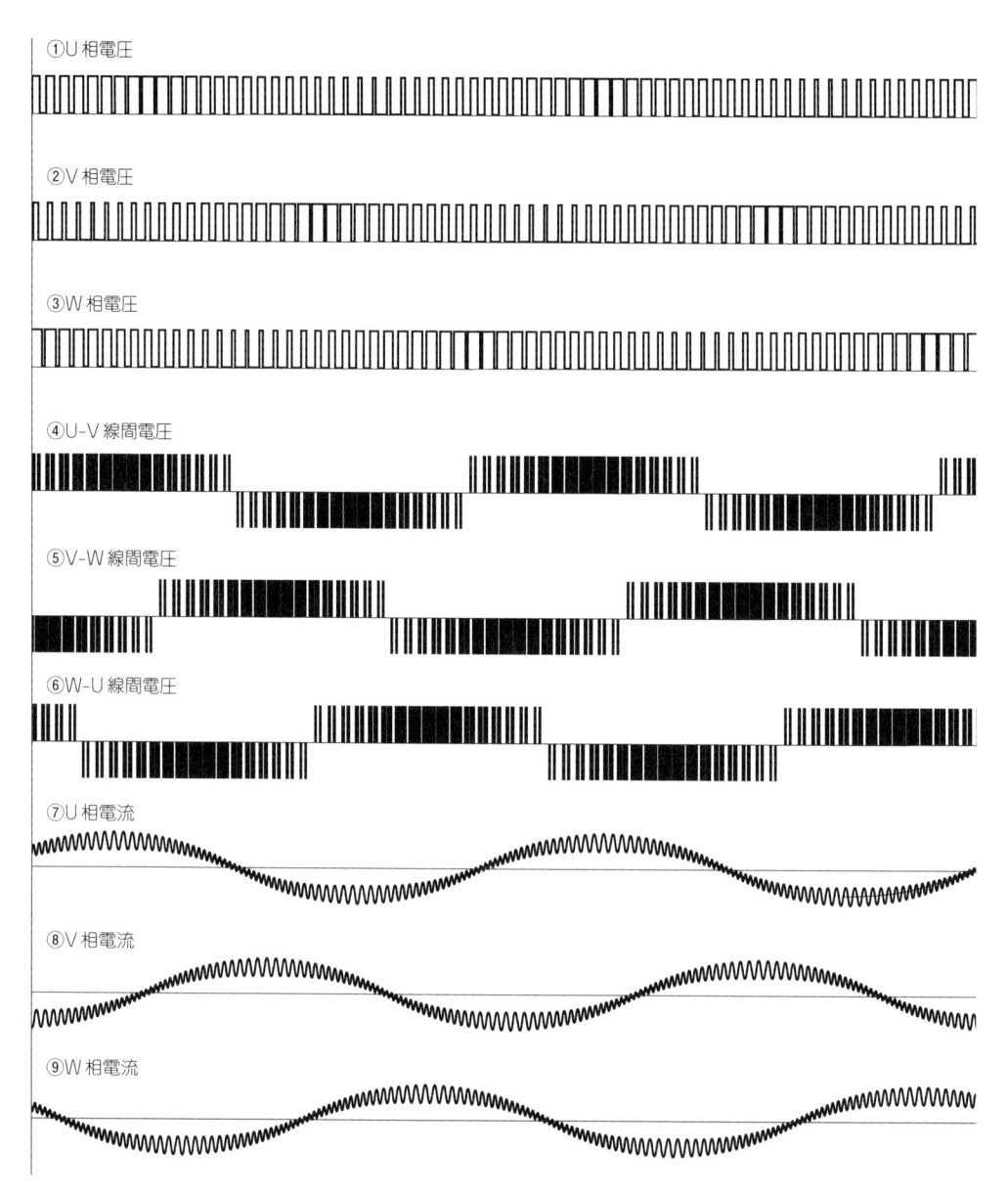

②V相電圧

③W相電圧

④U-V線間電圧

⑤V-W線間電圧

⑥W-U線間電圧

⑦U相電流

⑧V相電流

⑨W相電流

図15 三相インバータの出力波形

プラス/マイナスに振れるのではなく，ある電圧レベルを中心に接地電位からはすべてプラス側で振れています（図15①②③）．つまり，かなり高いコモンモード電圧がかかった状態での測定となります．

また，インバータから出力される電圧波形は，キャリア周波数でスイッチングされるパルス状の波形のため，高周波成分が多く含まれます．図16のように電力計の入力端子にコモンモードの電圧 U_{com} がかかり，電力計内部でHigh側とLow側のインピーダンスに差があると，

$$U_{com}\frac{Z_1}{R_1+Z_1} - U_{com}\frac{Z_2}{R_2+Z_2}$$

の電圧がノーマルモード電圧に変換され，本来測定したい U_{signal} に加算されて測定されます．そのため，i_1，i_2 を流れにくくするように Z_1，Z_2 が大きく（つまり入力部と接地間の容量結合が小さく），さらに Z_1 と Z_2 の差，R_1 と R_2 の差が小さく設計され，CMRR(Common Mode Rejection Ratio；同相信号除去比)が高周波まで大きな電力計で測定しないと，測定値の誤差が大きくなってしまいます．

インバータの効率(=出力電力/入力電力)を測定する場合，インバータの入力電力と出力電力を同時に測定します（図17）．このとき，入力側の信号の周期と出力側の信号の周期は一般に異なっています．電力が

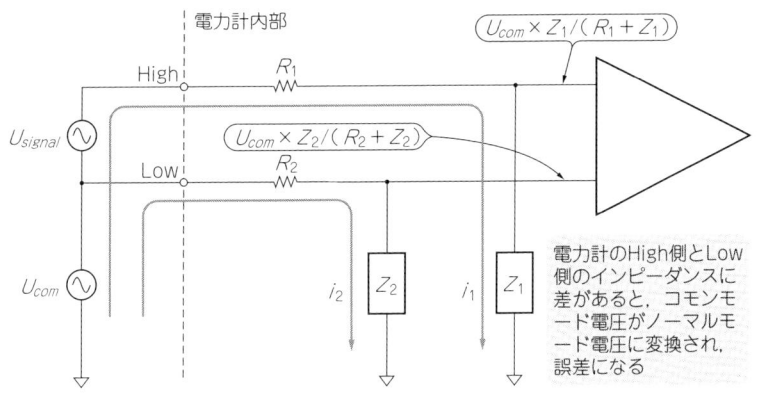

図16 コモンモード電圧の影響

電力計のHigh側とLow側のインピーダンスに差があると，コモンモード電圧がノーマルモード電圧に変換され，誤差になる

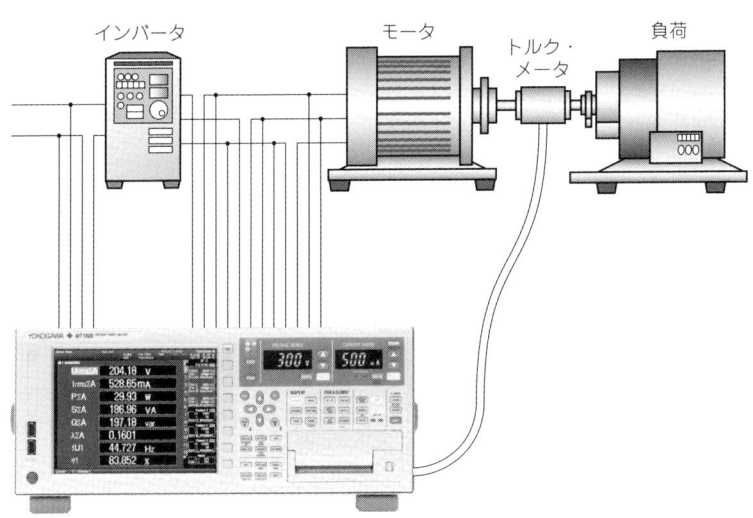

図17 インバータの効率測定

変動している場合，瞬時電力を平均化する区間が入力側と出力側で異なると，効率が正確に求まらず，効率の測定値が100％を越えてしまうこともあります．電力が変動している場合は，平均化する区間を入力側と出力側で一致させる必要があります．

● インバータに関連する測定

モータのメカニカルな出力は，トルクと回転スピードです．電力計にはトルク・センサの出力を測定する機能が搭載されているものもあります．

図17のように，モータに接続されたトルク・センサからのトルクとスピードの信号を電力計に入力することにより，トルクとスピードの掛け算から求まるメカニカル出力と，モータへの入力電力からモータの効率を求めることができます．

また，インバータの入力電力とモータのメカニカル出力から，システム全体の効率を求めることも可能です．

EVの場合，減速時にはモータを発電機として使用し，その電力でバッテリに充電を行います．バッテリの放電と充電が頻繁に切り替わる場合でも，電流の向きを判定して，放電時の電力と充電時の電力を別々に積算することが可能な電力計を使えば，バッテリの特性の評価に役立ちます．

最近の高調波電流

● なぜ高調波電流規制があるのか
▶高調波電流の発生原理

家庭やオフィスのコンセントには，電圧100 V_{RMS}

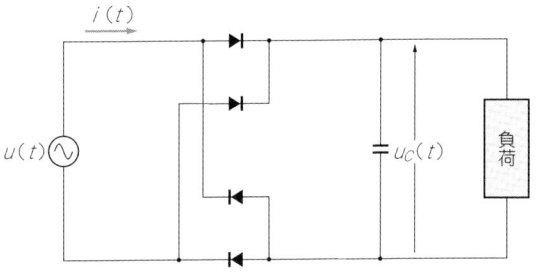

図18 交流から直流に変換する回路の例

の50Hzまたは60Hzの交流の正弦波が来ています．そこに接続される電気機器が，白熱電球のような受動素子のみから作られたものだけでなく，内部で交流を直流に変換するスイッチング電源を使用したものや，インバータを搭載したものが増えています．

交流を直流に変換する最も簡単な回路は，図18の

（a）入力電圧 $u(t)$

整流後電圧 $u_D(t)$

（b）コンデンサ両端電圧 $u_C(t)$

コンデンサを充電する時間のみ電流が流れる

図19
図18の回路の各部の波形

（c）入力電流 $i(t)$

周期的なひずみ波（50Hz）

周期的なひずみ波は，その周期と同じ周波数の正弦波と，その周波数の整数倍の周波数の正弦波の合成波形

＝

基本波成分（50Hz）

＋

3次高調波成分（150Hz）

＋

5次高調波成分（250Hz）

＋

7次高調波成分（350Hz）

＋

9次高調波成分（450Hz）

＋
⋮

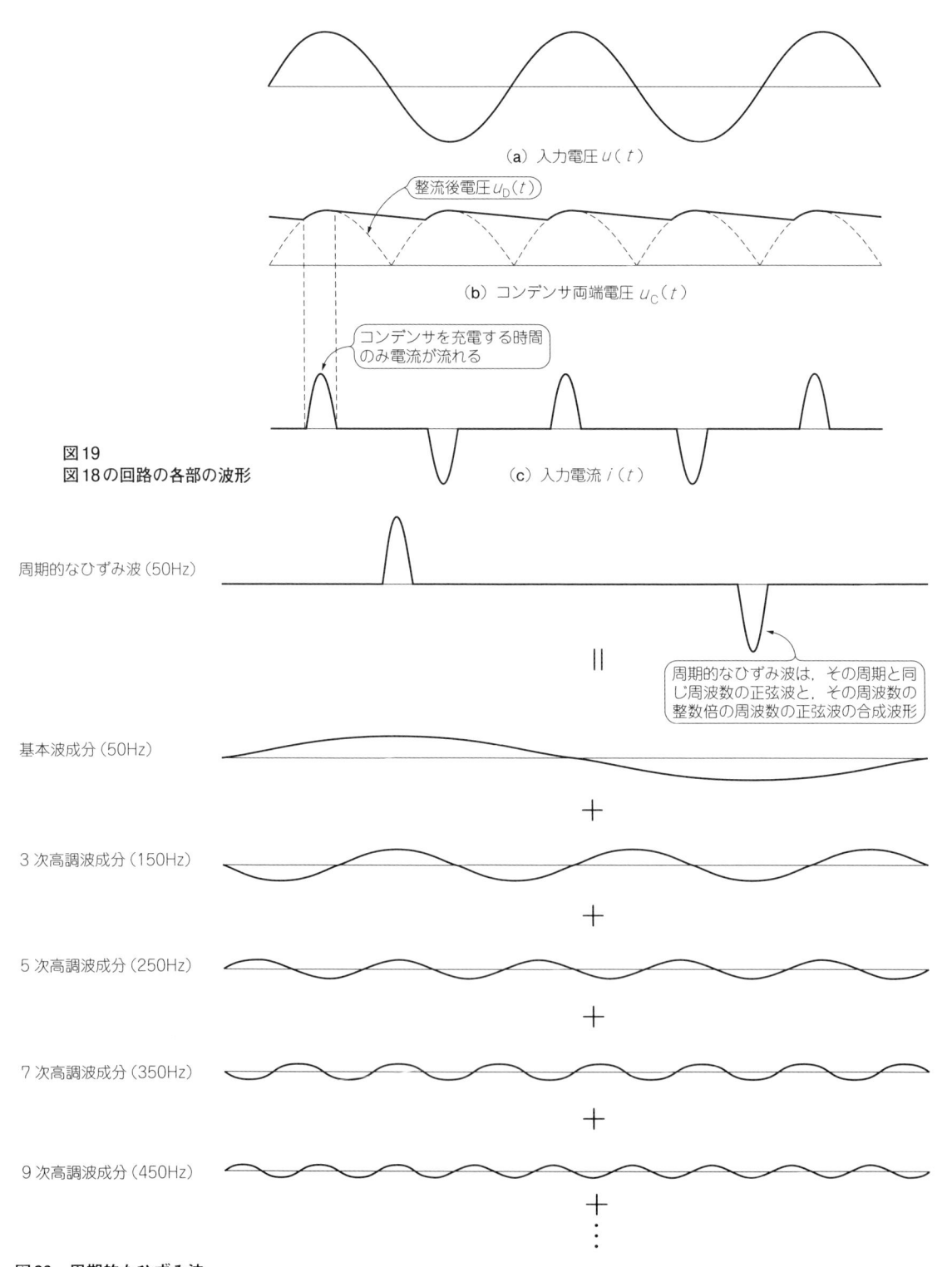

図20　周期的なひずみ波

ようなダイオード・ブリッジとコンデンサを使ったものです．図19に図18の回路の各部の波形を示しました．図19(a)の入力電圧$u(t)$はダイオードで全波整流され，図19(b)の点線で示した整流後電圧$u_D(t)$になります．

整流後電圧$u_D(t)$のほうがコンデンサの両端電圧$u_C(t)$より高いと，コンデンサは充電され両端電圧$u_C(t)$は上昇します．整流後電圧$u_D(t)$のほうがコンデンサの両端電圧$u_C(t)$より低くなると，負荷にはコンデンサから電流が流れ，コンデンサは放電し両端電圧$u_C(t)$は下がっていきます．

そして，また整流後電圧$u_D(t)$のほうがコンデンサの両端電圧$u_C(t)$より高くなるとコンデンサは充電されます．このとき，電源からの入力電流$i(t)$は図19(c)のようになり，コンデンサを充電する時間のみ流れるパルス状のひずみ波になります．

このような周期的なひずみ波を高調波成分を含んだ波形と言います．図20のように，周期的なひずみ波は，その周期と同じ周波数の正弦波と，その周波数の整数倍の周波数の正弦波の合成波形で構成されています．ひずみ波の周期と同じ周波数の正弦波を基本波成分（または基本波），基本波成分の2倍の周波数の正弦波を2次高調波成分（または2次高調波），基本波の3倍の周波数の正弦波を3次高調波成分と呼んでいます．

基本波成分と各高調波成分の振幅をバー・グラフで表すと，図21のようになります．なお，ここで挙げたひずみ波の例では，0レベルを境に，正側と負側の波形が線対称なので，偶数次の高調波の成分はすべて0になっています．

▶高調波による障害

図22に，発電所から家庭のコンセントまでの接続を簡略して示しました．送電線には小さいですがインピーダンスがあり，抵抗とインダクタで置き換えられます．機器1に電流が流れると，送電線のインピーダンスで電圧降下が発生します．

図22の①のような電流が流れると，この電流は電圧波形のピーク値付近にのみ集中しているので，その部分だけ電圧降下が大きくなり，柱上トランス1では図22の②のように電圧のピーク付近がへこんだひずみ波になります．この電圧波形も周期的なひずみ波なので高調波成分を含んでいます．

この高調波を含んだ電圧が別の場所の機器2に供給され（図22の③），機器2に障害が発生することがあります．障害の例を表1に示しました．誤動作や焼損など，大事故につながるものもあります．

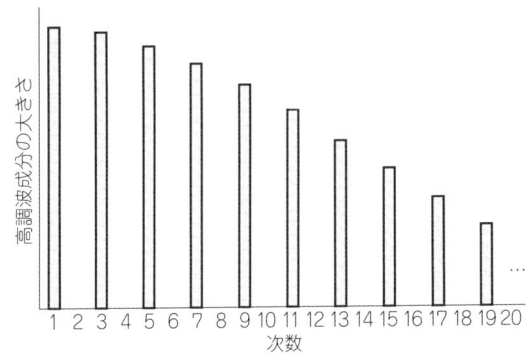

図21 高調波成分のバー・グラフ

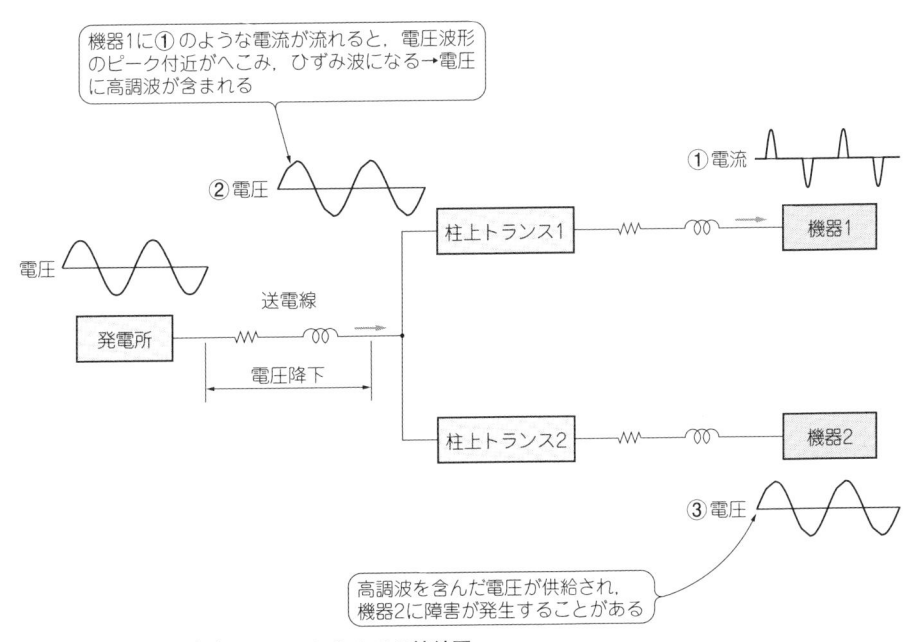

図22 発電所から家庭のコンセントまでの接続図

表1 高調波障害の例

機器	障害例
テレビ	映像のちらつき
ステレオ	雑音の発生
モータ	振動,騒音
エレベータ	振動,停止
ブレーカ,漏電遮断機	誤動作
力率改善用コンデンサ	振動,騒音,加熱,焼損

表3 クラス分け

クラス	対象機器
A	平衡三相機器 家庭用電気機器(クラスDに分類される機器を除く) 電動工具(手持ち型を除く) 白熱電球用調光器 音響機器 他の三つのクラスに属さない機器
B	手持ち型電動工具 業務用ではないアーク溶接機
C	照明機器
D	600 W 以下の次の機器 PC(パーソナル・コンピュータ) PC用モニタ テレビ

表5 クラスC:25 W超の限度値

高調波次数 n	基本波電流に対する 最大許容高調波電流の比率 [%]
2	2
3	30 λ *
5	10
7	7
9	5
$11 \leq n \leq 39$ (奇数次のみ)	3

＊：λ は回路力率

表2 高調波抑制規格

規格番号	対象
EN 61000-3-2 IEC 61000-3-2	1相あたりの入力電流が16 A以下の機器
EN 61000-3-12 IEC 61000-3-12	1相あたりの入力電流が16 A超え75 A以下の機器
JIS C61000-3-2	1相あたりの入力電流が20 A以下の機器

表4 クラスAの限度値

高調波次数 n	最大許容高調波電流 [A]
奇数高調波	
3	2.30
5	1.14
7	0.77
9	0.40
11	0.33
13	0.21
$15 \leq n \leq 39$	$0.15 \dfrac{15}{n}$
偶数高調波	
2	1.08
4	0.43
6	0.30
$8 \leq n \leq 40$	$0.23 \dfrac{8}{n}$

表6 クラスC:25 W以下の限度値①

高調波次数 n	1Wあたりの 最大許容高調波電流 [mA/W]
3	3.4
5	1.9
7	1.0
9	0.5
11	0.35
$13 \leq n \leq 39$ (奇数次のみ)	$\dfrac{3.85}{n}$

　そのため,電圧に高調波が含まれてしまう原因を作っている,機器側で発生する高調波電流を抑制する規格があります.表2におもな規格を示しました.

● 高調波規格の内容
　ここでは,家庭やオフィスで使われる電気電子機器がおもな対象のIEC 61000-3-2 Ed3.2(2009)について,規格の内容を説明します.
　日本の規格のJIS C61000-3-2もIEC 61000-3-2を元に,日本特有の部分について変更を行っていますが,基本的な考えかたは同じです.例えば,電源電圧がヨーロッパでは230 Vで,日本では100 Vなので,JIS規格では,電流の限度値を230 V/100 V = 2.3倍するなどしています.

▶クラス別の限度値

　表3は,対象機器のクラス分けを示しています.各クラスによって,高調波電流の限度値が異なります.
　クラスAの限度値は表4のように,電流値で規定されています.
　クラスBの限度値は,クラスAの限度値の1.5倍です.例えば,3次の高調波の限度値は,
　　2.30 [A] ×1.5 = 3.45 [A]
となります.
　クラスCで25Wを越える機器の限度値は表5のように,基本波電流に対する高調波電流の比率で規定されています.また,3次高調波の限度値は,力率 λ が係数として掛かっています.力率 λ とは,有効電力P/皮相電力Sの比のことです.力率 λ が小さい機器では,

図23 クラスC：25 W以下の波形の条件

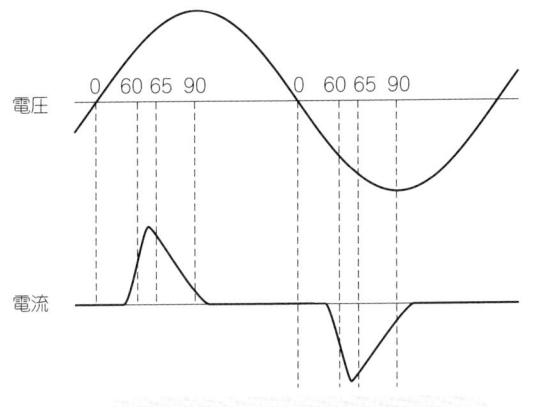

電圧の基本波のゼロ・クロスを0°として電流が次のようになっていること
- 流れ始め ：60° 以前
- ピーク ：65° 以前
- 流れ終わり：90° 以後

表7 クラスC：25 W以下の限度値②

高調波次数 n	基本波電流に対する最大許容高調波電流の比率 [%]
3	86
5	61

表8 クラスDの限度値

高調波次数 n	1 Wあたりの最大許容高調波電流 [mA/W]	最大許容高調波電流 [A]
3	3.4	2.30
5	1.9	1.14
7	1.0	0.77
9	0.5	0.40
11	0.35	0.33
13		0.21
$15 \leq n \leq 39$（奇数次のみ）	$\dfrac{3.85}{n}$	$0.15 \dfrac{15}{n}$

表9 観測期間

機器の動作	観測期間
準静止	繰り返し性の要求を満たす十分な時間
短周期的（周期≦2.5分）	10周期以上 繰り返し性の要求を満たす十分な時間 繰り返し性の要求を満たす同期化した時間
ランダム	繰り返し性の要求を満たす十分な時間
長周期的（周期＞2.5分）	機器のプログラム・サイクルの全部（基準の方法） 最も高いTHCがあると考えた代表的な2.5分間

3次高調波の限度値が厳しくなります．

クラスCで25 W以下の機器の限度値は，2種類の限度値のうちどちらかを満たすことになっています．一つは，表6に示す電力比例限度値を満たすことです．もう一つは，表7の限度値を満たし，さらに図23の波形の条件を満たすことです．

クラスDの限度値は，表8に示すように，1 Wあたりの高調波電流で規定される電力比例限度値と最大許容電流値があり，両方を満たすことになっています．

▶機器の動作設定

試験時の機器の動作設定は，規格書の付録に個別機器の試験条件が記載されているものはそれに従います．記載されていない一般の機器は，総合高調波電流（Total Harmonic Current），

$$THC = \sqrt{\sum_{n=2}^{40} I_n^2}$$

が最大になるようなモードに設定して試験を行います．

▶観測期間

観測期間は，機器の動作の違いによって，表9のように4種類に分類されます．準静止の場合の観測期間は，繰り返し性の要求を満たす十分な時間となっています．繰り返し性の要求とは，図24のように複数回測定し，その測定値のばらつきが±5 %以下になることです．

短周期的な場合の観測期間は，その周期の10倍以上の時間とします．この方法が取れない場合，繰り返し性の要求を満たす十分な時間にするか，繰り返し性の要求を満たす同期化した時間にします．同期化というのは，機器の動作周期の整数倍の時間にするという意味です．

周期性がなくランダムな場合の観測期間は，繰り返し性の要求を満たす十分な時間となっています．長周期的な場合の観測期間は，機器のプログラム・サイクルの全部とします．この方法が取れない場合，最も高いTHCがあると考えた代表的な2.5分間とします．

このように，定められた観測期間で測定した各次数の高調波電流値に対して，平均値が限度値以下，最大値が限度値×1.5倍以下，という二つの条件を満たさなくてはなりません．

● **高調波の測定方法**

規格に沿った測定をするには，単相機器の場合は図

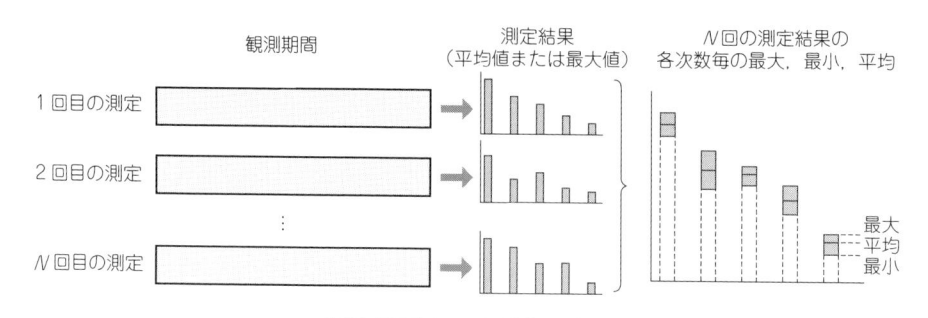

図24 繰り返し性の要求

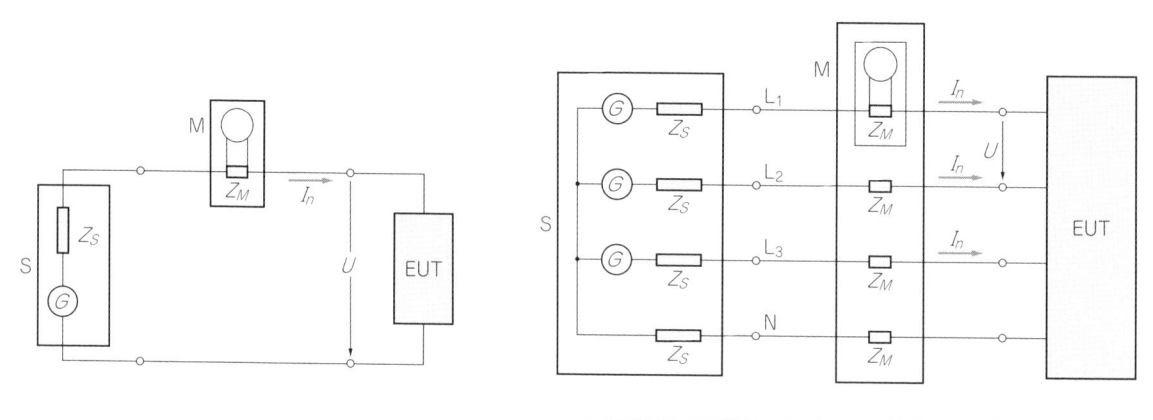

図25 測定回路

(a) 単相機器
(b) 三相機器

S ：供給電源　　　　　Z_S：供給電源の内部インピーダンス
M ：測定器(電力計)　　Z_M：測定器の入力インピーダンス
EUT：被試験器　　　　 I_n：線電流の n 次高調波成分
G ：供給電源の開放電圧　U：試験電圧

表10 供給電源

(a) 要求項目

項　目	要　求
電圧	±2.0 % 以内
周波数	±0.5 % 以内
相間の位相(三相の場合)	120°±1.5°
電圧の高調波	**表(b)**の値を越えてはいけない
電圧のピーク値 (クラスAまたはBには適用しない)	実効値の1.40～1.42倍の範囲内 ゼロ・クロスから87°～93°の範囲内

(b) 電圧高調波

次数	基本波に対する比率 [％]
3	0.9
5	0.4
7	0.3
9	0.2
2～10の偶数次	0.2
11～40	0.1

25(a)のように，三相機器の場合は**図25**(b)のように電源，測定器，被試験器を接続します．

測定器は IEC 61000-4-7 Ed2.1:2009 に定められている高調波解析機能が搭載されているものを使用します．IEC 61000-4-7 には，測定器の精度，アンチエリアシング・フィルタの減衰量，高調波解析するときのFFT(Fast Fourier Transform)窓幅，測定値のアベレージングの時定数，中間高調波のグルーピング方法などの規定があります．

高調波電流の各次数の平均値や最大値を求め，限度値と比較し，また複数回測定し繰り返し性の確認を行う必要があるため，測定器から高調波測定値をPCに取り込み，合否の判定を行うソフトウェアを利用するのが便利です(**図26**)．

● **高調波測定のポイント**

IEC 61000-3-2 には，**図25**の供給電源にも**表10**のような規定がありますので，これを満たす交流安定化電

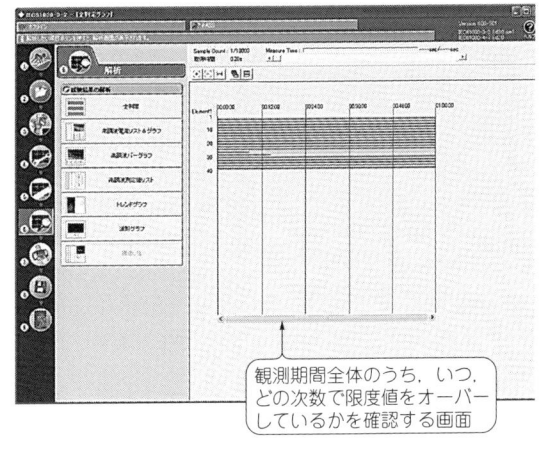

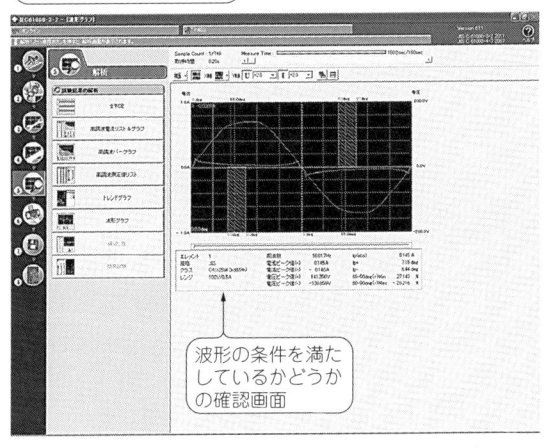

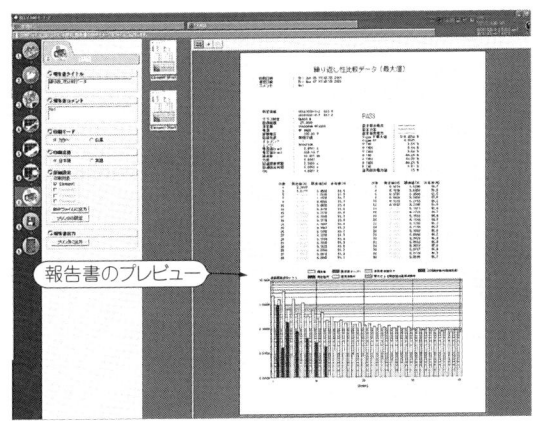

図26 高調波規格用PCアプリケーション・ソフトウェアの例
高調波/フリッカ測定ソフトウェア761921,横河メータ&インスツルメンツ㈱

源を使う必要があります.

また,測定を始めるまえに,測定器の電流レンジを適切に設定する必要があります.規格では,高調波の測定は,取りこぼしなく連続で行うことになっていますので,途中でレンジを変更して,測定を不連続にすることはできません.

精度良く測定するためには,事前に電流波形のピーク値がピーク・オーバせず測れるレンジで,できるだけ小さいレンジに設定します.

◆参考文献◆
(1) 数見昌弘,河崎 誠:交流電力の基礎知識と電力測定器のしくみ,トランジスタ技術,2005年2月号,pp.191〜200,CQ出版社.
(2) IEC 61000-3-2 Ed3.2:2009
(3) IEC 61000-4-7 Ed2.1:2009
(4) JIS C61000-3-2:2011

グリーン・エレクトロニクス No.6

好評発売中

特集 非接触で電力を伝送して利便性や安全性を向上させる
ワイヤレス給電の技術と実際

B5判 128ページ
定価 2,310円(税込)

特集では,電源ケーブルを使わずに非接触で電力を伝送して機器を利用するための給電技術——ワイヤレス給電の技術について解説します.
ワイヤレス給電は,従来から電動歯ブラシなどに利用されてきましたが,昨今では携帯音楽プレーヤや移動体端末などへの応用が期待されています.業界での標準化も進みつつあり,さまざまな機器を同時に充電できるようなシステムが登場してきています.工場などの生産現場では,可動部分への給電と同時にデータを伝送することのできるシステムも実現されています.また,電気自動車の充電をワイヤレス化することにより,バス停などでの自動的な短時間充電が行えるようになり,搭載電池の小型軽量化や利便性の向上につながります.ワイヤレス給電にはさまざまな方式がありますが,いずれの方式による実現に際しても,やはり高効率化は重要なテーマとして注目されています.

第7章

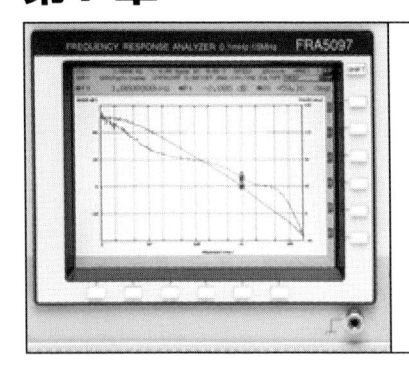

負帰還制御のループ利得と位相余裕を測定する
周波数特性分析器を用いたスイッチング電源の評価

角川 高則／福田 麻里子
Kakugawa Takanori/Fukuda Mariko

さまざまな電子機器に搭載されているスイッチング電源は，安定に電源電圧(あるいは電流)を電子回路に供給するためのものです．

スイッチング電源には，安定した出力を実現するために負帰還制御が組み込まれています．スイッチング電源に接続された電子回路のさまざまな挙動に対して安定した電源電圧を供給するためには，負帰還制御を最適な状態に設定する必要があります．

負帰還制御が適切に設計されていない場合は，負荷が変動したときに素早く追従できなかったり，安定するまでにリンギングを生じるなど，不安定な動作となります．また，最悪な場合は電源が発振して電子機器の破損につながることもあります．

そのため，スイッチング電源回路を設計するには負帰還の仕組みを理解して，安定した動作を保証するための評価方法を知ることが必要です．

そこで今回はできるだけわかりやすく制御の考え方を示すとともに，周波数特性分析器(Frequency Response Analyzer；FRA)を用いた具体的な制御特性の評価方法などを示します．

負帰還制御の基礎知識

スイッチング電源の動作を理解するためには，負帰還制御(ネガティブ・フィードバック)について理解する必要があります．

スイッチング電源用コントローラICのデータシートには，位相補償用の抵抗とコンデンサを接続するように書かれています．この意味がよくわからずにICのデータシートに掲載されている代表的な回路設計例をそのまま実際の設計に使ってしまうと，思ったような性能が得られないばかりか，最悪の場合は電源回路が発振してしまい，電源回路に接続した電子回路を破損してしまうことがあります．

このようなことにならないためにも，まず負帰還制御を理解する必要があります．

● 負帰還制御とは

図1のような構成で安定な出力電圧を得ようとすると，正確でかつ安定な基準電源と，いかなる条件でも利得(ゲイン)が一定なアンプが必要になります．しかし実際には，基準電源の電圧やアンプのゲインは周辺温度などの外部要因によって特性は変化します．したがって，変動する負荷に接続したときに安定した電圧を長期間にわたって供給し続ける電源回路を設計することは現実的ではありません．また，電源回路を構成する電子回路には高精度で高価な部品を使わなくてはならず，コストも高くなってしまいます．

これらの問題解決のために，基準電源とアンプの特性だけに頼らず，電源の出力の状態を監視する正確な電圧計を図2のように組み合わせることによって，出力電圧の安定を確保することができます．すなわち，出力電圧が設定した電圧より高くなってしまえば，ただちに基準電圧の電圧を下げて出力を設定した状態に

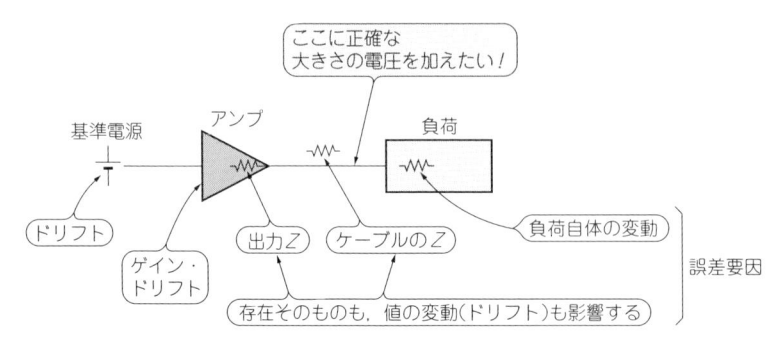

図1 正確な出力が欲しい

戻します．また逆に，出力電圧が低下したときは基準電圧の設定を上げるといった動作をします．このように，出力の変化と逆の変化を与えることによって，出力電圧を安定させることを負帰還制御といいます．

● 負帰還制御した回路がなぜ発振するのか

　負帰還制御の逆の動作，すなわち出力電圧が設定した電圧より高くなったら，基準電圧を高くするといった動作を行うと，出力電圧はどんどん上昇していき，決められた出力電圧を供給することができなくなります．このような状態を正帰還(ポジティブ・フィードバック)と言います．実際の電子回路では遅延がありますので，正帰還制御となった回路では発振する可能性があります．

　負帰還制御を行って出力電圧を安定にしたつもりが，回路を組んでみると動作が不安定になってしまうことがありますが，この原因は負帰還制御をしているつもりが，実際には正帰還制御となっているためです．

　この現象が起きる仕組みを簡単な例で説明します．システムの構成は図2とします．回路の動作は時間tだけ遅れて電圧計に表示され，その後時間tの後に基準電圧は変更されるとします．

　このような制御システムに外乱が入って出力電圧が$+1$だけ増加するとします．電圧計には時間tの後に$+1$だけ出力に変化があったことが示されます．その後，時間tの後，すなわち出力電圧が変化して$2t$後にようやく出力は制御されて，設定された値に戻りますが，電圧計の表示は$+1$のままですので，t時間後には出力電圧は-1になってしまいます．その後の動作は，図3を見ればわかるように発振状態が続きます．

● 時間遅れがある負帰還回路

　負帰還制御の定義は「位相を反転(180°回転)して入力に戻す」ということです．図3のように位相を180°回せなくなった制御系では，負帰還制御が十分にできない状態になることがあります．

　例えば，フィードバック回路の中に1 msの時間遅れが存在すると，1 Hzでは0.36°と無視できますが，100 Hzでは36°(1/10周期)，500 Hzでは180°(1/2周期)となってしまいます．

　つまり，1 msの遅れをもった負帰還回路では，条件が整えば500 Hzで正帰還の状態となり，出力電圧は不安定となります．

● 実際の電子回路での発振状態

　スイッチング電源などの制御回路を簡略化したのが図4です．制御特性を理解するためのブロック図が図5となります．

　出力値e_{out}をβ倍し，目標値e_{in}との差分をA倍に増幅して出力する構成となっています．入出力間の利得(e_{out}/e_{in})は，図5に示されます．回路が安定に動作するように，ループ利得は$A\beta>1$となるように設計します．しかし，Aあるいはβでの位相遅れによって$A\beta=-1$となる周波数があると，その周波数での利得は無限大となり，無入力の状態でもその周波数での信号出力が現れ発振は継続します．

　さまざまな外乱が生じるなかでも，制御された回路が安定に動作し続けるようにするには，制御理論を理解したうえで負帰還回路を設計する必要があります．書店に行けば制御理論について書かれた書籍が多くありますので，詳しく知りたい人はぜひ勉強してみてください．

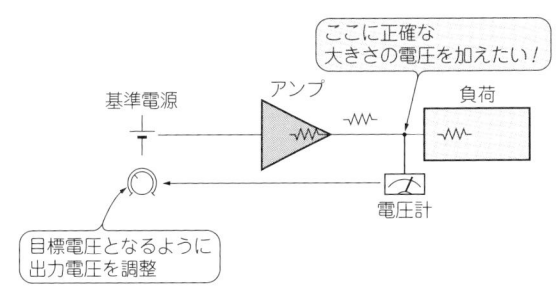

図2　負帰還で正確な値を出力

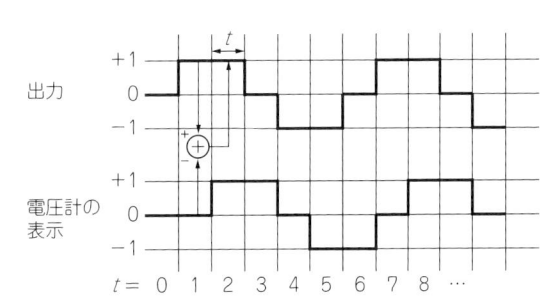

図3　電圧計の応答が遅いときの発振現象(模式図)

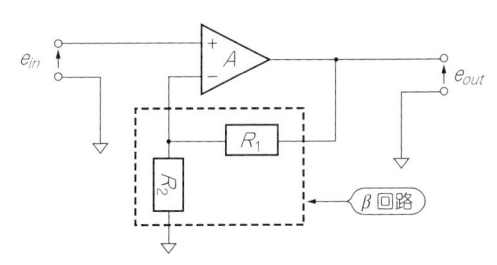

図4　一般的な負帰還回路

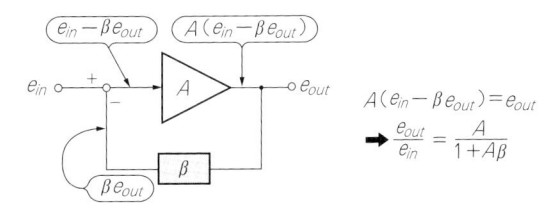

図5　負帰還回路のブロック図

$A(e_{in}-\beta e_{out})=e_{out}$

$\Rightarrow \dfrac{e_{out}}{e_{in}} = \dfrac{A}{1+A\beta}$

スイッチング電源の安定性評価

スイッチング電源が安定して出力電圧を供給するためには，負帰還回路が安定に動作する必要があります．今回はスイッチング電源の測定によく用いられる**写真1**に示す周波数特性分析器(FRA)を使っての評価方法を紹介します．

● ループ利得の評価

スイッチング電源の安定性の評価を最も簡単に行うには，電子負荷装置など使って出力電流をステップ状に変化させたときの電圧応答波形をオシロスコープで観測して，おおよその安定度を評価する方法があります．直感的には良い方法ですが，定量的な安定度の評価はできません．

定量的に負帰還回路の安定度を知るために，ループ利得($A\beta$)の周波数特性を測定して，位相余裕と利得余裕を求める方法があります．

ループ利得を測定するためには，制御ループの1か所を切って，測定のための信号を図6のように注入する必要があります．この方法は，制御が行われている状態のままで特性が評価できるので，信頼性の高い結果が得られます．

● 測定ポイントの選定

原理的には制御ループのどの場所でも測定点となりえますが，実際の回路では測定器の特性や制約によって測定点は特定の場所に決まってしまいます．

制御特性の測定に利用する周波数特性分析器は，周波数と振幅を可変できる1出力の発振器と，入力1と入力2の間の振幅比と位相差を測定できる構成となっています．この構成によって周波数特性分析器は，電子回路の制御特性や電子部品のインピーダンスの周波数特性を測定することができます．

まず，図6の注入抵抗R_{in}をループのなかに組み込みます．注入抵抗を組み込む箇所は，制御ループへの影響を少なくするために，信号の送り出し側のインピーダンスが低く，信号の受け側のインピーダンスが高い箇所を選ぶことになります．

図7に，実際のスイッチング電源で注入抵抗(R_2)を挿入する場所を示してあります．図7のスイッチング電源の出力には大きなコンデンサが入っており，インピーダンスは低い回路となっています．一方，誤差アンプの入力には数kΩ以上の分圧回路があり，インピーダンスは高くなっています．注入抵抗はR_1に比べて十分に小さな値で，かつループ利得の測定に必要な信号が注入できる抵抗値を選びます．通常は50〜100Ωの抵抗をループに挿入します．

● 周波数特性分析器の接続

注入抵抗の両端に信号源を接続することによって，制御ループに特定の周波数の信号を注入できます．周波数特性分析器の信号源は，耐電圧±200 V(DC)でフローティングとなっていますので，耐電圧までは注入抵抗の両端に信号線を接続できます．

ループ利得を測定するには注入抵抗のそれぞれの両端に現れる電圧信号を，注入信号の周波数を変化させながら，振幅比と位相差を測定する必要があります．また，測定する周波数範囲で100 dB以上の測定ダイナミック・レンジをもつ必要があります．

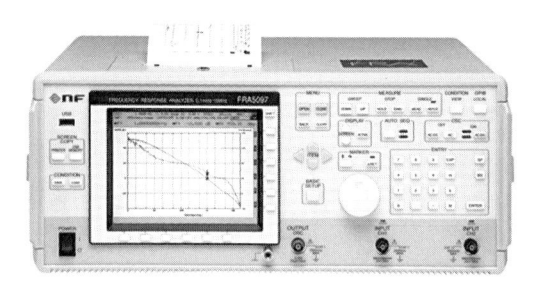

写真1 周波数特性分析器FRA5097(エヌエフ回路設計ブロック)

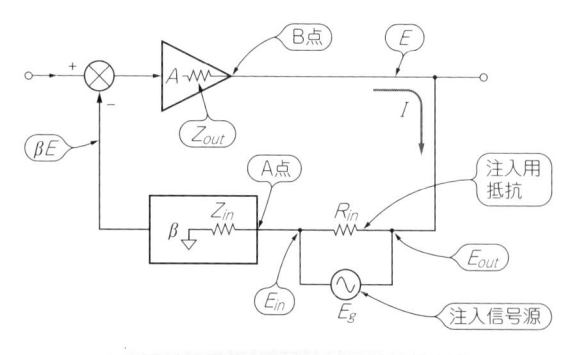

Z_{out}：アンプの出力インピーダンス
Z_{in}：β回路の入力インピーダンス
E：アンプの出力電圧
E_g：注入信号源
I：注入信号によりループに流れる電流

図6 注入抵抗法によるループ利得特性のブロック図

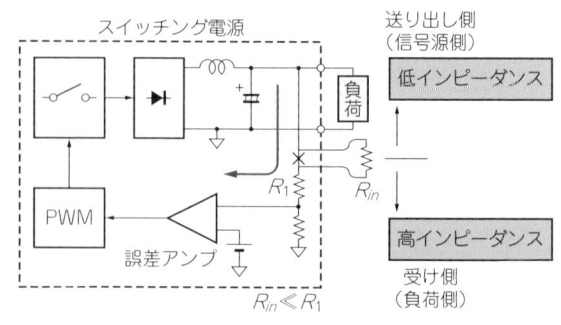

図7 注入抵抗を挿入する場所

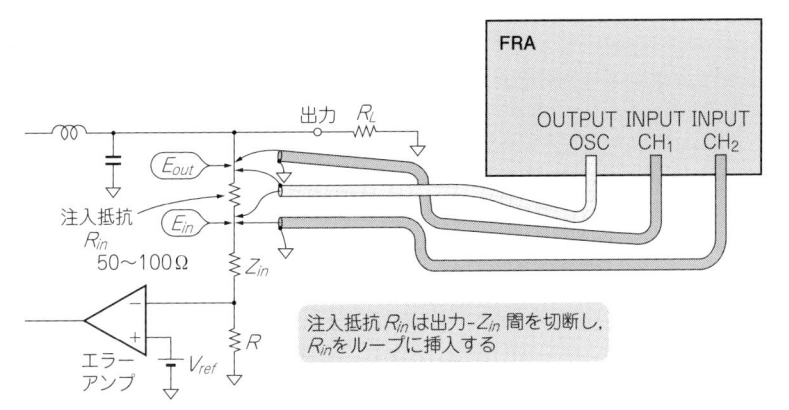

図8　ループ利得特性測定の接続図

今回利用した周波数特性分析器は，10 Hzから1 MHzまで140 dBの測定ダイナミック・レンジをもっていますので，精度よくループ特性を評価できます．

実際の接続は図8のようになります．注入信号レベルは通常，スイッチング電源の出力電圧の1/50～1/100くらいとします．発振器は制御特性を評価したい周波数範囲を設定してスイープし，二つの入力間の振幅比（利得）と位相差を測定します．

注入信号は出力電圧の1/100の50 mV_{peak}，周波数範囲は10 Hz～2 MHzとします．

周波数特性分析器の液晶画面には，振幅比と位相差の状態がボード線図で表示されます．これによって，制御特性の指標である位相余裕（利得が0 dBとなるときの位相値）と利得余裕（位相が0°となるときの利得値）を読み取ることができます．

今回の評価ボードでは図11に示すように位相余裕

スイッチング電源の測定事例

リニアテクノロジー社の同期整流式降圧レギュレータLTC3604を搭載した評価ボードDC1610A（図9，次頁）を使って，制御特性の評価をしてみます．

● 測定結果

評価ボードに，図10に示すように注入抵抗R_{in}を挿入するように改造します．周波数特性分析器からの注入信号はR_{in}の両端に印加します．

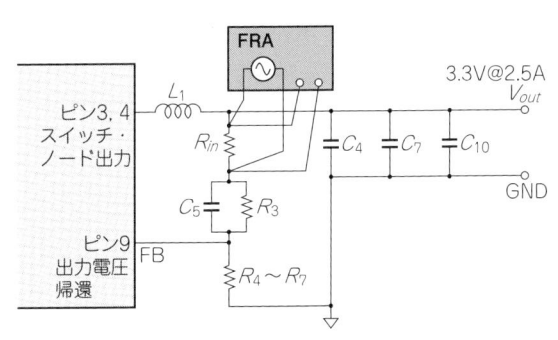

図10　信号注入時の回路

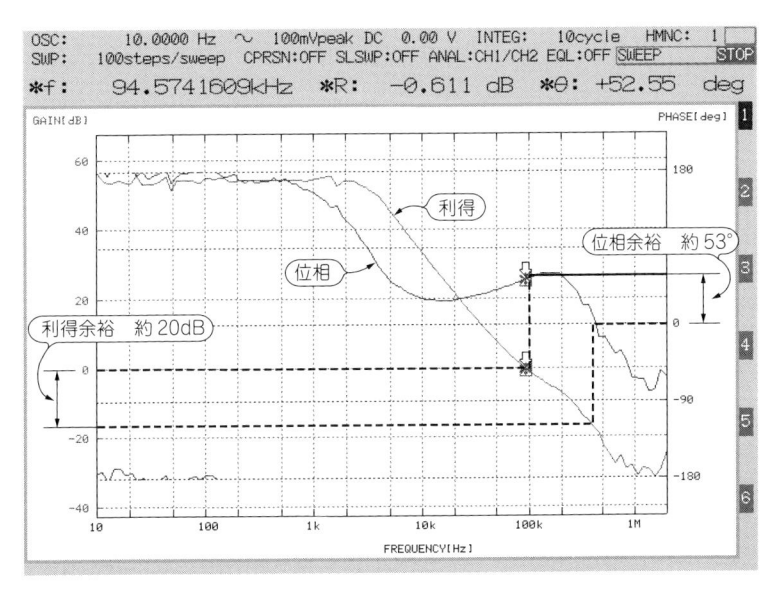

図11　LTC3604のループ利得特性
測定信号レベル：100 mV_{peak}，
DC1610Aの出力電圧：5 V設定

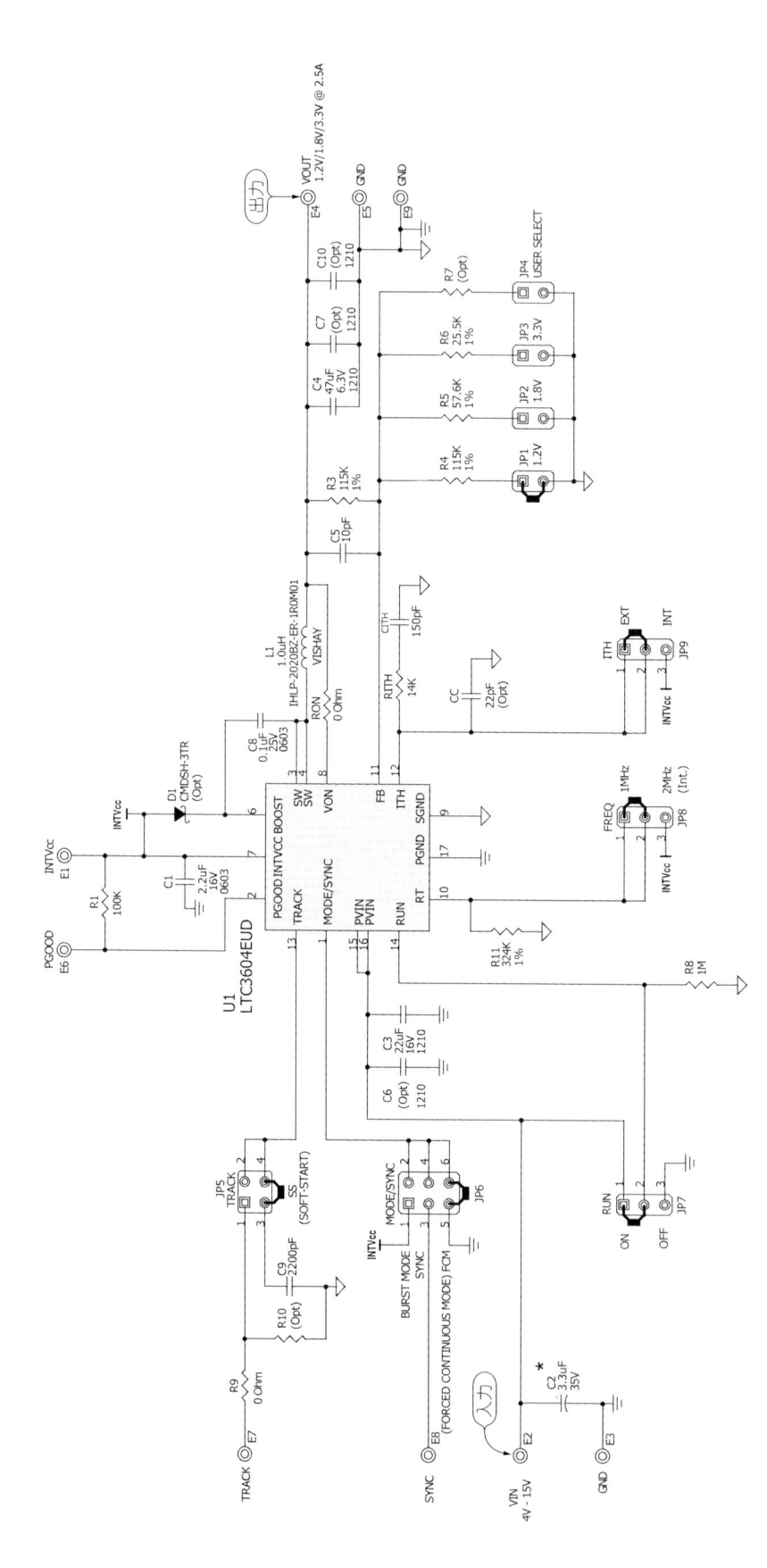

図9(2) スイッチング電源の回路（LTC3604評価ボードDC1610A：リニアテクノロジー社）

が約53°，利得余裕が約20 dBとなり，安定した動作をしていることがわかります．

実際のスイッチング電源の評価では位相余裕や利得余裕の値だけに頼らず，オシロスコープと電子負荷装置を用いた負荷応答試験なども行いながら最適な制御特性を求めていくことになります．

図12には，位相余裕が12°と十分でない場合の負荷変動試験での波形を示してあります．このような場合の電圧応答波形にはリンギングが生じます．位相余裕が55°と十分であると，電圧応答波形は**図13**に示すようにリンギングは生じません．

● ループ利得測定上の注意点

注入抵抗を挿入する箇所や注入抵抗の選定の目安はすでに述べましたが，注入信号レベルの設定についての注意点を具体的に説明します．

注入信号レベルは，大きすぎても，小さすぎても正しい測定はできません．**図14**には異なる注入信号で測定した結果を示します．

図14(a)は注入信号があまりにも小さくて，雑音に信号が埋もれてしまい，正しい測定はできていません．一方，**図14(b)**は注入信号が大きすぎて，制御ループの評価の途中で信号の飽和が発生し，不安定な状態が見られます．**図14(c)**は適切な信号レベルを注入したときの結果です．

注入信号のレベルが最適なものであるかは信号レベルを変えながら測定を行い，安定した測定結果が得られているかで判断します．

● シミュレーション結果との比較

スイッチング電源の回路設計ではシミュレーションにより，制御ループの特性をあらかじめ知ることができます．

シミュレーションは，理想的な条件で特性を推定するものです．実際にプリント基板上に回路を組み上げたときには，パターンの寄生容量などシミュレーションでは想定していない要素が含まれているため，特性が多少異なることはよくあります．

(a) 入力1 mV$_{peak}$

(b) 入力200 mV$_{peak}$

(c) 入力50 mV$_{peak}$

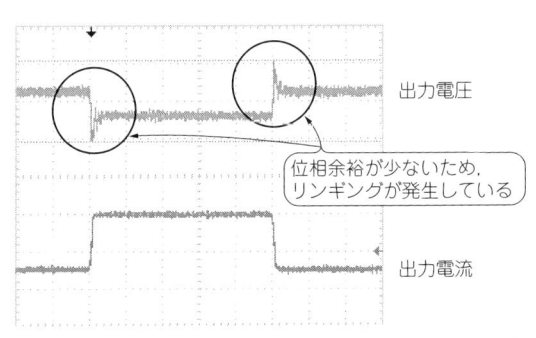

図12 位相余裕が小さい場合の負荷応答波形例（位相余裕：12°）

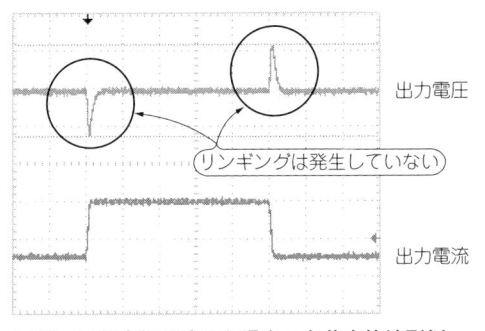

図13 位相余裕が適正な場合の負荷応答波形例（位相余裕：55°）

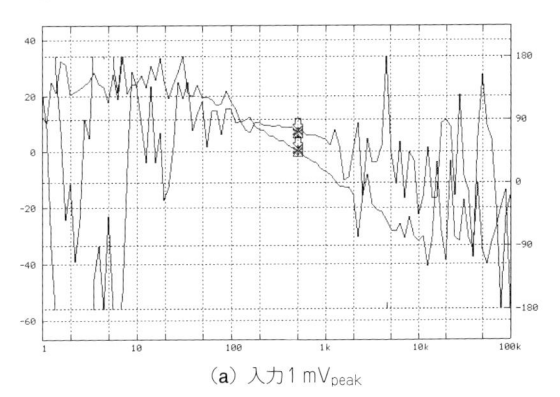

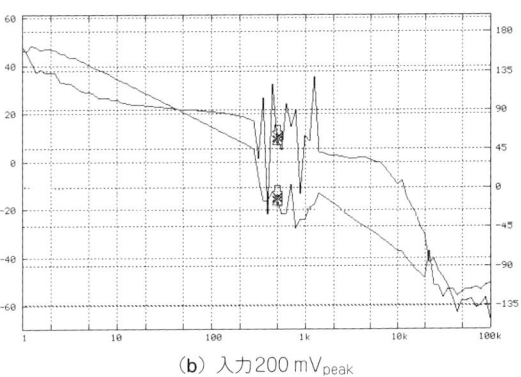

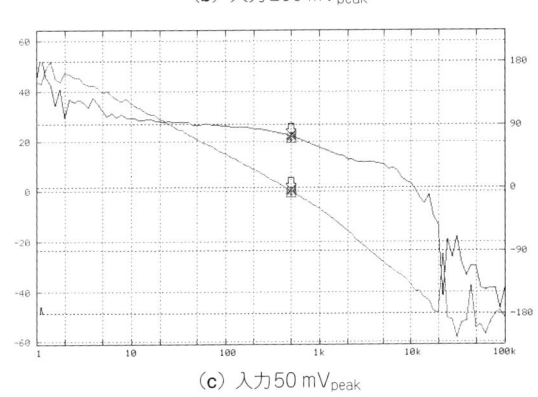

図14 信号振幅レベルによる測定結果の違い（出力：DC 5 V電源）

実際の測定によって得られた特性が，シミュレーションで得られた推定と大きく異ならない場合は，特に問題はありません．

しかし，シミュレーションと測定の結果が大きく異なる場合は，問題が隠れていることがありますので，原因を探す必要があります．

PFC電源の測定事例

今回利用した周波数特性分析器の最大入力電圧は±200 V（DC），入力の絶縁耐電圧は250 V_{RMS}ですので，これより高い電圧を出力するスイッチング電源の評価を行うには，異なる注入抵抗の接続方法が必要となります．

● 測定結果

EMC規制に対応するための力率改善回路内蔵型電源（PFC電源）がよく使われます．このコントローラICの一つであるテキサス・インスツルメンツ社の単相連続導通モード（CCM）PFCコントローラUCC28019の評価ボード（図15）を使って制御特性を測定します．

PFC電源の動作原理については述べませんが，詳しく知りたい方は『グリーン・エレクトロニクスNo.3』の特集記事をご覧ください．

今回は電源の出力電圧が周波数特性分析器の最大入力電圧を越えているため，先に述べた接続方法は使えません．また，商用電源との間には必ず絶縁トランスや交流安定化電源を挿入して，周波数特性分析器に過渡電圧が加わらない状態で測定してください．

今回は，高電圧が印加されない図16に示すところに注入抵抗を挿入します．実験に使ったICは電源電圧の変化を検出ピン（6ピン）の入力インピーダンスが十分に高いため，注入抵抗の挿入点となりましたが，入力インピーダンスが低い回路の場合は別な方法が必要となる可能性があります．

測定結果は図17のように，位相余裕が85°と制御特性が安定していることがわかります．

● 注入抵抗の挿入点の違い

注入抵抗の挿入点の違いが測定結果に及ぼす影響について，シミュレーションで評価してみます．

図18は，最初にスイッチング電源の評価で行ったときの注入抵抗を挿入した場合のボード線図です．図19は，PFC電源を評価したときに注入抵抗を挿入した場合のボード線図です．いずれも同じ結果が得られていることがわかります．一方，図20は制御ループ

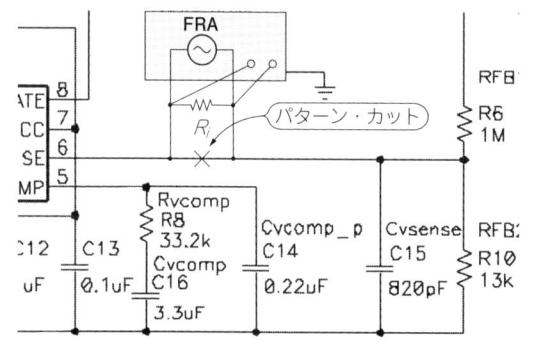

図16　注入抵抗の場所

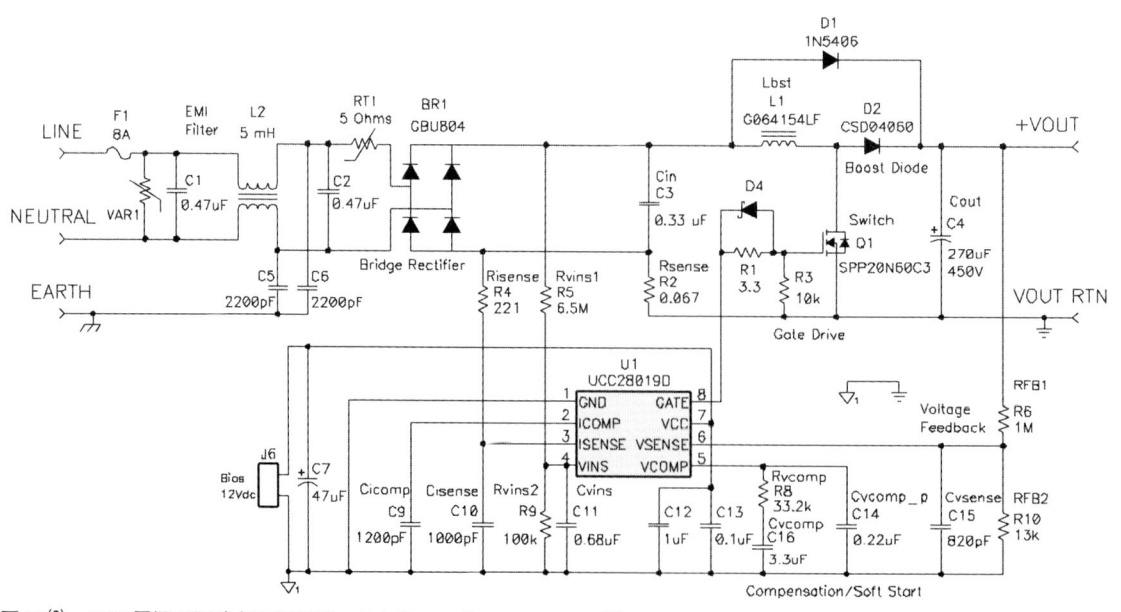

図15[3]　**PFC電源の回路**（UCC28019；テキサス・インスツルメンツ社）

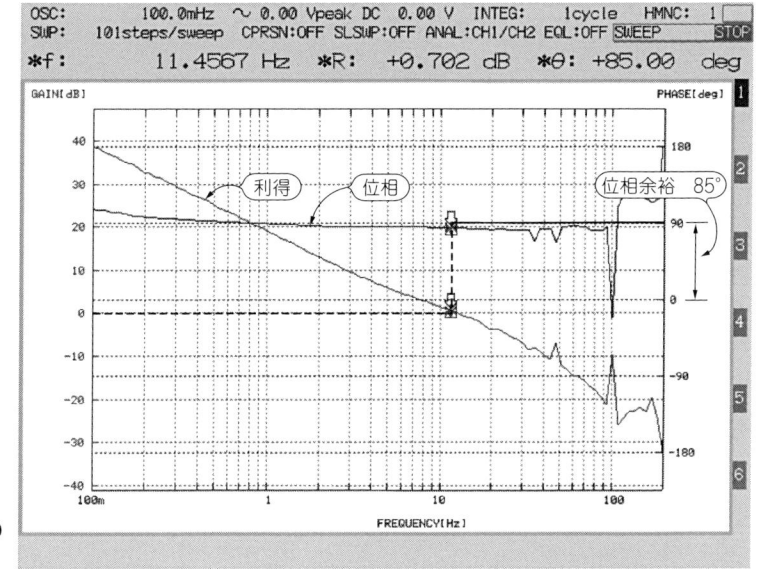

図17 UCC28019のループ利得特性
測定信号レベル：200 mV$_{peak}$，UCC28019
の出力電圧：380 V設定

の中に正しく注入抵抗が挿入されているように見えますが，ボード線図の形はまったく異なったものとなっています．

この理由は，**図21**と**図22**の計算結果ではループ利得が$(A\beta)$乗算式の形になりますが，**図23**ではループ利得は乗算の形とはなっていないためです．

すなわち，分圧抵抗の間に注入抵抗を挿入すると正しい測定ができないことがわかります．

周波数特性分析器を使ったその他の評価

周波数特性分析器はスイッチング電源の応答特性の評価によく利用されていますが，出力インピーダンスの測定やPSRR(Power Supply Rejection Ratio)の評価にも使えますので，ここで簡単に紹介します．

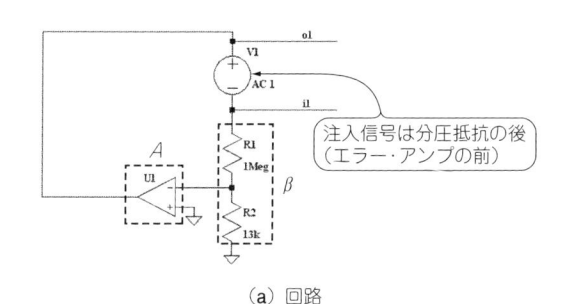

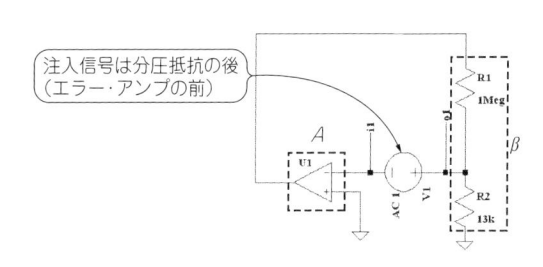

図18 注入抵抗を分圧抵抗の前に入れた場合

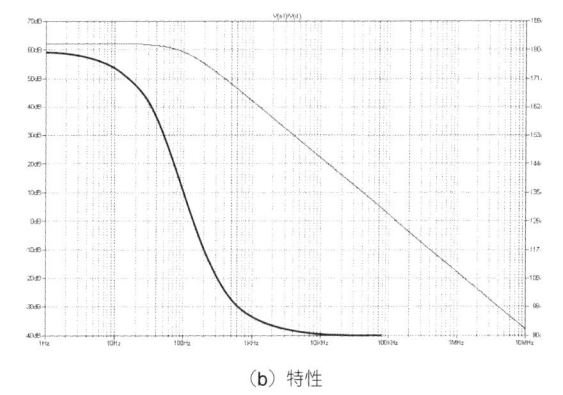

図19 分圧抵抗の後(エラー・アンプの前)に注入抵抗を入れた場合

● 出力インピーダンスの測定

スイッチング電源の出力インピーダンスは理想的には0Ωとなっており，あらゆる負荷変動に対しても一定の電圧を供給できることが求められますが，実際には周波数特性をもった出力インピーダンスがあり，負荷の変動によって出力電圧は変化します．

スイッチング電源の評価では，さまざまな負荷条件での出力インピーダンスの周波数特性を測定します．

図24は，出力インピーダンスを測定するブロック図です．また，図25には実際に周波数特性分析器を接続する方法を示します．信号注入用の抵抗R_{in}と電流検出用の抵抗R_{shunt}が信号源に直列に接続されます．R_{shunt}はR_{in}に比べて小さくすれば，注入電流はほぼE_g/R_{in}となります．

図26には，先にループ特性を評価したリニアテクノロジー社の評価ボードDC1610Aの出力インピーダンスの評価結果を示します．この回路では5kHzまで約5mΩのインピーダンスを保っていることがわかり

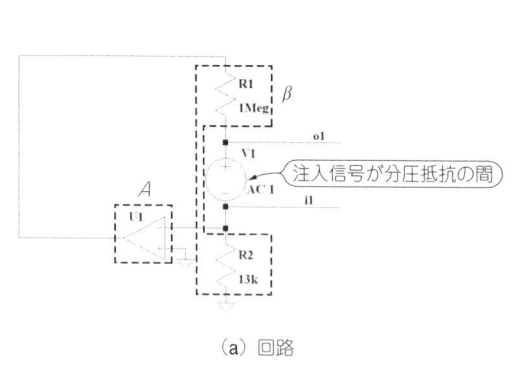

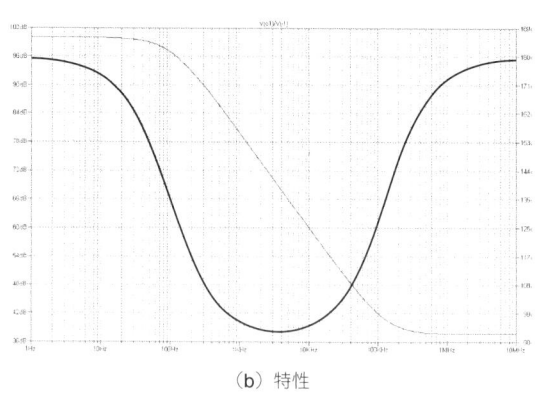

(a) 回路　　　　　　　　　　　　　　　　　　　　(b) 特性

図20　分圧抵抗の間に注入抵抗を入れた場合（適正な測定値が得られない例）

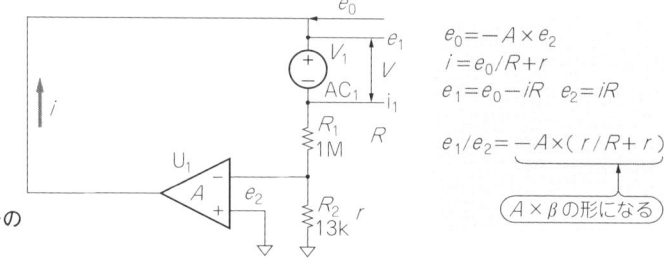

図21　分圧抵抗の前に注入抵抗を入れた場合の$A\beta$

$e_0 = -A \times e_2$
$i = e_0/R + r$
$e_1 = e_0 - iR \quad e_2 = iR$

$e_1/e_2 = -A \times (r/R + r)$

（$A \times \beta$の形になる）

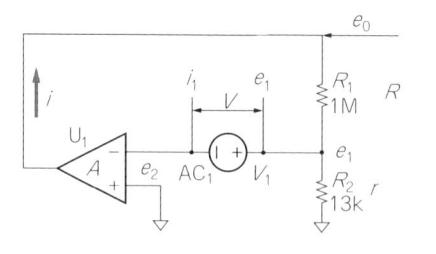

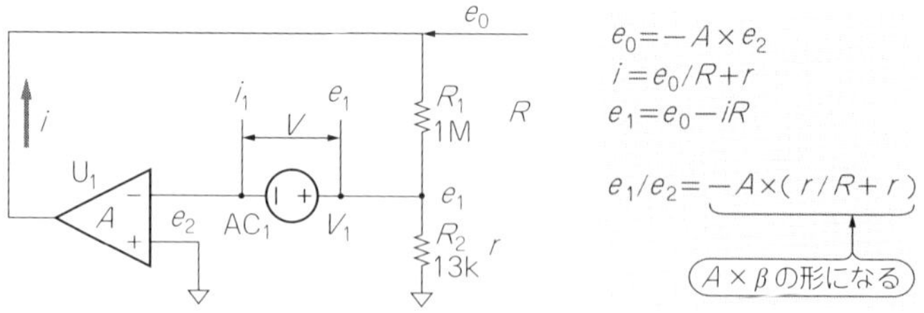

図22　分圧抵抗の後（エラー・アンプの前）に注入抵抗を入れた場合の$A\beta$

$e_0 = -A \times e_2$
$i = e_0/R + r$
$e_1 = e_0 - iR$

$e_1/e_2 = -A \times (r/R + r)$

（$A \times \beta$の形になる）

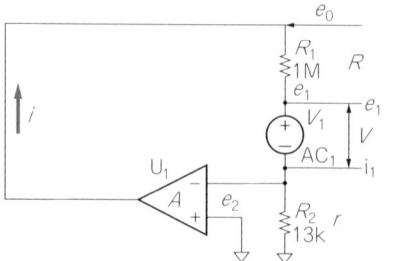

図23　分圧抵抗の間に注入抵抗を入れた場合の$A\beta$

$e_0 = -A \times e_2$
$i = (e_0 - V)/(R + r)$
$e_1 = e_0 - iR$

$e_1/e_2 = -A - (R/r)$

（$A \times \beta$の形にならない）

ます.

出力インピーダンスの周波数特性評価は,FPGAなど外部から動作が制御されることによって瞬時に消費電流が大きく変化するデバイスに接続されるPOL(Point Of Load)電源では評価が必要となります.

● PSRRの測定

スイッチング電源に供給されている入力電源電圧が変動しても,出力電圧が変化しないことが理想です.

しかし実際には,入力電源電圧の変動が出力に現れてきます.変動の速度により都合が異なるので,入力変動による出力変動の周波数特性を評価する必要があります.DC-DCコンバータの入力にリプル信号を重畳させて,出力にどの程度の変動が現れるかを評価する方法を図27に示しました.入力したリプル信号がどの程度出力に現れるかを示す指標値をPSRRと呼びます.

図28には,リニアテクノロジー社の評価ボードDC1610AのPSRRの周波数特性を示します.低周波領域では,PSRRが68 dB,すなわち出力変動が1/2500くらいに圧縮されていることがよくわかります.

高速に動作する機器などでは,DC-DCコンバータに供給される電源電圧が周辺の回路の動作によって変動する可能性がありますので,電源のPSRRの評価をすることが必要になります.

おわりに

電源は電子機器を安定に動作させるために必要な回路です.電源には変換効率を上げること,ノイズを出

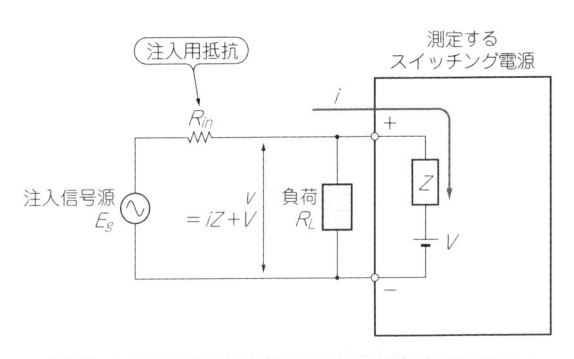

図24 出力インピーダンス測定のブロック図

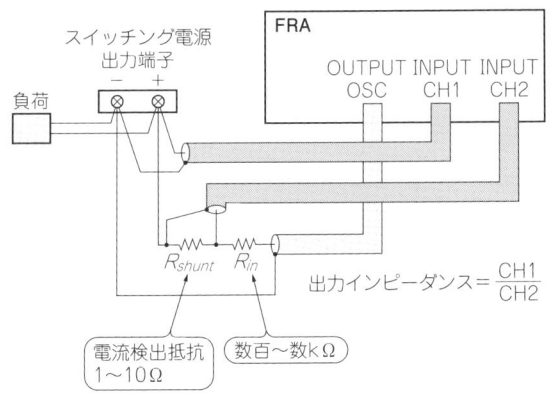

Z:スイッチング電源の出力インピーダンス
V:スイッチング電源の出力直流電圧
E_g:注入信号源
i:注入信号によりスイッチング電源に流れる電流
v:出力インピーダンスにより生じる電圧降下+出力電圧

図25 出力インピーダンス測定の接続例

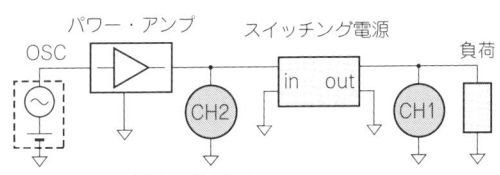

出力インピーダンス = $\frac{CH1}{CH2}$

図27 PSRR測定の接続例

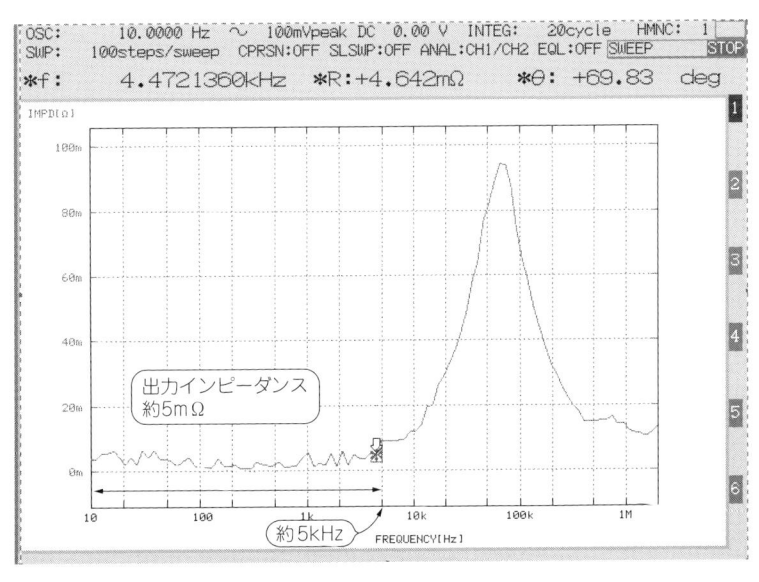

図26 出力インピーダンス測定結果例
測定信号レベル:100 mV$_{peak}$,LTC3604の出力電圧:5 V設定

周波数特性分析器を使ったその他の評価 115

さないことなどさまざまな要求が出されています．

　ディジタル回路が低電圧化し，高速に動作するようになると，電源の制御特性へ今まで以上の高い性能が求められるようになり，電源技術者はこれに応えていく必要があります．

　今回は電源の制御特性評価を中心に解説しましたが，ぜひ電源設計をされるときの参考にしていただければ筆者として嬉しく思います．

◆参考・引用＊文献◆

(1) 周波数特性測定によるスイッチング電源の安定性評価，エヌエフ回路設計ブロック技術資料，2011年12月発行．
(2)＊ 2.5A Monolithic Synchronous Buck Regulator, LTC3604EUD DEMO CIRCUIT 1610A, 2009, リニアテクノロジー．
(3)＊ 8-Pin Continuous Conduction Mode(CCM) PFC Controller UCC28019, 2007, テキサス・インスツルメンツ．

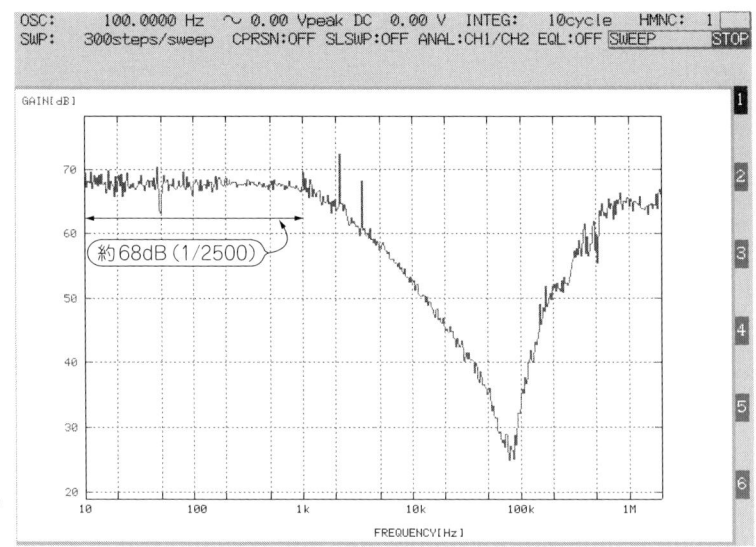

図28　PSRR測定結果例
測定信号レベル：100 mV$_{peak}$，DCバイアス：9 V，LTC3604の出力電圧：5 V設定

コラム　電源に関わるディジタルICの動向

　最近のディジタル・デバイスの電源は，ICのパターンの微細化の進展や消費電力を抑えるために低電圧化が進み，1.2 Vや1.0 Vといったものもあります．

　また，データシートに示された使用可能な電源電圧範囲はほとんどが±5％程度となっています．特にFPGAのプロセス・ルールの進化に伴う供給電源電圧の低電圧化と消費電流の増加により，電源の許容範囲は厳しくなってきています（表A）．

　しかし，同じ5％でも，5 Vの5％（0.25 V）と1 Vの5％（0.05 V）では，後者のほうが電源電圧範囲を保証するのは難しくなります．全体の「パーセント」もさることながら，スイッチング・ノイズ，入力電圧や負荷電流の変動による出力電圧変動の影響も無視できないので，低い電圧の電源ほど安定した電源電圧を保証することが難しくなります．

　また，1 V程度の電圧でもデバイスによっては数10 Aもの電流を要求する場合もあり，しかもその電流はめまぐるしく変動します．その状態でも数10 mV以下の変動に抑えるには，かなり高度なアナログ回路技術が必要となります．

　もちろん電源電圧が許容範囲を越えたからといって直ちに回路が動かなくなるのではなく，多少許容範囲を越える程度でも回路は正常に動いてしまいます．しかし電子部品は経年変化を起こしますので，製品の出荷後しばらくしてから電源電圧が回路の許容範囲を越えてしまい，次々に故障が発生するといった事態も考えられます．

　低い電圧で動作する最近のディジタルICを駆動するための電源を設計するには，電源回路の評価を十分にする必要があります．

表A　ICの電源電圧および許容範囲例

デバイス	電源電圧（許容範囲例）
OPアンプ（アナログIC）	±5 ～ ±15 V
標準CMOS（4000シリーズ）	＋3 V ～ ＋18 V
TTL	＋5 V ±0.25 V（±5％）
LVTTL/LVCMOS	＋3.3 V ±0.165 V（±5％）
	＋1.2 V ±0.04 V（±3.3％）
	＋1.0 V ±0.05 V（±5％）

デバイス

入力12 V±10％，出力0.75〜1.65 V，1.6〜3.63 V, 1.6〜5 Vの低背型非絶縁POL(10 A/20 A)

高速負荷応答DC-DCコンバータ・モジュールBR200シリーズ

力石 康裕
Rikiishi Yasuhiro

　CPUやFPGAなどのプロセスの微細化にともない，コア電圧の低電圧化が進んでいます．こうした状況のなかでコア向け電源に求められる性能は，低電圧化および大電流化に対応できることに加えて，負荷の急激な変動に対して高速でかつ安定した負荷応答性能が求められています．また，機器の高密度実装技術が進むにつれて，電源においてもさらなる小型化および低背化への要求が高まっています．

　本稿では，このような要求に応えるために開発した基板型の高速負荷応答DC-DCコンバータ・モジュールBR200シリーズ（サンケン電気）を紹介し，DC-DCコンバータの設計に関するポイントを説明します．

回路の構成と動作

　大電流に対応した降圧型DC-DCコンバータには，図1に示すような同期整流方式降圧チョッパ型の回路が用いられます．主回路部品は，制御IC，MOSFET，インダクタ，入出力のセラミック・コンデンサで構成されています．これらの部品をプリント基板に搭載した基板型のDC-DCコンバータ・モジュールが製品化されており，電源設計工数の削減，設計期間の短縮やよりコンパクトな設計を可能としています．

　大電流に対応するためにハイ・サイド・スイッチとロー・サイド・スイッチは外付けのMOSFETを使用し，制御ICは市販の同期整流方式降圧チョッパ型のコントローラを用いてこれらのMOSFETをドライブします．インダクタは小型でかつ大電流でも飽和せずに使用できるようにダスト・タイプ（メタル・コンポジット・タイプ）のSMDインダクタを使用します．入出力には，低圧大容量のセラミック・コンデンサを使用することで，負荷変動が大きい場合でも電圧変動が抑えられるようにします．

● 回路の動作

　図2に同期整流方式降圧チョッパ型DC-DCコンバータのシミュレーション波形を示し，回路動作を説明します．上から順番にインダクタ電流，ロー・サイド・スイッチQ_2のV_{DS}電圧（スイッチング電圧），ハイ・サイド・スイッチQ_1のドレイン電流，ロー・サイド・スイッチQ_2のドレイン電流波形を示しています．

　Q_1がONしているT_{ON}期間（Q_2はOFFしている期間）にインダクタを介して入力からのエネルギーを出力に送り，Q_1がOFFしているT_{OFF}期間（Q_2はONしている期間）は，インダクタに蓄えられたエネルギーをQ_2を介して出力に放出しています．

　T_{ON}時間は，式(1)で表されます．スイッチング周波数f_{SW}は制御ICで設定することができます．インダクタ電流の脈流成分ΔI_Lは式(2)で表されます．

$$T_{ON} = D_{ON} \, T = \frac{V_{out}}{V_{in}} \cdot \frac{1}{f_{SW}} \quad \cdots\cdots\cdots (1)$$

$$\Delta I_L = \frac{V_{in} - V_{out}}{L} \cdot T_{ON} \quad \cdots\cdots\cdots (2)$$

T_{ON}：オン時間［sec］
D_{ON}：オン・デューティ
T　：周期［sec］
V_{in}　：入力電圧［V］
V_{out}：出力電圧［V］

図1　同期整流方式による降圧チョッパ型DC-DCコンバータの基本回路

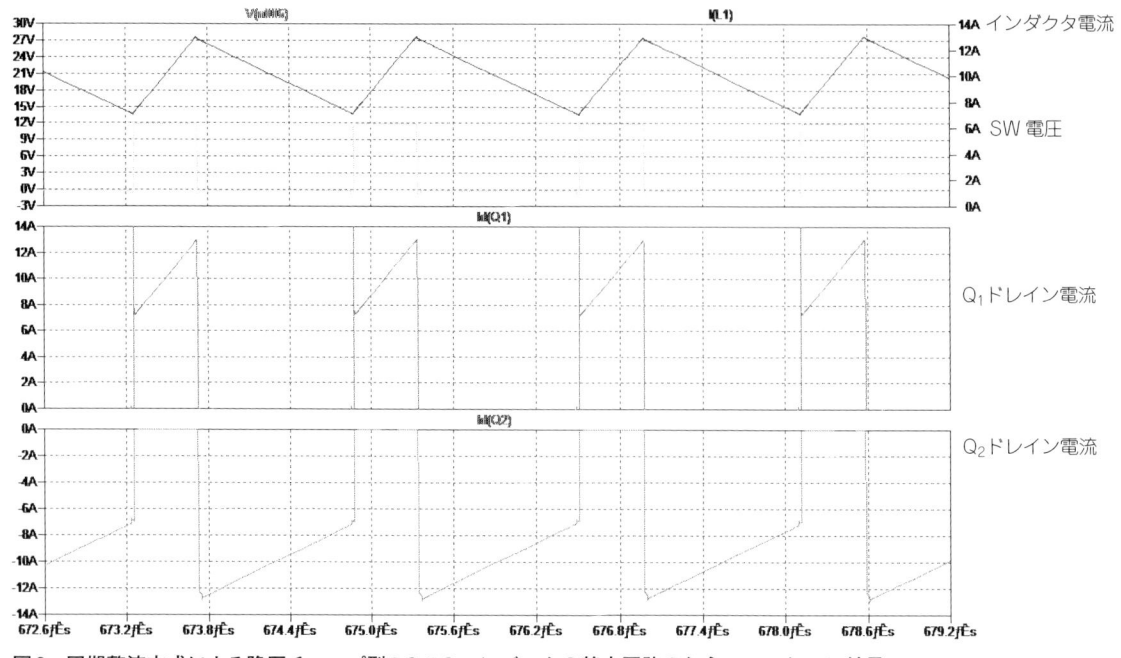

図2 同期整流方式による降圧チョッパ型DC-DCコンバータの基本回路のシミュレーション結果

f_{SW}：スイッチング周波数 [Hz]
ΔI_L：インダクタ電流の脈流成分 [A]（MOSFETを理想スイッチとした場合）

高速な負荷応答のために

制御ICについては，用途に合わせてPWM型電圧モード，PWM型電流モード，リプル・レギュレータ方式といったものが使用されています．このなかでリプル・レギュレータ方式は急峻な負荷変動においても高速でかつ安定した応答特性を要求される場合に適しており，半導体メーカ各社からさまざまな種類の製品が市販されています．

図3に，リプル・レギュレータの基本動作説明を示します．出力コンデンサにESR成分がある場合，出力電圧にリプル電圧が含まれています．

出力電圧を検出するために分圧抵抗を介してFB端子に接続していますが，出力電圧の信号をエラー・アンプではなくコンパレータで検出しています．PWM型電圧モードやPWM型電流モードの制御ICは出力電圧の検出にエラー・アンプを使用していますが，リプル・レギュレータ方式の制御ICはコンパレータを使用することにより制御ループの応答を速くできることが特徴となっています．

定常時の動作は，出力電圧のリプル信号をコンパレータで比較し出力電圧が低下してある閾値(REF電圧)に達した点(ボトム検知した点)でQ_1をONします．周波数は一定で動作します．

一方，負荷急変が発生した場合，(例として軽負荷から重負荷へ負荷が急変した場合)，出力コンデンサからエネルギーが放出されるので出力電圧が低下しますが，コンパレータにより出力電圧の低下を検知する

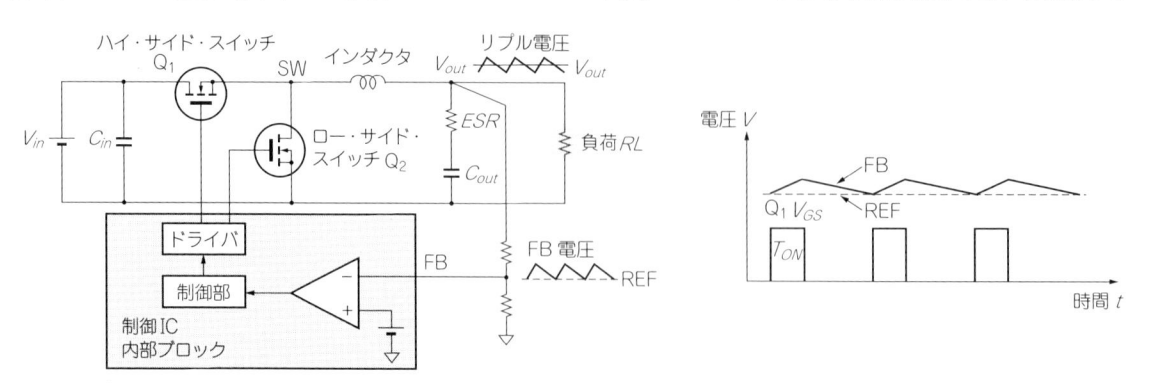

図3 リプル・レギュレータ方式の動作

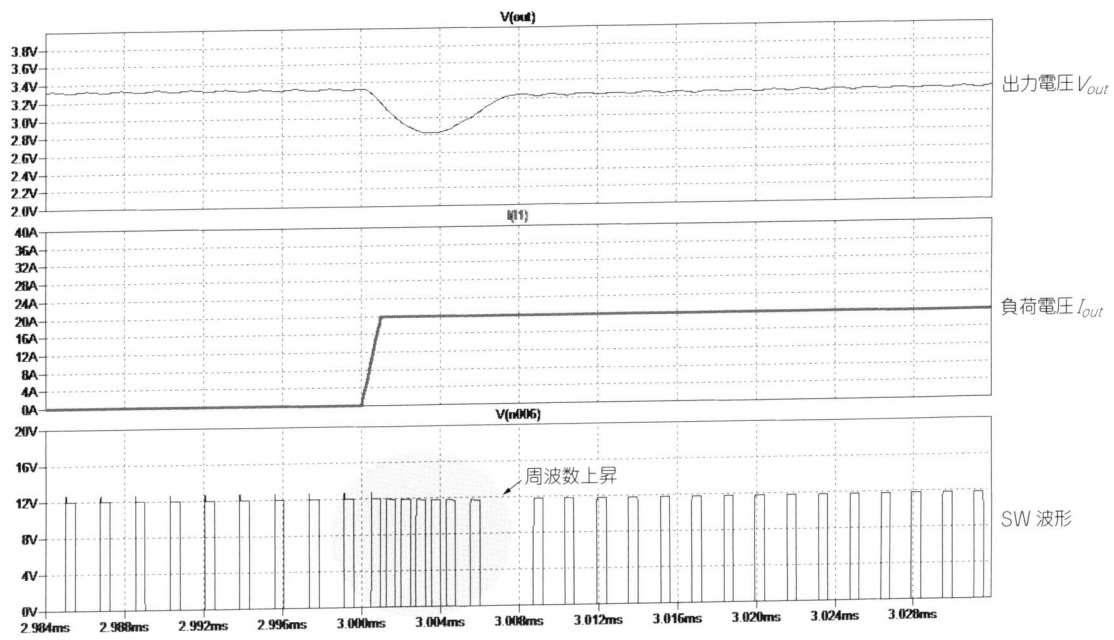

図4 リプル・レギュレータ方式の負荷変動時の動作波形（負荷小→大）

ので制御ICは瞬時にONする（周波数を上昇させる）動作となります．このような動作によって出力電圧の低下を最小限に抑え，元のレベルに素早く復帰させる高速な応答を可能にしています．

● **負荷急変時の動作**

図4に示す負荷急変時のシミュレーション波形で動作の説明をします．

負荷変動の条件は軽負荷から重負荷へ変動した場合です．負荷電流のスリューレートは，5 A/μs以上の高速で変化しています．負荷電流波形I_{out}の上昇にともなって出力電圧が低下していきますが，制御ICが応答し出力電圧を瞬時に元のレベルに上昇させています．このとき，SW電圧波形を見ると，出力電圧が低下した際に瞬時に周波数を上昇させる動作を行っていることがわかります．これが負荷変動時のリプル・レギュレータ方式のICの特徴的な動作となります．

一方，PWM制御のICを使用した場合は，周波数が一定なのでON期間が終了すると周期Tで決まるOFF時間が終了するまで次のON期間がこないため，出力電圧を回復させるのに時間を要します．リプル・レギュレータでは出力電圧が低下している場合，ON期間が終了した後，最小OFF時間後にすぐに次のON期間がくるように周波数を上昇させるため，出力電圧を回復させる時間が短くなり，高速な負荷応答を実現することができます．

図5は，重負荷から軽負荷へ変動した場合です．この場合，負荷電流が瞬時に0 Aになるため出力電圧が跳ね上がる現象が見られますが，出力電圧が設定電圧よりも高い期間はハイ・サイド・スイッチのQ_1はONせず，ロー・サイド・スイッチのQ_2がONし続けてインダクタのエネルギーを放出することで，出力電圧を早めに低下させ元のレベルに戻しています．

PWM制御のICを使用した場合は，出力電圧が設定電圧よりも高い期間においても周期Tで決まるOFF期間が終了すると，ON期間がきてしまうために出力電圧を低下させるのに余計に時間を要することがあります．

● **リプル・レギュレータ方式の注意点**

図3で説明したように，リプル・レギュレータには発振動作するためにリプル信号が必要になりますので，出力にはセラミック・コンデンサを使用できません．セラミック・コンデンサはESRが非常に小さく，コンパレータがONタイミングを検知するために必要なリプル信号を得ることができません．

そこで，図6に示すように出力にセラミック・コンデンサを使用できるようにするために外部からリプル信号を重畳する回路を追加する手法が用いられています．また，IC内部でリプル信号を発生させることで外部からのリプル重畳回路が不要な制御ICも製品化されており，要求される電気的特性や外形サイズによってはこのような制御ICを使用することも可能です．

外部からのリプル重畳回路が必要な場合，リプル重畳量によって負荷応答性とスイッチング周波数f_{SW}の安定性が左右されます．重畳量が大きいとf_{SW}は安定

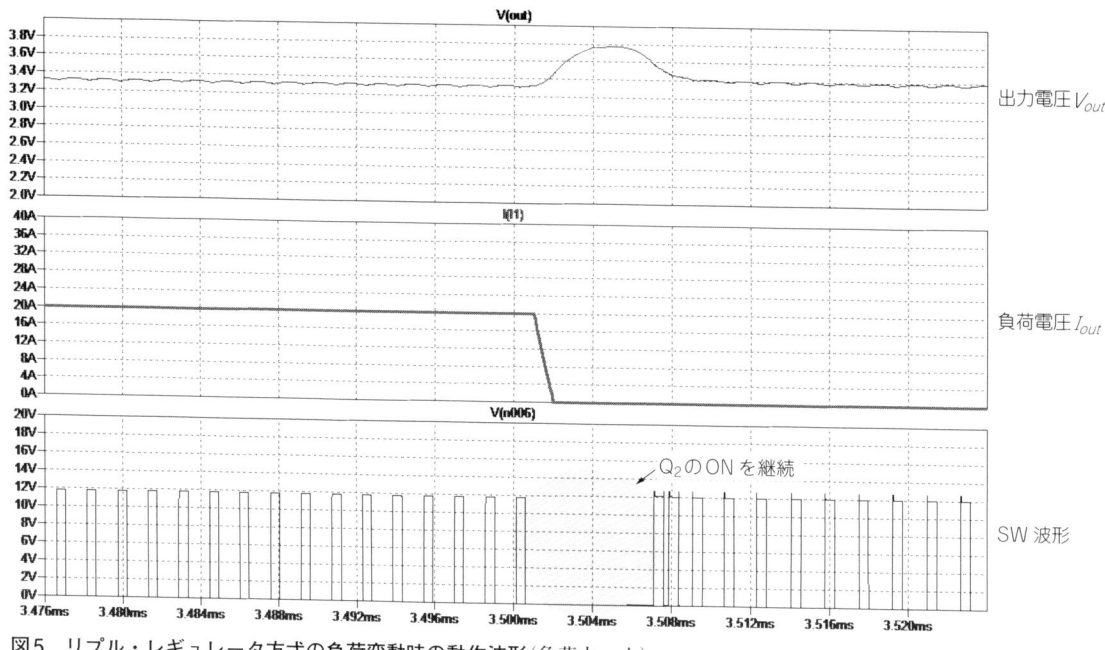

図5 リプル・レギュレータ方式の負荷変動時の動作波形(負荷大→小)

しますが，負荷応答性は遅くなる方向となり，急峻な負荷変動時の出力電圧の変動が大きくなります．逆に重畳量が小さいと負荷応答性は速くなりますが，f_{SW}の安定性は低下し，負荷急変時には発振動作が不安定になりやすい方向となります．要求されるスペックに対して最適なリプル重畳量になるように回路定数を選定する必要があります．

また，図6のように外部リプル重畳回路を追加した場合，入力電圧の変動や負荷の変動によって出力電圧のレギュレーション特性が影響を受けますので，入力電圧が変動しても出力電圧精度のスペックを満足できるかどうかの確認が必要となります．

以上のように，要求されるスペックによって選定する制御ICが決まります．制御ICを選定する場合のポイントをまとめると下記のようになります．

(1) 高速負荷応答を優先しない場合は，PWM型電流モードや電圧モードのICが使用しやすく安価
(2) 高速負荷応答を優先する場合は，リプル・レギュレータ方式のICが適している
(3) リプル・レギュレータ方式を使用する場合，出力にセラミック・コンデンサを使う必要があるかの確認が必要
(4) セラミック・コンデンサ対応が必要な場合，選択した制御ICはセラミック・コンデンサを使用するために外部リプル重畳回路を必要とするかの確認が必要
(5) 外部からのリプル重畳回路の追加が必要な場合，リプル重畳量が最適になるように検討が必要

高速負荷応答性と安定性はトレードオフの関係です．また，外部リプル重畳回路の定数によっては入力電圧

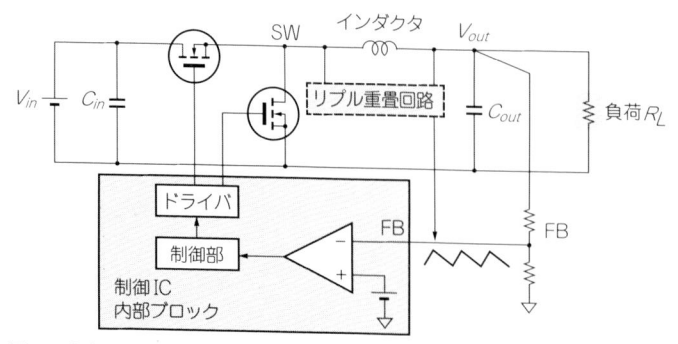

図6 出力セラミック・コンデンサを使用するためのアプリケーションの一例

が変化すると出力電圧の精度に影響を与える場合があるので確認が必要です．

高効率化のために

高効率なDC-DCコンバータを設計するためには，MOSFETの損失（ドライブ損失，ターン・オン／ターン・オフ損失，ON時の導通損失）やインダクタの直流抵抗DCRによる損失，基板の銅箔パターンの損失をいかにして小さく抑えるかを考慮して，部品選定および基板設計を行うことが必要になります．

まず，MOSFETに関しては，ゲート・ドライブ損失や$R_{DS(ON)}$による損失を抑えるために低Q_gおよび低$R_{DS(ON)}$のプロセスを使用したMOSFETが市販されています．Q_gと$R_{DS(ON)}$はトレードオフの関係にありますが，近年，パワーMOSFETのプロセスの世代が進むにつれて，前の世代よりもさらに低Q_gおよび低$R_{DS(ON)}$となったデバイスが開発されており，DC-DCコンバータの高効率化を可能にしています．

低Q_gのMOSFETを採用することで制御ICのドライブ損失も抑えることができますし，ターン・オン／ターン・オフ時間も短くなるのでスイッチング損失を抑えることができます．

一方で，最近の制御ICはMHzオーダの高周波化が可能となっていますが，むやみにスイッチング周波数を高くするとノイズの問題やMOSFETのドライブ損やスイッチング損失が大きくなるので注意が必要です．例えばMOSFETのドライブ損は以下の式のようにスイッチング周波数f_{SW}に比例して大きくなるので，たとえ低Q_gのMOSFETを使用した場合でも最適な周波数の選定が必要になります．

MOSFETのドライブ損 = $Q_g \cdot f_{SW} \cdot$ ドライブ電圧

● スイッチング周波数と損失の関係

表1にスイッチング周波数f_{SW}の変化と部品の損失の関係を示します．

スイッチング周波数が高い場合，MOSFETの損失としては，ドライブ損失，ターン・オン／ターン・オフする際のスイッチング損失は大きくなります．しかし，インダクタ電流のΔI_Lが小さくなるため，オン抵抗による導通損失は小さくなります．また，インダクタの直流抵抗DCRでの損失や基板の銅箔での損失も，I^2Rの割合で小さくなります．

逆に，スイッチング周波数が低い場合，MOSFETの損失としては，ドライブ損失，ターン・オン／ターン・オフ時のスイッチング損失は小さくなりますが，インダクタ電流のΔI_Lが大きくなるので，オン抵抗による導通損失が大きくなります．

また，インダクタの直流抵抗DCRでの損失もI^2Rの割合で大きくなります．基板の銅箔パターンに流れる電流のピーク値も大きくなるので，銅箔パターンでの損失も増える方向です．

インダクタについてはDCRだけでなく，図7に示すような直流重畳特性も効率に影響を与える要因となります．電流が大きくなるとインダクタンス値が減少する傾向があります．周波数が低下するとΔI_Lが大きくなるのでインダクタのピーク電流が大きくなり，インダクタンスが小さくなるので，さらにピーク電流が増えるといった悪循環になる場合があるので注意が必要です．図8は，直流重畳特性が悪いインダクタを使用した場合のインダクタ電流波形を示します．

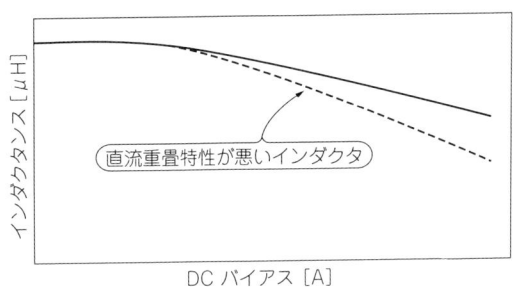

図7 インダクタの直流重畳特性

● 周波数を変動させた場合の効率変化

このように個々の部品の損失は周波数の変化によって高くも低くもなるので，DC-DCコンバータ全体として高効率になるように最適なスイッチング周波数や部品を選定することが必要になります．

BR203（20 Aタイプ）のDC-DCコンバータにおいて，周波数を変動させた場合の効率のグラフを図9に示します．負荷電流I_{out} = 10 A以下の領域では300 kHzの

表1 スイッチング周波数と損失の関係

項　目	周波数f_{SW}が低い場合	周波数f_{SW}が高い場合
インダクタ電流I_Lのピーク値およびΔI_L	大	小
MOSFETのドライブ損失	小	大
MOSFETのスイッチング損失（スイッチング回数）	小	大
MOSFETの導通損失	大	小
インダクタの直流抵抗DCR損失	大	小
基板の銅箔の損失	大	小

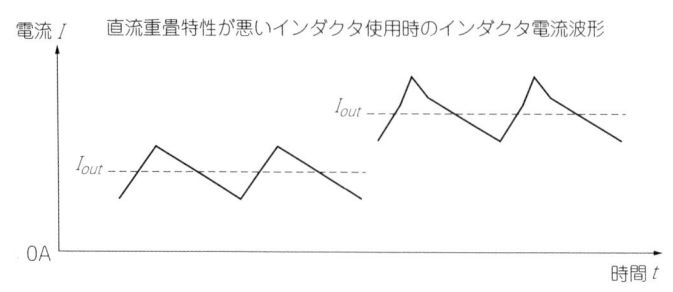

図8 インダクタの直流重畳特性とインダクタ電流波形の関係

効率が最も高いですが，I_{out} = 10 A以上の領域では400 kHzの効率が300 kHzを上回っています．

図10に示すように300 kHzの場合，同じ負荷電流I_{out}においてもインダクタ電流のピークI_{Lpk}が400 kHzや500 kHzよりも高いです．これにより，負荷電流が大きくなるにつれてI^2Rの割合で損失が増大するため，I_{out} = 10 A以上の負荷領域で効率が低下しています．

500 kHzの場合はI_{out} = 0～16 Aまでは最も効率が低く，I_{out} = 16～20 A時に300 kHzを上回ります．

500 kHzではドライブ損とスイッチング損が大きいため，軽負荷では300 kHzや400 kHzの効率よりも下回っていますが，負荷電流が増大するにつれて300 kHzや400 kHzの効率に近づいていきます．これはインダクタのピーク電流が低いので，負荷電流が増加したときのMOSFETの導通損やインダクタのDCR損失が増加する割合が300 kHzや400 kHzよりも少ないことが要因となっています．

このように，使用する負荷電流の領域によっても効率カーブが変化するので，要求スペックに合わせて最適な周波数を選定することになります．

プリント基板のパターン設計

高周波で動作する小型のDC-DCコンバータでは，di/dtが高いパルス状の電流が流れるため，プリント基板の寄生インダクタンスや寄生キャパシタンスの影

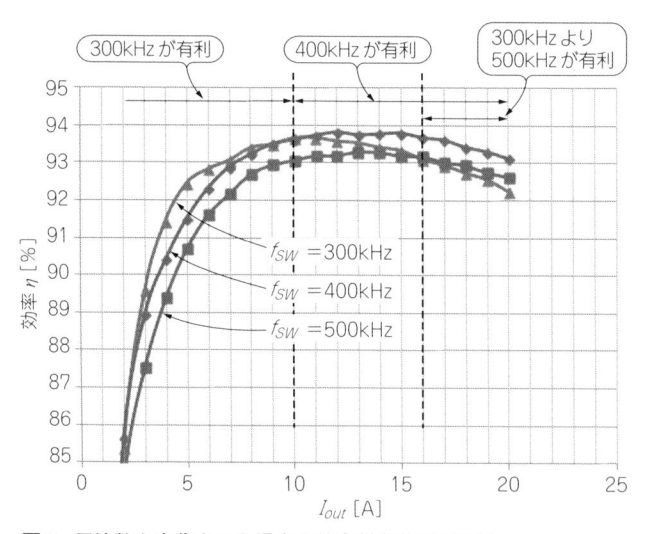

図9 周波数を変化させた場合の効率対負荷電流特性

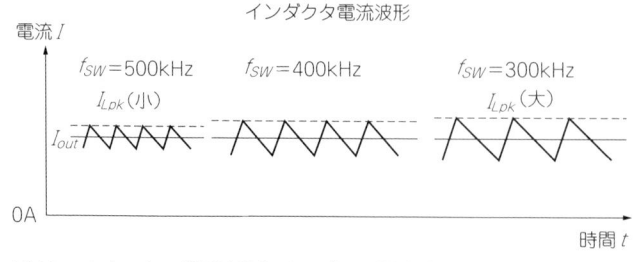

図10 スイッチング周波数とインダクタ電流波形

響を最小限に抑えるように考慮したプリント基板の設計が必要となります.

● プリント基板上の寄生要素

図11に,高周波で考慮が必要になるプリント基板上の寄生インダクタンス L_{p1}, L_{p2}, L_{p3}, 寄生キャパシタンス C_p, 銅箔抵抗 R_p を示します.

まず,ハイ・サイド・スイッチ Q_1 がONしている場合に流れる電流 I_{ON} のループ(破線)は,入力コンデンサ C_{in} からハイ・サイド・スイッチ Q_1, インダクタ,負荷,グラウンド・パターンを経由して C_{in} に戻ってきます.

このとき,高 di/dt をもつパルス状の電流が C_{in} からインダクタの入力までと,ロー・サイド・スイッチ Q_2 のソース端子から C_{in} に戻るまでのループに流れます.この経路については極力太く,短い銅箔パターンにする必要があります.スペースの都合で基板の貫通スルー・ホール(ビア)に電流を流すことがありますが,ビアには寄生インダクタンス成分が存在するため余計なノイズを発生させないように注意が必要です.

ハイ・サイド・スイッチ Q_1 がOFFしている場合は,ロー・サイド・スイッチ Q_2 に電流 I_{OFF} のループ(一点鎖線)で電流が流れますので, Q_2 のソース端子からインダクタの入力までの銅箔パターンをコンパクトに設計する必要があります.

インダクタの端子間は,寄生キャパシタンス C_p に注意が必要です.端子間の銅箔パターンを近づけるとノイズ成分が C_p を介して出力に伝わってしまうため,出力スパイク・ノイズが大きくならないように,銅箔パターンの距離をできるかぎり大きく取るような配慮が必要です.

また,制御ICのゲート出力からMOSFETのゲート端子までの銅箔パターンには,MOSFETのゲート容量をチャージするためにピーク電流が流れるので,銅箔パターンは太めにし,かつ,他の銅箔パターンからノイズを受けないような設計が必要となります.

● 多層基板のレイヤ構成

大電流のDC-DCコンバータにはコンパクトな設計が要求されるので,プリント基板は多層基板が用いられる場合が多いです.この場合,各層をどのように使用するかによって効率やノイズといった性能に影響を与えることになります.

下記は4層基板を使用したSMD基板のレイヤ構成例です.

 レイヤ1(TOP面)：パワー系のパターンおよび部品
 レイヤ2   ：GNDベタ・パターン
 レイヤ3&4 ：小信号,GNDベタ・パターン

DC-DCコンバータ・モジュール BR200シリーズの性能

写真1にBR200シリーズの10Aおよび20Aタイプの外観を示します.

● 10A品の概略仕様

下記に10A品(BR200,201,204)の概略仕様を示します.

 V_{in} = 12 V ± 10 %
 V_{out} = 0.75 ～ 1.65 V(BR200)
    1.6 ～ 3.63 V(BR201)
    1.6 ～ 5.5 V(BR204)
 I_{out} = 0 ～ 10 A
 外形：20.3×11.4×4.2 [mm]

写真2に10Aタイプの外観を示します.外形や裏面のフット・プリント,ピン配置は,業界標準に合わせてあります.さらに,サイド・カット・スルーホー

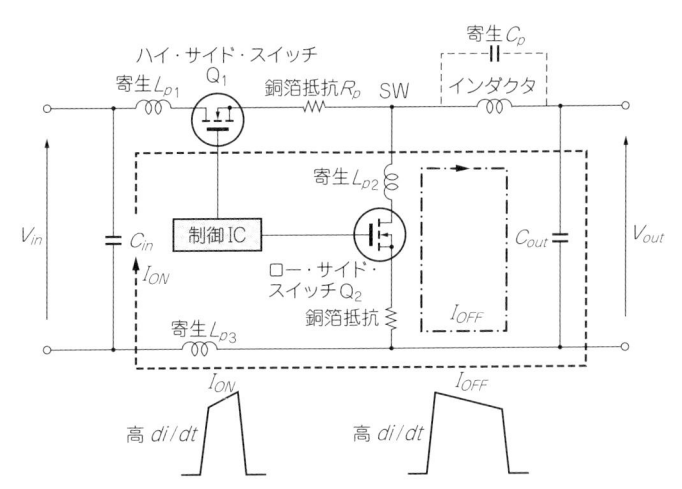

図11 高周波を考慮した基板の等価回路

ルを追加してはんだ付けが目視で確認できるようにしています．

10 A品のデモボードの回路図を**図11**，デモボードの外観を**写真3**に示します．出力電圧V_{out}は，R_{trim}端子に外付けする抵抗値で調整できます．機能としてはON/OFF，パワー・グッド端子が付いています．

● 10 A品の特性

図12に効率カーブを示します．$V_{in} = 12$ V，$V_{out} = 3.3$ V，$I_{out} = 7$ Aの効率は93.5 %$_{max}$，$I_{out} = 10$ Aの効率は92.9 %と高効率となっています．$V_{in} = 12$ V，$V_{out} = 1.6$ V，$I_{out} = 7$ Aの効率は90.5 %$_{max}$，$I_{out} = 10$ Aの効率は88.8 %と，こちらも高効率です．

図13に出力電圧レギュレーションを示します．ライン・レギュレーションもロード・レギュレーションも0.1 %程度で非常に安定しています．

図14，**図15**には負荷急変特性を示します．$V_{in} = 12$ V，$V_{out} = 3.3$ V，$C_{in} = 120$ μF，$C_{out} = 247$ μF，$I_{out} = 1$ A→8 A（7 A変動）時の負荷変動では，V_{out}の変動は104 mV（3.1 %），$I_{out} = 8$ A→1 Aの負荷変動では，V_{out}の変動は78 mV（2.4 %）と高速な負荷変動となっています．出力電圧のふるまいはリンギングなどの発生はなく，安定した応答波形となっています．

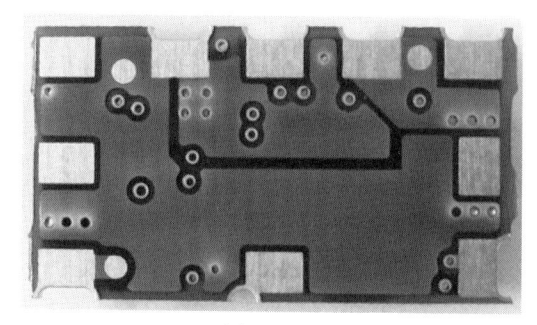

写真1　BR200シリーズの外観（10 Aタイプと20 Aタイプ）

写真3　10 Aタイプのデモボードの外観

写真2　10 Aタイプの外観（BR200，201，204）

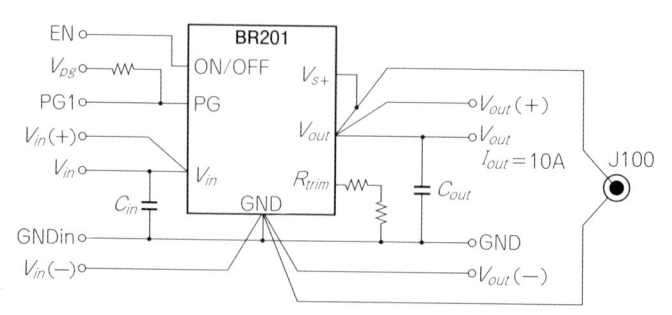

図11
10 Aタイプのデモボードの回路

● **20 A 品の概略仕様**

20 A タイプ（BR202，203）の概略仕様を下記に示します．

$V_{in} = 12\ V \pm 10\ \%$
$V_{out} = 0.75 \sim 1.65\ V$（BR202）
$1.6 \sim 3.63\ V$（BR203）
$I_{out} = 0 \sim 20\ A$
外形：$33 \times 13.5 \times 4.2$ ［mm］

写真4に20 A タイプの外観を示します．

デモボードの回路図を図16，デモボードの外観を

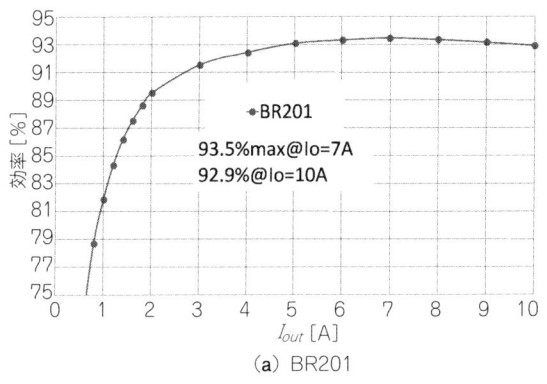

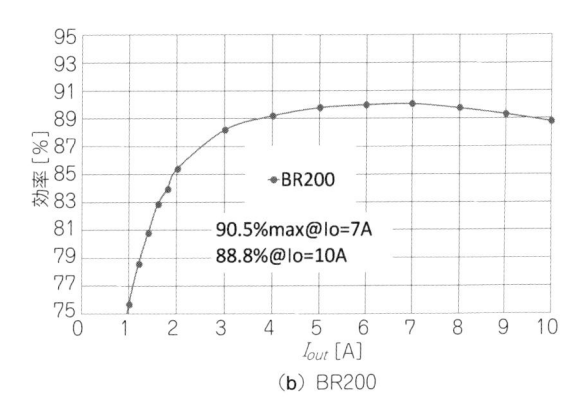

(a) BR201

(b) BR200

図12　10 A タイプの効率カーブ
$V_{in} = 12\ V$，$V_{out} = 3.3\ V/1.6\ V$，$T_A = 25\ ℃$

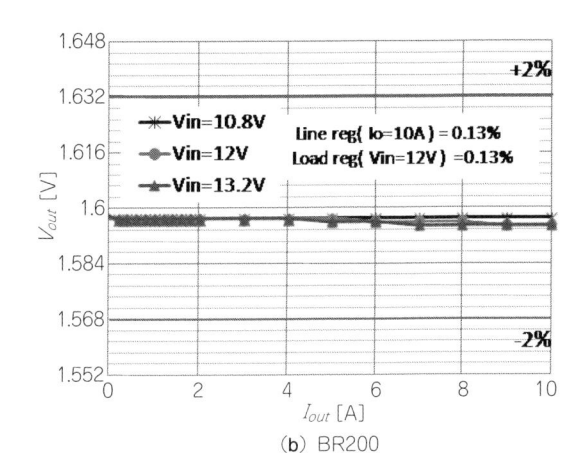

(a) BR201

(b) BR200

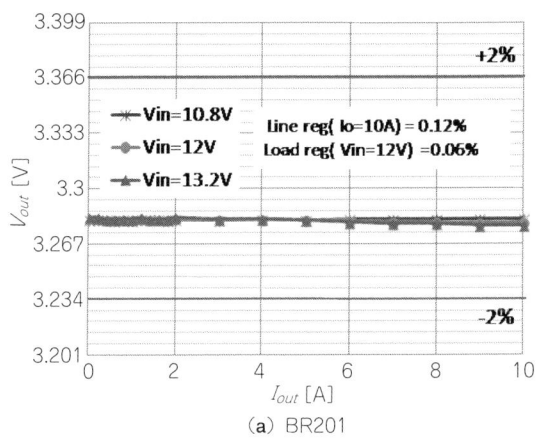

図13　10 A タイプの出力レギュレーション
$V_{in} = 12\ V$，$V_{out} = 3.3\ V/1.6\ V$，$T_A = 25\ ℃$

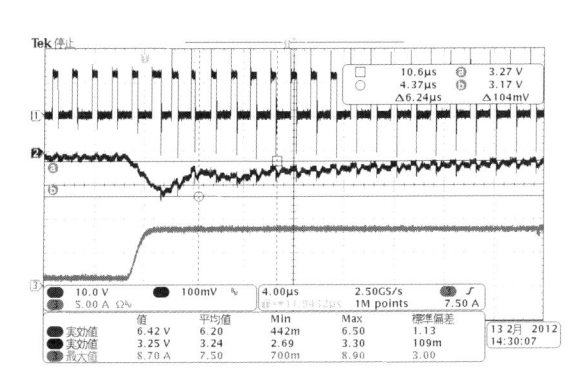

図14　負荷急変時の応答特性（上：SW電圧，10 V/div，中：V_{out}，100 mV/div，下：I_{out}，5 A/div）
$I_{out} = 1\ A \rightarrow 8\ A$，$V_{out}$ 変動 104 mV（3.1 %），条件：$V_{in} = 12\ V$，$V_{out} = 3.3\ V$，$C_{in} = 120\ μF$，$C_{out} = 200\ μF$

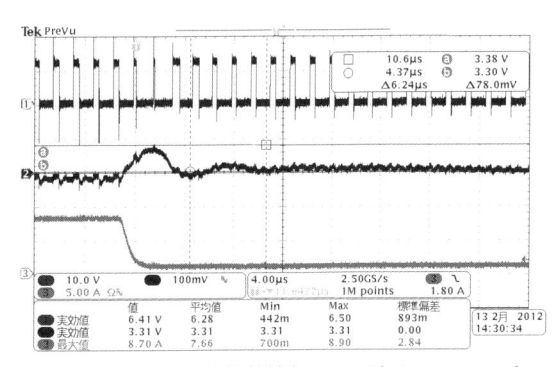

図15　負荷急変時の応答特性（上：SW電圧，10 V/div，中：V_{out}，100 mV/div，下：I_{out}，5 A/div）
$I_{out} = 8\ A \rightarrow 1\ A$，$V_{out}$ 変動 78 mV（2.4 %），条件：$V_{in} = 12\ V$，$V_{out} = 3.3\ V$，$C_{in} = 120\ μF$，$C_{out} = 200\ μF$

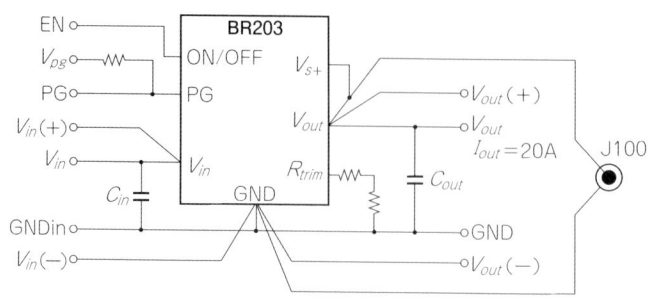

図16 デモボードの回路

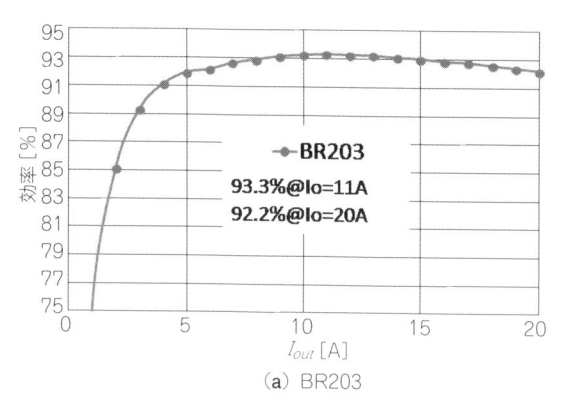

図17 20 Aタイプの効率カーブ
$V_{in} = 12\,V$, $V_{out} = 3.3\,V/1.6\,V$, $T_A = 25\,°C$

(a) BR203
(b) BR202

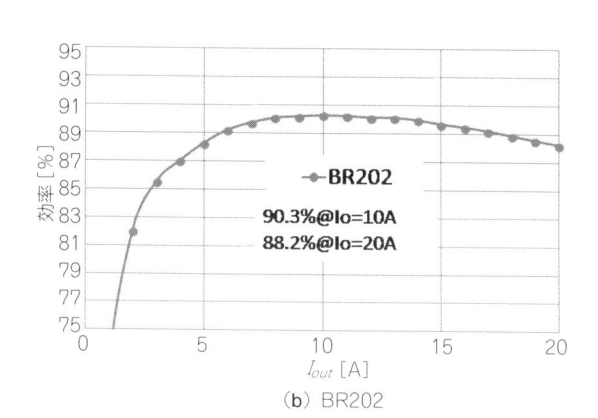

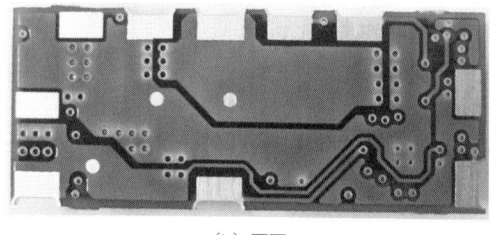

写真4 20 Aタイプの外観
(a) 上面
(b) 下面
(c) 側面

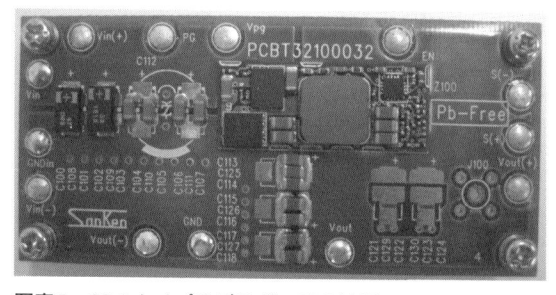

写真5 20 Aタイプのデモボードの外観

写真5に示します. 10 A品と同様に出力電圧 V_{out} は, R_{trim} 端子に外付けする抵抗値で調整できます. 機能としてはON/OFF, パワー・グッド端子が付いています.

● 20 A品の特性

図17に効率カーブを示します. $V_{in} = 12\,V$, $V_{out} = 3.3\,V$, $I_{out} = 11\,A$の効率は93.3 %$_{max}$, $I_{out} = 20\,A$の効率は92.2 %と高効率となっています. $V_{in} = 12\,V$, $V_{out} = 1.6\,V$, $I_{out} = 10\,A$の効率は90.3 %. $I_{out} = 20\,A$の効率は88.2 %と, こちらも高効率となっています.

図18の出力レギュレーションは, 図12に示したPWM電圧モードの10 Aタイプよりも大きくなっていますが, これはリプル重畳回路の影響です. 目標仕様の±2 %に対しては十分にマージンがあります.

(a) BR203

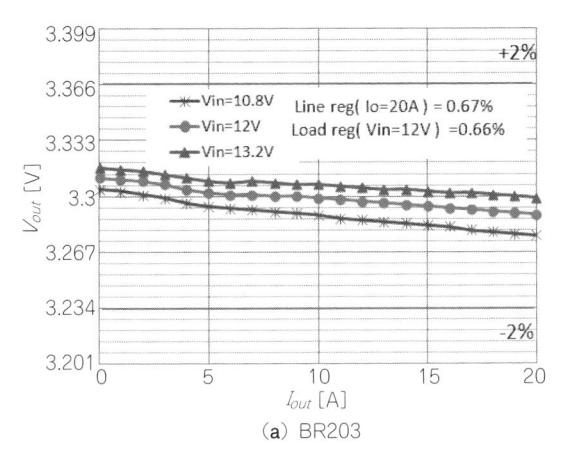

(b) BR202

図18　20 Aタイプの出力レギュレーション
V_{in} = 12 V，V_{out} = 3.3 V/1.6 V，T_A = 25℃

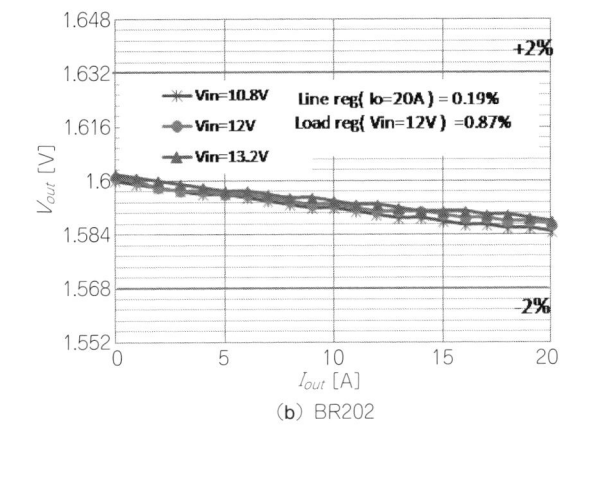

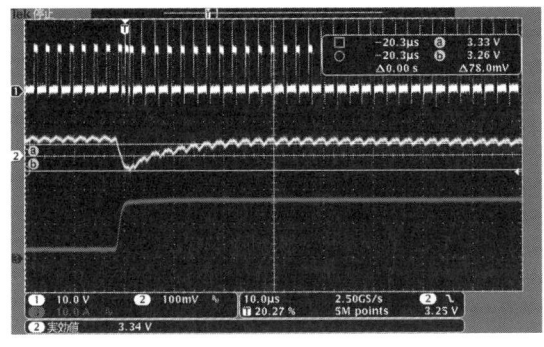

図19　負荷急変時の応答特性（上：SW電圧，10 V/div，中：V_{out}，100 mV/div，下：I_{out}，10 A/div）
I_{out} = 2 A→16 A，V_{out} 変動78 mV (2.4 %)，条件：V_{in} = 12 V，V_{out} = 3.3 V，C_{in} = 240 μF，C_{out} = 300 μF

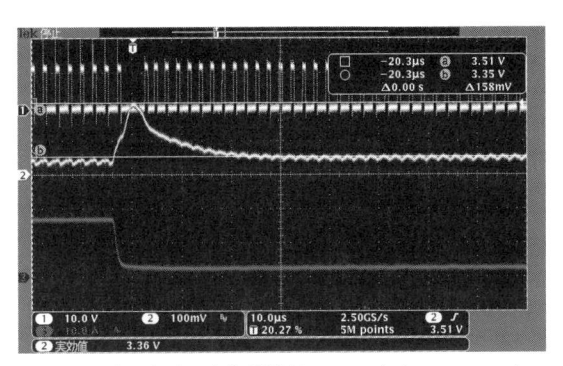

図20　負荷急変時の応答特性（上：SW電圧，10 V/div，中：V_{out}，100 mV/div，下：I_{out}，10 A/div）
I_{out} = 16 A→2 A，V_{out} 変動158 mV (4.7 %)，条件：V_{in} = 12 V，V_{out} = 3.3 V，C_{in} = 240 μF，C_{out} = 300 μF

表2　BR200シリーズのラインナップ

品名	タイプ	サイズ(L×H) [mm]	高さ [mm]	入力電圧 [V]	出力電圧 [V]	出力電流 [A]	状況
BR200	SMD	20.32×11.43	4.2	12±10 %	0.75〜1.65	10	サンプル
BR201	SMD	20.32×11.43	4.2	12±10 %	1.60〜3.63	10	サンプル
BR202	SMD	33.02×13.46	4.2	12±10 %	0.75〜1.65	20	サンプル
BR203	SMD	33.02×13.46	4.2	12±10 %	1.60〜3.63	20	サンプル
BR204	SMD	20.32×11.43	4.2	12±10 %	1.60〜5.50	20	サンプル
BR205	SMD	20.32×11.43	4.2	5±10 %	0.75〜3.63	10	開発中
BR206	SMD	33.02×13.46	4.2	5±10 %	0.75〜3.63	20	開発中
BR207	SMD	20.32×11.43	4.2	2.4〜5.5	0.75〜3.63	10	開発中
BR208	SMD	33.02×13.46	4.2	2.4〜5.5	0.75〜3.63	20	開発中

図19，図20に負荷急変特性を示します．V_{in} = 12 V，V_{out} = 3.3 V，C_{in} = 240 μF，C_{out} = 300 μF，I_{out} = 2 A→16 A（14 A変動）時の負荷変動では，V_{out}の変動は78 mV (2.4 %)，I_{out} = 16 A→2 Aの負荷変動では，V_{out}の変動は158 mV (4.7 %)と高速な負荷変動となっています．

リプル・レギュレータ方式のICを使用しており，10 Aタイプの負荷電流変動幅（ΔI_{out} = 7 A）と比較して2倍の負荷電流幅でも，10 A品と同等レベルの出力電圧変動となっています．

● BR200シリーズ製品ラインナップ

表2に，BR200シリーズ製品のラインナップを示します．今後はV_{in} = 12 Vタイプに加えて，V_{in} = 5 V品のラインナップを拡充していく予定です．

- ●本書記載の社名，製品名について ── 本書に記載されている社名および製品名は，一般に開発メーカーの登録商標です．なお，本文中では™，®，©の各表示を明記していません．
- ●本書掲載記事の利用についてのご注意 ── 本書掲載記事は著作権法により保護され，また産業財産権が確立されている場合があります．したがって，記事として掲載された技術情報をもとに製品化をするには，著作権者および産業財産権者の許可が必要です．また，掲載された技術情報を利用することにより発生した損害などに関して，CQ出版社および著作権者ならびに産業財産権者は責任を負いかねますのでご了承ください．
- ●本書に関するご質問について ── 文章，数式などの記述上の不明点についてのご質問は，必ず往復はがきか返信用封筒を同封した封書でお願いいたします．勝手ながら，電話での質問にはお答えできません．ご質問は著者に回送し直接回答していただきますので，多少時間がかかります．また，本書の記載範囲を越えるご質問には応じられませんので，ご了承ください．
- ●本書の複製等について ── 本書のコピー，スキャン，デジタル化等の無断複製は著作権法上での例外を除き禁じられています．本書を代行業者等の第三者に依頼してスキャンやデジタル化することは，たとえ個人や家庭内の利用でも認められておりません．

[R]〈日本複製権センター委託出版物〉
本書の全部または一部を無断で複写複製(コピー)することは，著作権法上での例外を除き，禁じられています．本書からの複製を希望される場合は，日本複製権センター(TEL：03-3401-2382)にご連絡ください．

グリーン・エレクトロニクス No.10 (トランジスタ技術SPECIAL 増刊)

電源回路の測定&評価技法

2012年10月1日　発行　　　　　　　　　　　　　　　　　　　　　　　　　　　　　　　©CQ出版㈱　2012
（無断転載を禁じます）

編　集　　トランジスタ技術SPECIAL編集部
発行人　　寺　前　裕　司
発行所　　ＣＱ出版株式会社
　　　　（〒170-8461）東京都豊島区巣鴨1-14-2
　　　　　　　電話　編集　03-5395-2123
　　　　　　　　　　広告　03-5395-2131
　　　　　　　　　　営業　03-5395-2141
　　　　　　　　　　振替　00100-7-10665

定価は表四に表示してあります
乱丁，落丁本はお取り替えします

編集担当　清水　当
DTP・印刷・製本　三晃印刷株式会社
Printed in Japan